编委会

主　编：张彦妮　夏宜平

副主编：王杰青　高志慧　武荣花　贾　军　岳莉然

编　者：张彦妮　夏宜平　王杰青　高志慧　武荣花
贾　军　岳莉然　栗　燕　于国琛　李　静
李　颖

编写说明

张彦妮负责全书统稿，编写一二年生花卉、宿根花卉、室内花卉，并提供全书大部分图片。夏宜平编写球根花卉。王杰青编写水生花卉、部分宿根花卉、多浆花卉。高志慧参编一二年生花卉、宿根花卉、室内花卉和多浆花卉，武荣花参编一二年生花卉、宿根花卉，贾军参编室内花卉。岳莉然编写兰科花卉、食虫植物和蕨类植物。栗燕参编部分一二年生花卉。于国琛、李静、李颖提供部分图片。

本书使用说明

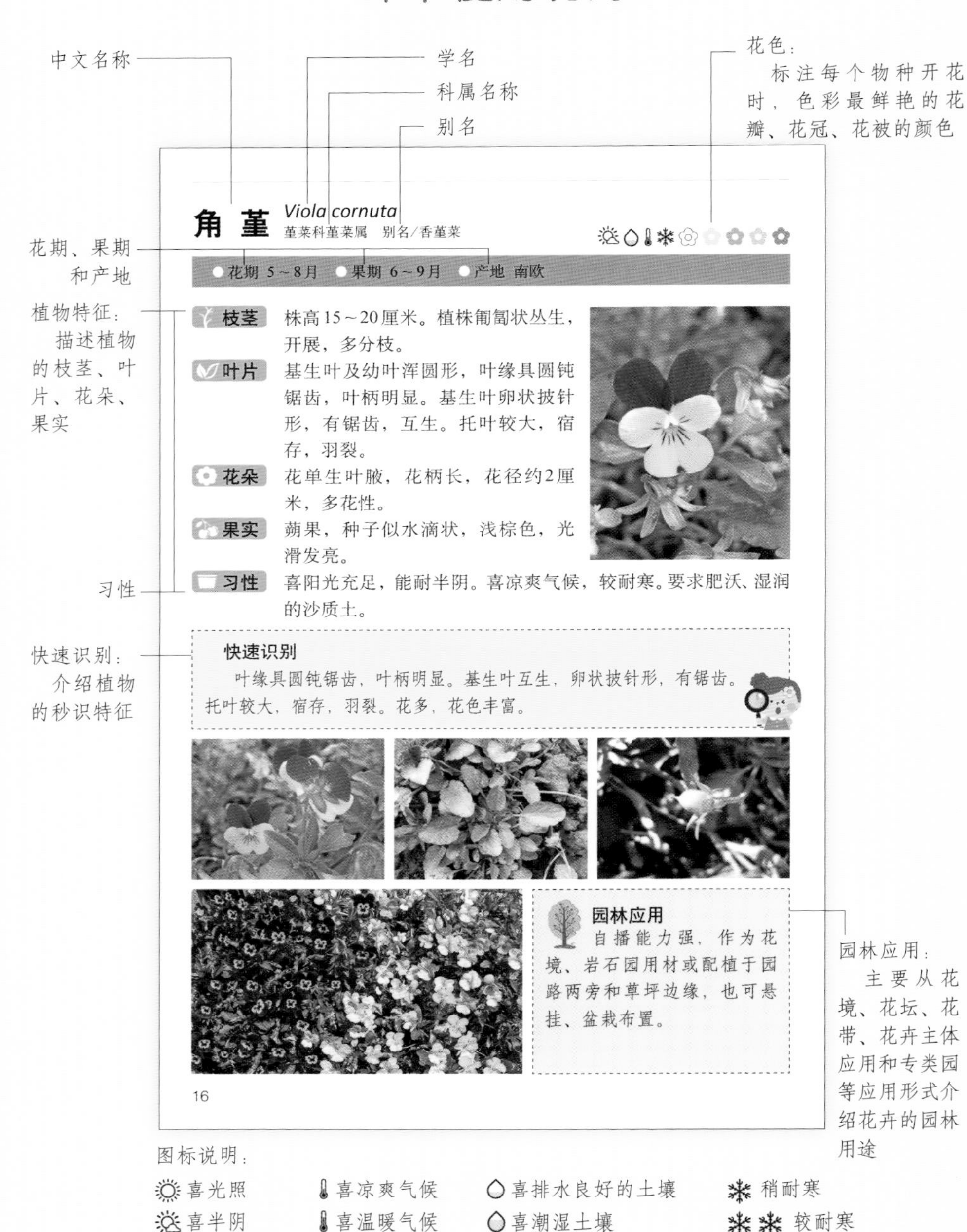

图标说明：

喜光照	喜凉爽气候	喜排水良好的土壤	稍耐寒
喜半阴	喜温暖气候	喜潮湿土壤	较耐寒
喜阴	喜高温气候	喜水湿土壤	耐寒

基本知识

植物一般由根、茎、叶、花、果和种子六部分组成，其中叶、花、果是植物的三个重要鉴别器官。为了方便读者识别和欣赏植物，这里先简要介绍一些叶、花、果的基本知识。

叶

叶的组成 叶一般由叶片、叶柄和托叶组成。

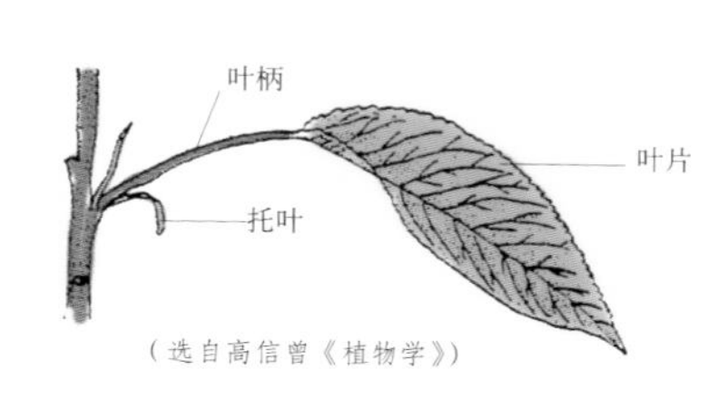

（选自高信曾《植物学》）

叶形 是指叶片的形状。常见叶形如下：

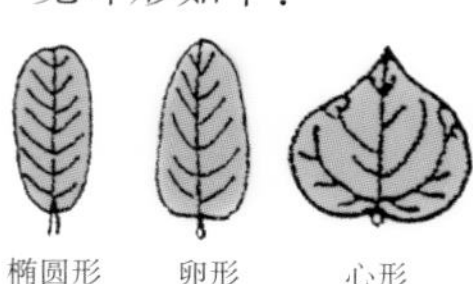

椭圆形 卵形 心形 圆形

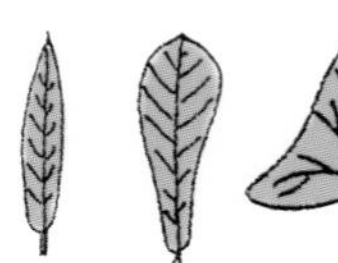

菱形 针形 披针形 匙形 三角形

（选自陆时万《植物学》）

叶缘 是指叶片边缘的形状。常见叶缘类型如下：

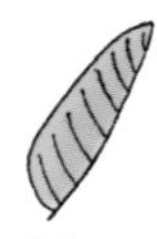

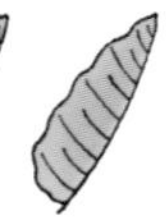

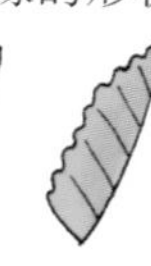

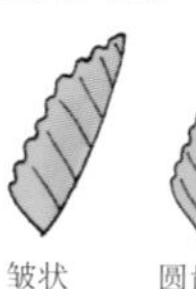

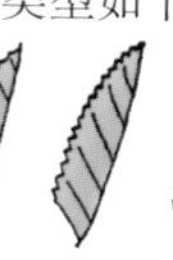

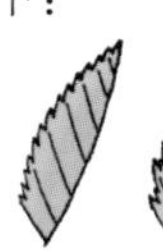

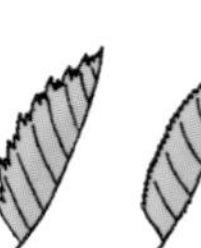

全缘 波状 皱状 圆齿状 圆缺 牙齿状 锯齿 重锯齿 细锯齿

（选自陆时万《植物学》）

叶序 是指叶片在茎枝上的排列方式。常见叶序类型如下：

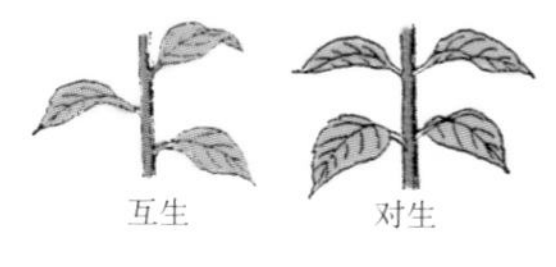

互生 对生

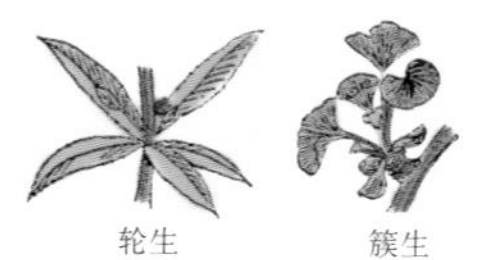

轮生 簇生

（选自陆时万《植物学》）

复叶 一个叶柄上有两个或两个以上叶片的称复叶。常见复叶类型如下：

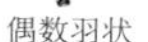

奇数羽状 偶数羽状 二回羽状

三回羽状 掌状复叶 三出复叶 单身复叶

（选自曹慧娟《植物学》）

花的组成　花一般由花柄、花托、花被（花萼、花冠）、雄蕊群和雌蕊群组成。

（选自曹慧娟《植物学》）

花冠　是由一朵花中的若干枚花瓣组成。常见花冠类型如下：

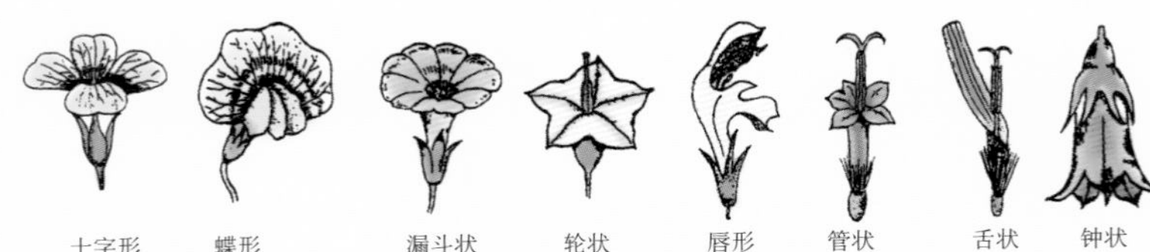

（选自滕崇德《植物学》）

花

花序

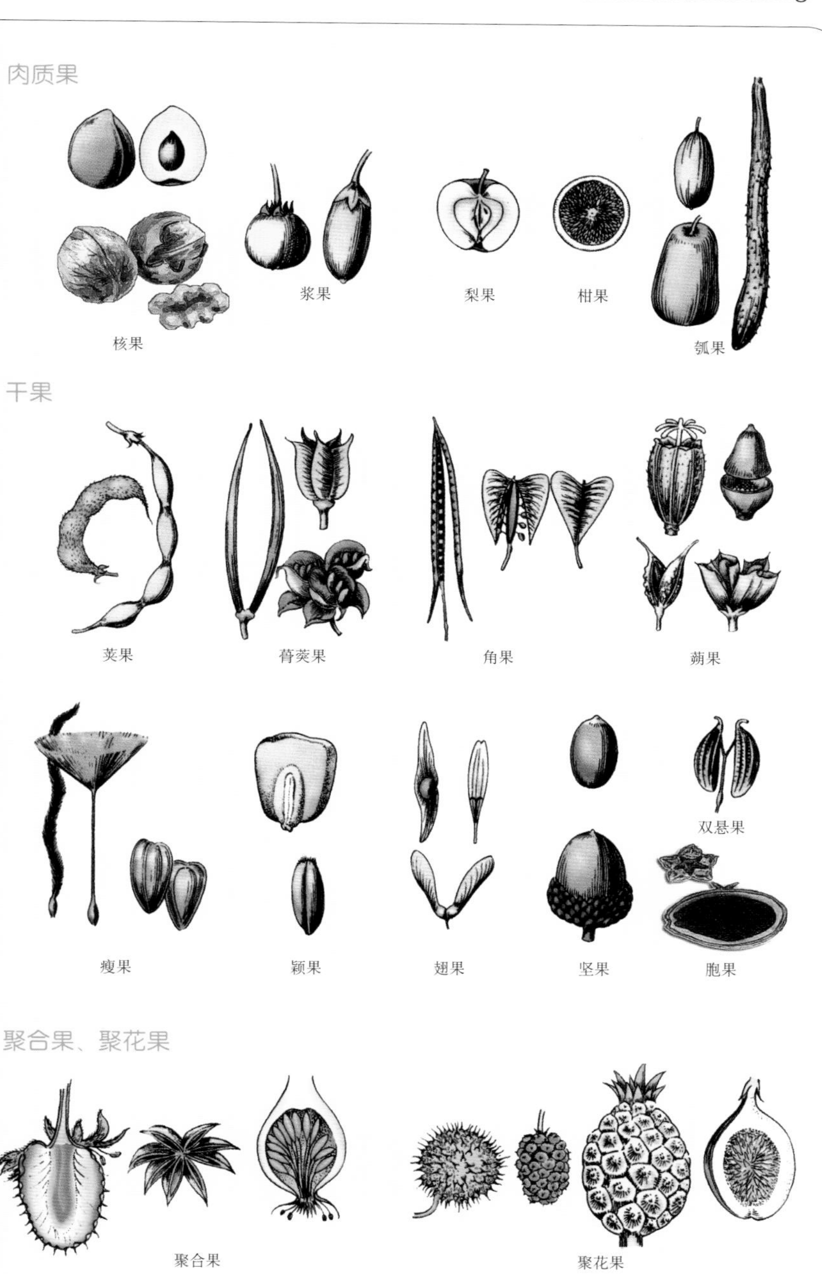
果
肉质果
核果
浆果
梨果
柑果
瓠果
干果
荚果
膏葖果
角果
蒴果
瘦果
颖果
翅果
坚果
双悬果
胞果
聚合果、聚花果
聚合果
聚花果

目录

Contents

PART2
宿根花卉

PART3
球根花卉

PART4
水生花卉

PART5
室内观花花卉

PART6
室内观叶花卉

PART7 兰科花卉

PART8
多浆花卉

PART9
食虫植物和蕨类植物

PART 1

一二年生花卉

醉蝶花 *Tarenaya hassleriana*

白花菜科醉蝶花属　别名/西洋白花菜、紫龙须

● 花期 6～9月　● 果期 8～10月　● 产地 南美热带地区

枝茎 株高1米，茎直立。

叶片 掌状复叶，小叶5～7片，阔披针形，全缘，叶柄细长，基部有刺状托叶。

花朵 总状花序，花柄长，花瓣4片，具长爪，与细长的雄蕊组成蜘蛛形的花朵，具有香气。

果实 蒴果，细圆柱形，种子褐色。

习性 喜温暖、阳光充足环境，不耐寒。喜肥沃而排水良好的沙壤土。

快速识别

掌状复叶，小叶阔披针形，全缘。花瓣4片，具长爪，与细长的雄蕊组成蜘蛛形的花朵。

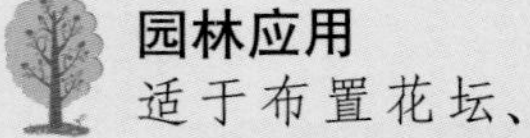

园林应用

适于布置花坛、花境或在路边、林缘成片栽植，也可盆栽和用于切花。

报春花 *Primula malacoides*

报春花科报春花属　别名/纤美报春

● 花期2～4月　● 果期 3～6月　● 产地 北半球温带和亚热带高山地区

枝茎 株高约45厘米。

叶片 叶基生，具长柄，卵圆形，基部心形，边缘有锯齿。

花朵 花萼小阔钟形，萼背面有白粉，伞形花序，多轮重出，3～10轮。花蕾香。

果实 蒴果，球形，直径约3毫米。

习性 喜温暖、湿润，夏季要求凉爽、通风环境，不耐炎热。

快速识别

叶基生，具长柄，卵圆形，边缘有锯齿。伞形花序，3～10轮。有香味。

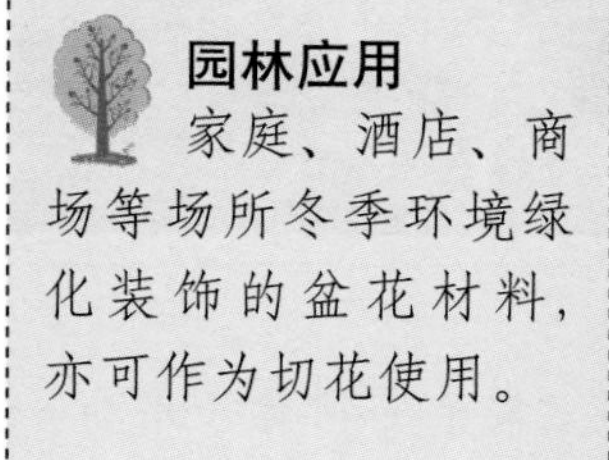

园林应用

家庭、酒店、商场等场所冬季环境绿化装饰的盆花材料，亦可作为切花使用。

一串红 *Salvia splendens*

唇形科鼠尾草属　别名/万年红

● 花期 7～10月　● 果期 8～10月　● 产地 南美巴西

枝茎 株高30～90厘米。茎直立，4棱，光滑，茎节常为紫红色，茎基部半木质化。

叶片 叶对生，叶缘有锯齿。

花朵 总状花序顶生，小花2～6朵轮生，花冠唇形，花萼钟状，与花冠同色。

果实 坚果，卵形，褐色。

习性 喜光，喜温暖，喜肥沃土壤，不耐寒。

快速识别

茎光滑直立，4棱。叶对生，叶缘有锯齿。花冠唇形，花萼钟状，总状花序顶生。

园林应用

适用于花坛、花境、花丛，也可盆栽观赏。常见变种有一串白：花及花萼均为白色；一串紫：花及花萼均为紫色；丛生一串红：株型低矮，花序密。

红花鼠尾草 *Salvia coccinea*

唇形科鼠尾草属　别名/朱唇、小红花

●花期 7～9月　●果期 9～10月　●产地 北美南部

枝茎 株高60～70厘米。茎直立，全株有毛，具芳香气味。

叶片 叶对生，卵形或三角状卵形，具齿，叶背具灰白短茸毛。

花朵 总状花序顶生，花冠下部筒状，上部唇形。

果实 小坚果倒卵圆形，长1.5～2.5毫米，黄褐色，具棕色斑纹。

习性 喜温暖气候，不耐寒，喜阳光充足，耐半阴。

快速识别

全株具芳香，有毛。叶卵形或三角状卵形，具齿。总状花序顶生。花冠下部筒状，上部唇形。

园林应用

适用于花境，丛植或条植，也可盆栽观赏。可植于路边、菜园边，或做围栏植物栽培，大面积栽培更为柔美优雅。

观赏蓖麻 *Ricinus communis*

大戟科蓖麻属　别名/蓖麻

● 花期 7～9月　● 果期 7～9月　● 产地 非洲东部

枝茎 株高1～5米。茎柔韧，中空，绿色或紫红色，直立，分枝。植株被白色蜡粉，光滑无毛。

叶片 叶盾形，直径20～60厘米，掌状5～11裂，裂片卵形或窄卵形。叶缘具齿，无毛。叶柄长，托叶合生，早落。

花朵 花单性，总状圆锥花序，穗轴上部着生雌花，花柱红色，下部为雄花。偶有两性花混合排列的植株。

果实 蒴果，有刺或无刺。种子皮壳光滑硬脆，有浅花纹，红至黑褐色。

习性 喜温暖、湿润、阳光充足的环境，但忌涝。

快速识别

茎中空，绿色或紫红色。植株光滑无毛。叶盾形，掌状5～11裂，叶柄长。

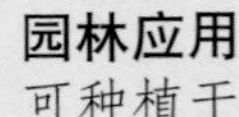

园林应用

可种植于庭院、宅旁或用作背景材料。

银边翠 *Euphorbia marginata*

大戟科大戟属 别名/高山积雪

● 花期 6～9月 ● 果期 7～10月 ● 产地 北美洲

枝茎 株高50～100厘米。茎直立，叉状分枝。有白色乳汁。

叶片 叶卵形，无柄，全缘。叶缘白色，尤其夏季开花时，顶端叶片边缘或全部小叶呈银白色，为主要观赏部位。有白色乳汁。

花朵 花小，白色。

果实 蒴果，扁圆形。

习性 喜温暖、阳光充足环境。不耐寒，对土壤要求不严，耐干旱。

快速识别

茎直立，叉状分枝。叶和茎有白色乳汁。叶卵形，无柄，全缘，叶缘白色。

园林应用

夏季良好的观赏植物，适宜布置花坛，也可作为切花叶材。

香豌豆 *Lathyrus odoratus*

豆科香豌豆属　别名/甜豌豆、花豌豆、麝香豌豆

●花期 6～7月　●果期 7～8月　●产地 地中海的西西里岛及南欧

枝茎 株高1～2米。蔓性攀缘草本植物，全株被白色毛，茎棱状有翼。

叶片 羽状复叶，仅茎部两片小叶，先端小叶变态形成卷须。

花朵 花具总梗，腋生。花大，蝶形，花瓣色深艳丽，并具斑点、斑纹，具芳香。

果实 荚果长圆形，种子球形，褐色。

习性 喜阳光充足，也能耐半阴，喜冬暖夏凉的气候条件。要求通风良好，土壤疏松、肥沃。

快速识别

蔓性攀缘，全株被白毛，茎棱状有翼。花大，蝶形。

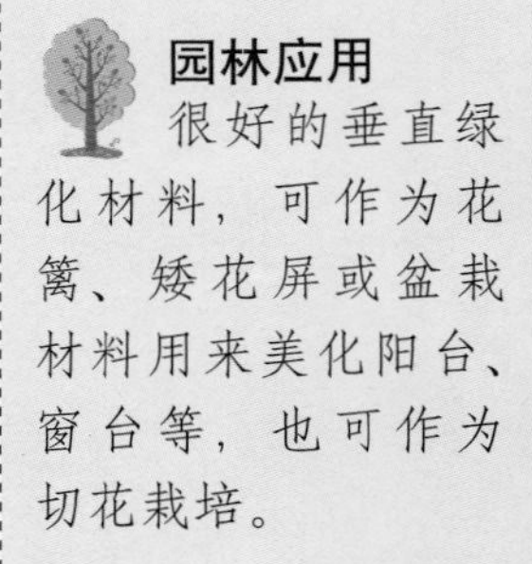

园林应用

很好的垂直绿化材料，可作为花篱、矮花屏或盆栽材料用来美化阳台、窗台等，也可作为切花栽培。

非洲凤仙 *Impatiens sultanii × I. holstii*

凤仙花科凤仙花属　别名/洋凤仙

●花期 温度适宜可四季开花　●产地 非洲东部热带地区

枝茎 株高30～60厘米。全株肉质，茎具红色条纹。

叶片 叶有长柄，常绿，翠绿有光泽，卵圆形。

花朵 花1～3朵，腋生。

果实 蒴果，卵形。种子多数，球形，黑色。

习性 喜温暖、湿润气候，不耐寒，不耐热，不耐干旱，怕水涝，喜半阴。

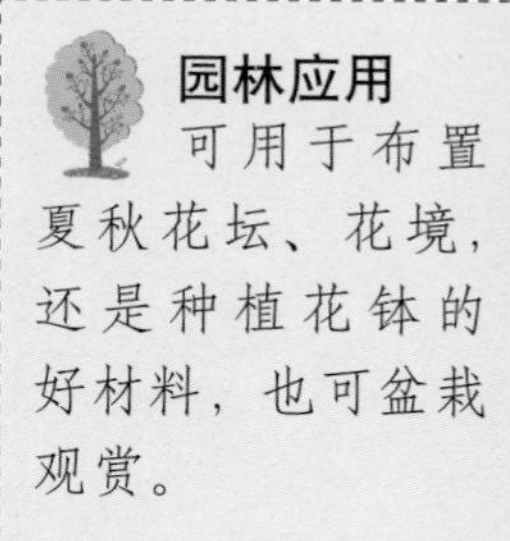

快速识别

全株肉质，茎具红色条纹。叶有长柄，常绿，翠绿有光泽，卵圆形。

园林应用

可用于布置夏秋花坛、花境，还是种植花钵的好材料，也可盆栽观赏。

凤仙花 *Impatiens balsamina*

凤仙花科凤仙花属　别名/指甲花、小桃红、透骨草

● 花期 6～9月　● 果期 7～10月　● 产地 我国南部、印度、马来西亚

枝茎 株高20～80厘米。茎直立，肉质，光滑多分枝，浅绿色或带红褐色晕。

叶片 单叶互生，披针形，缘有锯齿。

花朵 花1～3朵，腋生，具短柄，着生于上部叶腋。

果实 蒴果，尖卵形。种子多数，球形，黑色。

习性 喜温暖、阳光充足、干燥通风的环境，不耐旱，喜疏松、肥沃的土壤。

快速识别

茎直立，肉质，光滑多分枝，浅绿色或带红褐色晕。单叶互生，披针形，缘有锯齿。花有距。

园林应用

可布置夏季花坛、花境，或丛植于庭院，也可盆栽观赏。

旱金莲 *Tropaeolum majus*

旱金莲科旱金莲属　别名/金莲花、旱荷花

● 花期 6～9月　● 果期 9～10月　● 产地 南美

枝茎 株高30～70厘米。茎蔓长，肉质，无毛。

叶片 叶具长柄，互生，盾状，似莲叶但形小。

花朵 花腋生，具长柄和长距，花瓣5枚，不整齐。

果实 果实大型，扁圆状，果实淡白绿色，表面多棱纹。

习性 喜温暖，喜湿，喜阳光，忌酷热。

快速识别

叶具长柄，互生，盾状。花腋生，具长柄和长距，花瓣5枚，不整齐。

园林应用

作为地被、垂直绿化、盆栽材料，或用于布置花坛。

观赏南瓜 *Cucurbita pepo* var. *ovifera*

葫芦科葫芦属　别名/观赏西葫芦、桃南瓜

● 花期 7～9月　● 果期 9月　● 产地 欧亚热带及美洲热带地区

枝茎 一年生蔓性草本。茎被半透明的粗糙毛。卷须多分叉。

叶片 叶广卵形，有角或裂片。

花朵 花单性，雌雄同株，单生。

果实 瓠果，大小、形状及色泽因品种不同而异，一般有白、黄、橙等单色、双色，或具条纹，形状有圆形、扁圆形、钟形、梨形等。

习性 不耐寒，喜温暖、湿润、阳光充足环境，以疏松、肥沃的土壤栽植为宜。

快速识别

蔓性草本。茎被半透明的粗糙毛。卷须多分叉。叶广卵形，有角或裂片。瓠果。

园林应用

盆栽观果或用于垂直绿化。

福禄考 *Phlox drummondii*

花荵科福禄考属

● 花期 6～8月 ● 果期 9～10月 ● 产地 北美南部

枝茎 株高40～60厘米。茎直立多分枝，有腺毛，呈丛生状。

叶片 叶基部对生，上部互生，叶柄不明显。

花朵 聚伞花序顶生，花冠高脚碟状，有软毛。

果实 蒴果，椭圆形或近圆形，成熟时3裂。种子倒卵形或椭圆形，背面隆起，腹面较平。

习性 喜阳光充足、凉爽环境，耐寒性较弱，忌涝及盐碱地。

快速识别

植株丛生状，叶基部对生，上部互生。花冠高脚碟状，顶生聚伞花序。

园林应用

适合做各种花坛的主栽花卉，或作为花坛、花境、盆栽的装饰材料，亦作盆花观赏。

长春花 *Catharanthus roseus*

夹竹桃科长春花属　别名/日日草、五瓣莲、山矾花

● 花期 7～9月　● 果期 9～10月　● 产地 非洲东部及美洲热带

枝茎 株高20～60厘米。茎直立，分枝多，全株无毛。

叶片 叶对生，倒卵状矩圆形，先端圆钝，基部渐狭，叶柄短，全缘或微波状，两面光滑无毛，主脉白色明显。

花朵 聚伞花序顶生或腋生。花冠高脚碟状，5裂。

果实 果实直立，圆柱形，种子小而黑。

习性 喜温暖，忌干热，不耐寒。喜阳光，耐半阴。不择土壤，耐贫瘠、耐旱，忌水涝。

快速识别

叶对生，倒卵状矩圆形，先端圆钝，基部渐狭，主脉白色明显，叶柄短，全缘。聚伞花序顶生或腋生，花冠高脚碟状，5裂。

园林应用

花期长，花枝繁茂，多用于布置夏秋花坛。

大花三色堇 *Viola tricolar*

堇菜科堇菜属

别名/三色堇、蝴蝶花、猫儿脸

●花期 4～6月 ●果期 5～7月 ●产地 欧洲

枝茎 株高15～30厘米。茎直立或稍倾斜，多分枝。

叶片 叶互生，排列紧密。基生叶卵圆形，具长柄；茎生叶长卵形或长圆状披针形。叶缘具钝齿，托叶宿存。

花朵 花大，单生于叶腋。

果实 蒴果大，种子成熟后自然开裂。种子椭圆形，黄褐色。

习性 较耐寒，生长势强，喜阳光充足的凉爽环境，不耐酷热和积水。

快速识别

叶卵圆形，叶缘具钝齿，托叶宿存。花大，单生叶腋。花色丰富。

园林应用

是早春花坛的重要草本花卉之一，尤其适合作花坛造型和镶边之用，也可盆栽观赏。适用于花境，植于窗台花池、岩石园、野趣园、自然景观区树下。

角 堇 *Viola cornuta*

堇菜科堇菜属 别名/香堇菜

● 花期 5～8月 ● 果期 6～9月 ● 产地 南欧

枝茎 株高15～20厘米。植株匍匐状丛生，开展，多分枝。

叶片 基生叶及幼叶浑圆形，叶缘具圆钝锯齿，叶柄明显。基生叶卵状披针形，有锯齿，互生。托叶较大，宿存，羽裂。

花朵 花单生叶腋，花柄长，花径约2厘米，多花性。

果实 蒴果，种子似水滴状，浅棕色，光滑发亮。

习性 喜阳光，耐半阴。喜凉爽气候，较耐寒。要求肥沃、湿润的沙质土。

快速识别

叶缘具圆钝锯齿，叶柄明显。基生叶互生，卵状披针形，有锯齿。托叶较大，宿存，羽裂。花多，花色丰富。

园林应用

自播能力强，作为花境、岩石园用材或配植于园路两旁和草坪边缘，也可悬挂、盆栽布置。

黄秋葵 *Abelmoschus moschatus*

锦葵科秋葵属　别名/黄葵

● 花期 7～8月　● 果期 9～10月　● 产地 亚洲热带及中国华南地区

枝茎 株高可达100厘米。茎有粗硬毛。

叶片 叶3～5深裂，具不规则钝齿。

花朵 花大，花瓣覆瓦状着生，黄色，瓣基红褐色；小苞片线状，短于萼片。萼片佛焰苞状，沿一边开裂，早落。花朝开暮落。

果实 蒴果大，成熟后自然开裂，种子不规则，黑色。

习性 喜温暖，不耐寒，喜光，不耐阴，宜选用肥沃而深厚的土壤。

快速识别

茎有粗硬毛。叶3～5深裂，具不规则钝齿。花大黄色，瓣基红褐色。

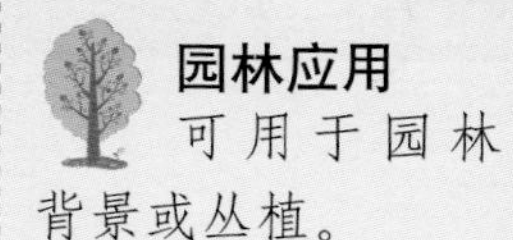

园林应用

可用于园林背景或丛植。

锦 葵 *Malva sylvestris*

锦葵科锦葵属

● 花期 6～10月 ● 果期 8～11月 ● 产地 亚洲、欧洲及北美

枝茎 株高60～100厘米。茎被粗毛，少分枝。

叶片 叶圆心形或肾形，5～7浅裂，裂片先端圆钝，叶脉掌状。

花朵 花数朵簇生叶腋，总苞片3枚，离生。花萼钟状，被柔毛。花瓣先端凹刻，紫红色，具淡色纵条纹。

果实 蒴果，扁球形。种子肾形，黄褐色。

习性 喜冷凉，较耐寒，喜阳光充足，不择土壤。

快速识别

叶圆心形或肾形，5～7浅裂，叶脉掌状。花数朵簇生叶腋，总苞片3枚，离生。花萼钟状。花紫红色，具淡色纵条纹。

园林应用

可组成繁花似锦的绿篱、花墙。

裂叶花葵 *Lavatera trimestris*

锦葵科花葵属

●花期 7～9月 ●果期 9月 ●产地 地中海一带

枝茎 株高约1米。茎粗壮，被白粉。

叶片 叶具不整齐圆齿，基生叶圆肾形，中部叶心形，上部叶3裂，有毛或近光滑。

花朵 花单生叶腋，粉红至红色。有大花及白花变种。

果实 蒴果，苞片大。

习性 喜阳光充足、凉爽、湿润环境。

快速识别

茎粗壮，被白粉。叶具不整齐圆齿，基生叶圆肾形，中部叶心形，上部叶3裂，有毛或近光滑。

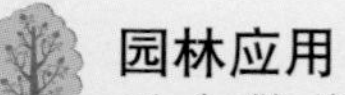

园林应用

适合做花境或草坪丛植，或为篱垣角隅栽植，也可做盆栽观赏。

马落葵 *Malope trifida*

锦葵科马落葵属

● 花期 6～8月 ● 果期 8～9月 ● 产地 西班牙及北非

枝茎 株高60～80厘米。全株光滑，茎多分枝。

叶片 叶互生，3裂，先端尖并有齿，有的长柄上带紫褐色晕。

花朵 花单生于叶腋，下具3枚分离苞片，花瓣5枚，红色，基部红紫色。

果实 蒴果。

习性 喜温暖、向阳，不择土壤，但以沙壤土为宜。

快速识别

叶互生，3裂，先端尖有齿。花单生叶腋，具3枚分离苞片，花瓣5枚。

园林应用

可布置花坛、花境或盆栽观赏。

半边莲 *Lobelia chinensis*

桔梗科半边莲属　别名/六倍利

●花期 5～9月　●果期 7～10月　●产地 中国、印度、越南等地

枝茎 株高10～20厘米。茎有白色乳汁，分枝能力强。

叶片 叶互生，上部叶小呈披针形，近基部叶大呈广匙形，叶缘有波状小齿或近无齿。

花朵 花单生于叶腋或顶生总状花序，花冠呈唇形，左右对称，上部2枚花瓣较小，下部3枚花瓣较大，筒部在近轴面纵裂。

果实 蒴果，成熟后果实顶部瓣裂。

习性 喜冷凉、半阴的栽培环境。

快速识别

茎有白色乳汁，分枝能力强。叶互生。花冠呈唇形，左右对称，上部2枚花瓣较小，下部3枚花瓣较大。

园林应用

用于花坛、花境镶边、组合盆栽和彩钵栽植。

白晶菊 *Chrysanthemum paludosum*

菊科菊属

● 花期 5～7月 ● 果期 6～8月 ● 产地 中国东北、华北、华东地区及陕西等地

枝茎 株高15～30厘米。

叶片 叶互生，一至二回羽裂，揉碎后有清香味。

花朵 头状花序顶生，边花舌状，白色。中央花筒状，金黄色。

果实 瘦果。

习性 喜阳光充足、凉爽的环境，不耐高温，适宜疏松、肥沃的土壤。

快速识别

叶互生，一至二回羽裂，揉碎后有清香味。头状花序，舌状花白色，筒状花金黄色。

园林应用

植株低矮，花繁色艳，可用于花坛、花境或组合盆栽观赏。

百日草 *Zinnia elegans*

菊科百日草属　别名/百日菊、步步高

●花期 6～9月　●果期 9～10月　●产地 南美洲墨西哥高原

枝茎 株高50～120厘米。茎直立而粗壮。全株具粗毛。

叶片 单叶对生，全缘，三出脉，卵形至长椭圆形，基部抱茎。

花朵 头状花序单生枝端，有重瓣和单瓣品种。舌状花倒卵形，管状花顶端裂片卵状披针形。

果实 瘦果倒卵圆形，管状花结出的瘦果倒卵状楔形，较小。

习性 喜光照，喜温暖，忌酷暑，耐早霜。在炎热天气有的品种易得白粉病，要提前防治。

快速识别

全株具粗毛。单叶对生，全缘，三出脉，基部抱茎。头状花序单生枝端。

园林应用

可用于花坛、花境。株型紧凑、低矮的品种可以做阳台花卉。

波斯菊 *Cosmos bipinnatus*

菊科秋英属　别名/秋英、扫帚梅

● 花期 6～8月　● 果期 7～10月　● 产地 墨西哥

枝茎 株高60～120厘米，矮生品种株高30～40厘米。茎纤细而直立，株丛开展。

叶片 叶对生，二回羽状全裂，裂片稀疏，线形，全缘。

花朵 头状花序有长总梗，顶生或腋生，舌状花瓣顶端有3浅裂。

果实 瘦果线形，有喙，褐色。

习性 喜温暖，不耐寒，忌酷热。喜光，耐干旱、瘠薄，土壤过肥则茎叶徒长易倒伏，开花不良。忌大风，应种植在背风处。

快速识别

叶二回羽状全裂，裂片线形。头状花序，舌状花瓣顶端有3浅裂。

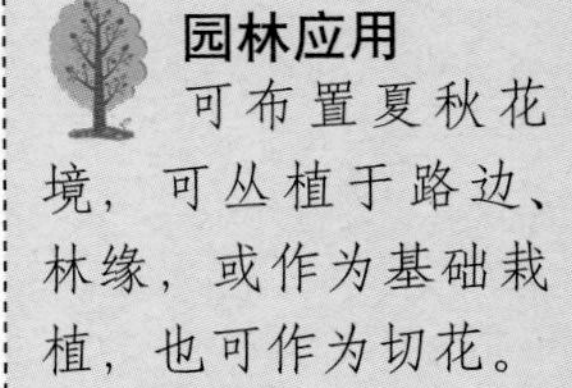

园林应用

可布置夏秋花境，可丛植于路边、林缘，或作为基础栽植，也可作为切花。

雏 菊 *Bellis perennis*

菊科雏菊属　别名/春菊、延命菊

● 花期 3～5月　● 果期 5～6月　● 产地 西欧、地中海沿岸、北非和西亚

枝茎 株高7～20厘米。茎细，多分枝，具疏毛。

叶片 叶基部簇生，长匙形或倒卵形，边缘具齿。

花朵 花茎自叶丛中抽出，头状花序单生于枝顶。舌状花多轮，有白、粉、红等花色；筒状花黄色。

果实 瘦果，倒卵形，种子小而扁平，灰白色。

习性 喜冷凉，较耐寒，不耐炎热，炎夏极易枯死，重瓣大花品种耐寒性差。喜光照，对土壤要求不严，在肥沃、排水良好的沙质壤土上生长良好。

快速识别

植株矮小，叶基生，长匙形，有齿，基部渐狭。头状花序单生。

园林应用

布置春季花坛、花带、花境、花钵的重要材料，也可用来装点岩石园，还可植于草地边缘或盆栽观赏。

翠菊 *Callistephus chinensis*

菊科翠菊属　别名/江西腊、七月菊、蓝菊

●花期 7～10月　●果期 9～10月　●产地 中国东北、华北及四川、云南等地

枝茎 株高30～90厘米。茎被白色糙毛，直立，粗壮，上部多分枝。

叶片 单叶互生，广卵形至匙形，叶缘具不规则粗锯齿。

花朵 头状花序单生枝顶，直径3～15厘米，野生原种舌状花常为紫色。

果实 瘦果楔形，浅黄褐色。

习性 喜凉爽，不耐寒，忌酷暑，喜光，喜肥沃、潮湿的土壤，忌连作。

快速识别

茎被白色糙毛，直立，粗壮，上部多分枝。头状花序单生枝顶。

园林应用

布置夏秋花坛、花境的材料，也可作为切花和盆栽观赏。

堆心菊 *Heleniun bigelovii*

菊科堆心菊属　别名/翼锦鸡菊

● 花期 7～10月　● 果期 9～10月　● 产地 北美

枝茎 株高60～120厘米。植株上部多分枝。

叶片 叶阔披针形或线形，着生密集。

花朵 头状花序生于茎顶，舌状花柠檬黄色或橘红色，花瓣阔，先端有缺刻，管状花黄绿色或深红色。

果实 瘦果，长圆形，有粗毛。

习性 喜温暖、向阳环境，抗寒耐旱，不择土壤。

快速识别

植株上部多分枝。叶阔披针形或线形。头状花序生于茎顶，舌状花柠檬黄色或橘红色，花瓣阔，先端有缺刻，管状花黄绿色或深红色。

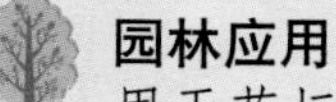

园林应用

用于花坛镶边或花境，也可用于地被栽植。

费利菊 *Felicia amelloides*

菊科费利菊属　别名/蓝色雏菊、蓝色玛格丽特

●花期 4～6月　●果期 6～10月　●产地 南非

枝茎 株高30～45厘米。基部木质，茎直立，多年生，多做一年生栽培。

叶片 叶片卵形，粗糙多毛。

花朵 舌状花粉色或蓝色，管状花深红色或蓝紫色。

果实 瘦果。

习性 喜温暖、干燥、阳光充足的环境，不耐水湿，夏季高温会导致花朵枯萎。喜排水良好、富含有机质的土壤。

快速识别

叶片卵圆形，粗糙多毛，舌状花在强光下会反卷。

园林应用

常用于盆栽观赏，适于布置花坛、花境或在路边、林缘成片栽植，也可用于岩石园。

桂圆菊 *Spilanthes oleracea*

菊科金钮扣属　别名/印度金钮扣

● 花期 几乎全年，主要集中在7～10月　● 果期 9～10月　● 产地 亚洲热带地区

枝茎 株高30～50厘米。全株略具短毛，茎多分枝。

叶片 单叶对生，广卵形，边缘有波状锯齿，叶色暗绿。

花朵 头状花序，开花前期呈圆球形，后期伸长呈长圆形。无舌状花，筒状花两性。

果实 瘦果长圆形，稍扁。

习性 喜温暖、湿润，喜阳光，忌干旱，不耐寒。喜疏松、肥沃的土壤。

快速识别

单叶对生，广卵形，边缘有波状锯齿，叶色暗绿。头状花序，开花前期呈圆球形，后期伸长呈长圆形。

园林应用

可布置花坛、花境、岩石园，也可作为盆栽观赏。

花环菊 *Chrysanthemum carinatum*

菊科菊属　别名/三色菊、蒿子秆

● 花期 6～8月　● 产地 北非摩洛哥

枝茎 株高30～70厘米。茎直立，多分枝。

叶片 叶数回羽状细裂，裂片线形，叶揉碎后有清香味。

花朵 头状花序，通常2～8个生于茎枝顶端。

果实 瘦果，扁平，种子千粒重1.7克。

习性 喜阳光，忌酷热，不耐寒。

快速识别

叶数回羽状细裂，裂片线形，叶揉碎后有清香味。头状花序，花冠常二、三色呈复色环状。

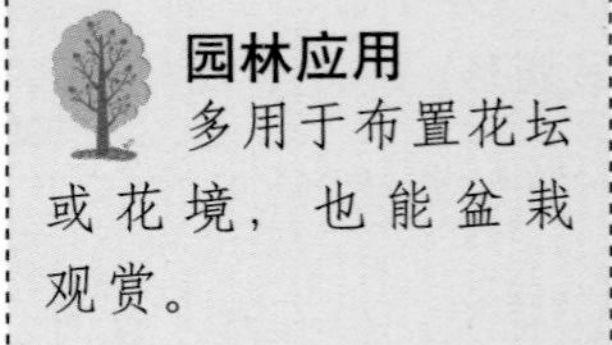

园林应用

多用于布置花坛或花境，也能盆栽观赏。

黄帝菊 *Melampodium paludosum*

菊科腊菊属　别名/美兰菊、皇帝菊

● 花期 夏秋　● 产地 中美洲

枝茎 株高20～30厘米。草本花卉，枝条丛生。

叶片 叶对生，阔披针形或长卵形，先端渐尖，边缘有齿状锯齿。

花朵 花顶生，花径2～3厘米，形似雏菊的花。

果实 瘦果。

习性 耐热、耐湿，稍具耐旱性。

快速识别

叶片对生，株型紧凑，花顶生，金黄色，形似雏菊。

园林应用

株型紧凑，适合盆栽，亦可用于布置花坛、花境及道路分车带。

黄晶菊 *Chrysanthemum paludosum*

菊科茼蒿菊属

● 花期 4～8月 ● 果期 6～10月 ● 产地 阿尔及利亚

枝茎 株高20～30厘米。茎半匍匐。

叶片 叶互生，肉质，初生叶紧贴土面。叶长条匙形，羽状裂或深裂，裂片线形。

花朵 头状花序顶生，盘状，中央筒状花聚成花心，外围舌状花扁平，花瓣金黄，开花茂密。

果实 瘦果。

习性 喜温暖、湿润和阳光充足的环境，较耐寒，耐半阴，在疏松、肥沃、排水良好的土壤中生长良好。

快速识别

茎半匍匐。叶互生，肉质，长条匙形，羽状裂或深裂，裂片线形。头状花序顶生，盘状，中央筒状花聚成花心，外围舌状花扁平，花瓣金黄。

园林应用

用于早春花坛镶边或花境，也可用于地被栽植。

藿香蓟 *Ageratum conyzoides*

菊科藿香蓟属 别名/胜红蓟、蓝翠球

● 花期 7～10月 ● 果期 9～10月 ● 产地 美洲热带地区

枝茎 株高30～60厘米。茎基部多分枝，丛生状，全株具毛。

叶片 叶对生，卵形至心脏状圆形。

花朵 花极小，头状花序缨络状，密生枝顶。有株高1米的切花品种及矮生种和斑叶种。

果实 瘦果，黑褐色，5棱，有白色稀疏细柔毛，冠毛长圆形，顶端渐成芒状。

习性 喜光，喜温暖、湿润的环境，喜肥沃、排水良好的沙壤土，不耐寒。

快速识别

叶对生，叶卵形至圆形，头状花序，全为筒状花，无舌状花。

园林应用

适于布置花坛、花境，也可盆栽观赏。

金盏菊 *Calendula officinalis*

菊科金盏菊属　别名/金盏花、长生菊、黄金菊

●花期 4～6月　●果期 5～7月　●产地 地中海地区和中欧、加那利群岛至伊朗一带

枝茎 株高30～60厘米。全株被毛，多分枝。

叶片 叶互生，长匙形或长圆状倒卵形，全缘，基部抱茎。

花朵 头状花序单生。

果实 瘦果，呈船形、爪形。

习性 喜光，喜冷凉，忌炎热，较耐寒，耐瘠薄，对土壤要求不严，但以疏松肥沃和排水良好的沙质壤土生长旺盛。

快速识别

叶长匙形，头状花序单生枝顶，花橙色或黄色。

园林应用

布置春季花坛、花境的常用材料，也可作为切花和盆栽观赏。

孔雀草 *Tagetes patula*

菊科万寿菊属　别名/小万寿菊

●花期 6～10月　●果期 9～10月　●产地 墨西哥

枝茎 株高20～40厘米。茎直立，多分枝。

叶片 对生或互生，叶羽状全裂，裂片披针形。

花朵 头状花序具长柄，有单、重瓣品种。

果实 瘦果，褐色发亮，条形。

习性 喜光、耐高温，适宜疏松、排水良好的土壤。

快速识别

叶对生或互生，羽状全裂，裂片披针形，边缘有明显的腺点突起，揉碎后有异味。头状花序具长柄。

园林应用

可用于花坛、花带或花钵栽植。

硫华菊 *Cosmos sulphureus*

菊科秋英属　别名/黄波斯菊、硫黄菊

●花期 6～9月　●果期 8～10月　●产地 墨西哥

枝茎 株高1～2米。茎具柔毛，上部多分枝。

叶片 叶对生，二回羽状深裂，裂片呈披针形，有短尖，叶缘粗糙。

花朵 头状花序着生于枝顶。舌状花，花色由纯黄、金黄至橙黄连续变化；盘心管状花呈黄色至褐红色。

果实 瘦果有糙硬毛，有细长喙，棕褐色。

习性 喜阳光充足环境，不耐寒，对土壤要求不严。

快速识别

茎具柔毛，上部多分枝。叶对生，二回羽状深裂，裂片呈披针形，有短尖，叶缘粗糙。头状花序着生于枝顶。

园林应用

用于花境、花篱、花丛、地被或做切花。

麦秆菊 *Helichrysum bracteatum*

菊科蜡菊属　别名/蜡菊、贝细工

●花期 7～9月　●果期 9～10月　●产地 澳大利亚

枝茎 株高30～90厘米。茎直立，上部有分枝。

叶片 叶互生，长椭圆状披针形，基部渐狭成短柄，全缘。

花朵 头状花序单生枝顶，总苞片因含硅酸而呈膜质，酷似舌状花。

果实 瘦果小棒状，或直或弯，具4棱。

习性 喜温暖和阳光充足的环境。不耐寒、忌酷热，喜肥沃、湿润而排水良好的土壤。

快速识别

全株具微毛，叶互生，矩圆状披针形，头状花序单生枝顶，总苞片多层，呈膜质，干燥具光泽。

园林应用

常作为干花，亦可布置花坛，或在林缘自然丛植。

南非万寿菊 *Osteospermum ecklonis*

菊科车轮菊属　别名/大芙蓉

● 花期 6～8月　● 果期 6～10月　● 产地 南非

枝茎 株高30～50厘米。茎绿色。

叶片 叶深绿色，近椭圆形，有缺刻。

花朵 头状花序，多数簇生成伞房状，花单瓣，花径5～6厘米。

果实 瘦果三棱形，灰褐色。

习性 喜阳，稍耐寒，耐干旱，喜疏松、肥沃的沙质壤土。

快速识别

叶深绿色，近椭圆形，有缺刻。头状花序，花瓣有光泽。

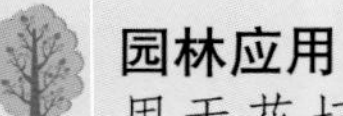

园林应用

用于花坛、花境栽培，也可盆栽观赏。

蛇目菊 *Coreopsis tinctoria*

菊科金鸡菊属　别名/两色金鸡菊、雪菊

● 花期 6～9月 ● 果期 9～10月 ● 产地 美国中西部地区

枝茎 株高60～80厘米。茎光滑，上部多分枝。

叶片 基生叶二至三回羽状深裂，裂片线形或披针形。

花朵 头状花序，径2～4厘米，具细长总柄；舌状花黄色，基部或中下部红褐色；管状花紫褐色。

果实 瘦果，纺锤形。

习性 性强健，宜阳光充足处，耐寒性强，凉爽季节生长尤佳。有自播繁衍能力。

快速识别

茎光滑，上部多分枝。基生叶二至三回羽状深裂，裂片线形或披外形。头状花序具细长总柄。舌状花黄色，基部或中下部红褐色，管状花紫褐色。

园林应用

常用于做花坛、路边等布置，也用于花境丛植及切花。

万寿菊 *Tagetes erecta*

菊科万寿菊属　别名/臭菊、臭芙蓉

●花期 6～10月　●果期 9～10月　●产地 墨西哥

枝茎 株高25～90厘米。茎直立，粗壮。

叶片 单叶对生，羽状深裂，裂片披针形，先端细尖芒状，具明显的油腺点，有臭味。

花朵 头状花序顶生，总花柄较长，中空，向上渐粗。

果实 瘦果，线形，褐色。

习性 喜温暖，但稍能耐早霜，要求阳光充足，在半阴处也可生长开花。

快速识别

单叶对生，羽状深裂，裂片披针形，先端细尖芒状，具明显的油腺点，有臭味。

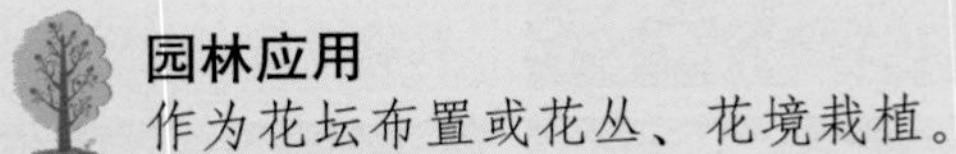

园林应用

作为花坛布置或花丛、花境栽植。

细叶百日草 *Zinnia angustifolia*

菊科百日草属　别名/小百日菊

●花期 6～9月　●果期 9～10月　●产地 墨西哥

枝茎 株高30～40厘米。枝纤细，紧密丛生，茎多分枝。

叶片 单叶对生，线状披针形，三出脉，全缘。

花朵 头状花序顶生，舌状花单轮，中盘花突起。

果实 瘦果，广卵形至瓶形。

习性 喜光、忌酷暑，适宜疏松、肥沃土壤。

快速识别

茎多分枝。单叶对生，三出脉，线状披针形，全缘。头状花序顶生。

园林应用

可植于花坛、花境或草坪边缘。

勋章菊 *Gazania longislapa*

菊科勋章菊属　别名/勋章花

● 花期 5～10月　● 果期 8～10月　● 产地 北美

枝茎 株高20～30厘米。丛生茎。

叶片 叶丛生，长匙形或倒披针形，全缘或下部羽裂，叶背具银白色毛。

花朵 花单生，头状花序，舌状花轮数较少。

果实 种子浅褐色，外被有长白绵毛。

习性 喜温暖、干燥、光照充足的环境，白天开放，夜间闭合。

快速识别

叶丛生，长匙形或倒披针形，全缘或下部羽裂，叶背具银白色毛。花单生，头状花序，花瓣基部具深色的花纹。

园林应用

可用于花坛、花境、盆栽观赏。

一点缨 *Emilia sonchifolia*

菊科一点红属　别名/一点红

● 花期 6～9月　● 果期 8～10月　● 产地 美洲热带地区

枝茎 株高30～60厘米。茎分枝，柔弱，粉绿色。

叶片 叶互生，稍带肉质。茎下部叶卵形，上部叶较小，抱茎。叶面绿色，背面多紫红色。

花朵 头状花序，有长柄，花枝二歧分枝，花管状。

果实 瘦果细小。

习性 喜光、忌涝，适宜肥沃、疏松土壤。

快速识别

茎分枝，粉绿色。叶互生，茎下部叶卵形，上部叶较小，抱茎。头状花序，有长柄；花管状，红色。

园林应用

常用于花境，也可用于切花。

肿柄菊 *Tithonia roiundifolia*

菊科肿柄菊属

● 花期 6～9月 ● 果期 8～10月 ● 产地 墨西哥

枝茎 株高1.5～2米。茎直立粗壮，密被短柔毛，分枝多。

叶片 叶大而柔软，广卵形，叶背沿脉有毛，下部叶3浅裂，上部叶有时不分裂，边缘有细锯齿。

花朵 头状花序顶生，花柄顶部膨大。

果实 瘦果具棱，矩圆状椭圆形，紫褐色，稍压扁，顶冠有芒刺。

习性 喜光，喜温暖。

快速识别

叶广卵形。头状花序顶生，花柄顶部膨大，花鲜橙红色。

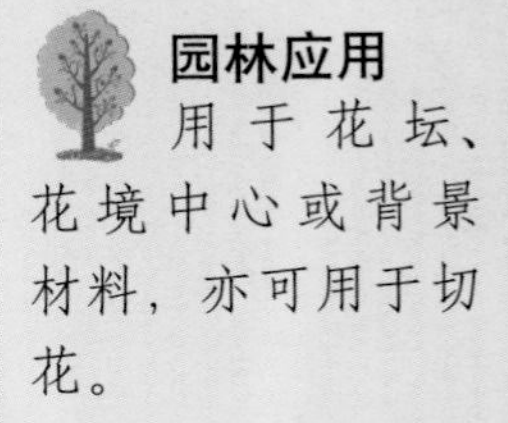

园林应用

用于花坛、花境中心或背景材料，亦可用于切花。

重瓣向日葵 *Helianthus annuus* 'Californicus'

菊科向日葵属

● 花期 7～9月 ● 果期 8～10月 ● 产地 栽培品种

枝茎 株高100～250厘米。全株被粗糙毛。茎粗壮，直立。

叶片 叶宽卵形，叶缘有缺刻或锯齿状，叶面粗糙。

花朵 头状花序，舌状花多轮。

果实 瘦果倒卵形或卵状长圆形，稍扁压。

习性 喜光，忌高温多湿，耐旱。

快速识别

全株被粗糙毛。茎粗壮，直立。叶宽卵形，叶缘有缺刻或锯齿状，叶面粗糙。头状花序，舌状花多轮，黄色。

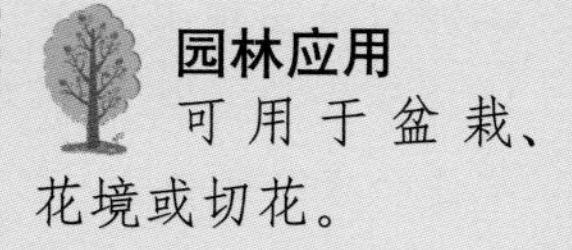

园林应用

可用于盆栽、花境或切花。

黑眼苏珊 *Thunbergia alata*

爵床科山牵牛属　别名/翼柄山牵牛、黑眼花

● 花期 夏季　● 产地 非洲热带地区

枝茎 蔓性藤本，可达3米。茎具2槽，被倒向柔毛。

叶片 叶柄具翼，长1.5～3厘米，被疏柔毛。叶片卵状箭头形或卵状稍戟形，长2～7.5厘米，宽2～6厘米，先端锐尖，基部箭形或稍戟形，边缘具2～3短齿或全缘，叶脉掌状5出。

花朵 花单生叶腋，花柄长2.5～3厘米，疏被倒向柔毛。小苞片卵形，冠檐直径约40毫米，裂片倒卵形，黄色，花心蓝紫色。

果实 蒴果，直径约10毫米，高约7毫米，被开展柔毛。

习性 喜温暖、湿润的环境，不耐寒，喜光。

快速识别

缠绕藤本，花心蓝紫色，近黑色，叶片三角形，叶柄有翼。

园林应用

适用于吊篮栽培或棚架绿化、墙面绿化。清风徐来，千万只美丽黑眼随着叶片的绿浪起伏，是绝佳的夏日风景。

地 肤 *Kochia scoparia*

藜科地肤属　别名/扫帚草、孔雀松

● 花期 7～9月　● 果期 8～10月　● 产地 欧洲及亚洲中部和南部地区

枝茎 株高30～150厘米。主茎木质化，分枝多而纤细。

叶片 叶线形，稠密，嫩绿色，秋凉全株变紫红色。

花朵 花小，不显著，单生或簇生于叶腋。

果实 胞果，扁球形，黄白色。

习性 喜光，喜温暖，不耐寒，极耐炎热，耐干旱、瘠薄和盐碱，对土壤要求不严。

快速识别

叶线形，稠密，嫩绿色，秋凉全株变紫红色。花小。

园林应用

可用作夏秋花坛的背景材料，也适用于坡地草坪自然式栽植。

红柄甜菜 *Beta vulgaris* 'Dracaenifolia'

藜科甜菜属　别名/红甜菜、厚皮菜

● 花期 8～9月　● 产地 欧洲

枝茎 株高30～40厘米。根肥大，含糖分较高。

叶片 叶片宽大，长卵形，具粗长的叶柄，略肥厚，呈红褐色，有光泽。

花朵 花小，不明显。

果实 胞果，种子细小。

习性 耐寒，以栽培于阳光充足的温暖环境处的叶色最美丽，要求栽培土壤肥沃、疏松、排水良好，忌酷暑，性强健。

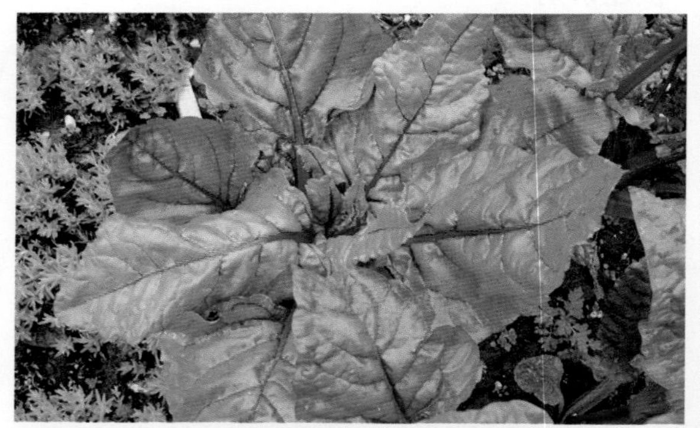

快速识别

叶片宽大，长卵形，具粗长的叶柄，呈红褐色，有光泽。以观赏叶片为主。

园林应用

可用于花坛、花境或盆栽作室内装饰。

美女樱 *Verbena hybrida*

马鞭草科马鞭草属

●花期 6～9月 ●果期 8～9月 ●产地 巴西、秘鲁

枝茎 株高30～50厘米。全株有灰色柔毛，茎直立，枝多横展，匍匐状，茎4棱。

叶片 叶对生，有柄，长圆或披针状三角形，缘具缺刻状粗齿，或近基部稍分裂。

花朵 伞形花序顶生，花冠高脚碟状，裂片5，花小而密集。

果实 蒴果，长，短棒状，浅灰褐色或浅茶褐色。

习性 喜阳光充足，对土壤要求不严。

快速识别

全株有灰色柔毛，茎直立，4棱。叶对生，有柄，长圆或披针状三角形，缘具缺刻状粗齿。

园林应用

多用于花境、花坛，也可作为盆栽观赏。

细叶美女樱 *Verbena tenera*

马鞭草科美女樱属

● 花期 4～10月　● 果期 5～11月　● 产地 美洲热带地区

枝茎 株高20～40厘米。茎基部稍木质化，茎丛生，匍匐状，多分枝，全株被糙毛。

叶片 叶二回深裂或全裂，裂片狭线形。

花朵 穗状花序，呈伞房状排列，顶生，花冠高脚碟状。

果实 坚果，褐色。

习性 喜全光照，耐半阴。耐寒性较强，耐旱，不耐水湿，对土壤要求不严。

快速识别

茎丛生多分枝，匍匐状。叶二回深裂或全裂，裂片狭线形。穗状花序呈伞房状，花冠高脚碟状。

园林应用

适用于片植、群植或自然带状栽植，是常用的观花地被、花坛、花境材料。

大花马齿苋 *Portulaca grandiflora*

马齿苋科马齿苋属

别名/半支莲、松叶牡丹

●花期 6～10月 ●果期 6～10月 ●产地 南美洲巴西

枝茎 株高10～20厘米。茎近匍匐状生长，微向上，肉质多汁。

叶片 单叶互生，肉质圆柱形，簇生叶片似松叶。

花朵 花瓣5或重瓣。

果实 蒴果开裂，种子细小，银灰色或褐色，有光泽。

习性 喜光，耐旱、忌涝，适宜疏松土壤。

快速识别

茎近匍匐状生长，微向上，肉质多汁。单叶互生，肉质圆柱形，簇生叶片似松叶。

园林应用

是花坛、花境及地被材料，也可点缀岩石园，还可盆栽观赏。同属栽培种阔叶马齿苋：又名阔叶半枝莲、马齿牡丹，高10～20厘米，茎匍匐，茎和叶均肉质，叶互生，宽卵形。花色艳丽，有红、白、粉、黄等色。

露薇花 *Lewisia cotyledon*

马齿苋科露薇花属

● 花期 早春至夏季 ● 产地 美国西海岸中部山区

枝茎 株高25厘米左右。叶丛基生。

叶片 叶片倒卵状匙形，长5～8厘米，全缘或波状。

花朵 圆锥花序顶生，花白色、橙红、粉色或橙黄，具红脉、红晕或红色条纹，花瓣开展，长1.2厘米。

习性 喜冷凉及阳光充足的环境，避免冬季潮湿。耐寒、耐贫瘠，喜排水良好、疏松的砾质土壤。

快速识别

叶片丛生，匙形，圆锥花序顶生，花瓣具红脉、红晕或红色条纹。

园林应用

常用于盆栽观赏和岩石园造景，适于布置花坛、花境的边缘。

黑种草 *Nigella damascena*

毛茛科黑种草属

●花期 6～7月 ●果期 8～9月 ●产地 南欧

枝茎 株高30～60厘米。全株光滑，茎有疏短毛，中上部多分枝。

叶片 叶羽状深裂，裂片狭线形，茎下部的叶有柄，上部无柄。

花朵 花单生枝顶，具叶状总苞，花萼淡蓝色，形如花瓣。花瓣约8枚，基部狭细成爪，花浅蓝色或白色。

果实 蓇果，种子扁三棱形，黑色，表面粗糙或有小点。

习性 喜凉爽，不耐寒，喜光，宜疏松、肥沃土壤。

快速识别

叶羽状深裂，裂片狭线性。花单生枝顶，具叶状总苞，花萼淡蓝色，形如花瓣。花瓣约8枚，基部狭细成爪，花浅蓝色或白色。

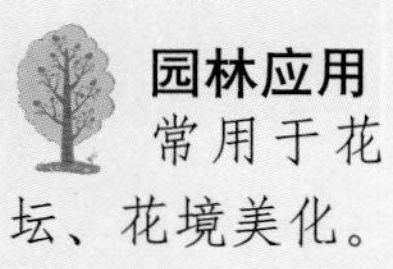

园林应用

常用于花坛、花境美化。

矮牵牛 *Petunia hybrida*

茄科碧冬茄属　别名/灵芝牡丹、碧冬茄

●花期 5～10月　●果期 9～11月　●产地 南美洲

枝茎 株高20～60厘米。全株被腺毛，茎基部木质化，嫩茎直立，老茎匍匐状。

叶片 叶卵形，全缘，互生，近无柄。

花朵 花单生叶腋或顶生，花冠漏斗形，先端有波状浅裂。

果实 蒴果，果实尖卵形，二瓣裂。种子细小，黑色，呈圆形。

习性 喜温暖，不耐寒。喜阳光充足，耐半阴，喜排水良好的疏松沙质壤土。

快速识别

全株具腺毛，茎稍直立或匍匐，叶卵圆形，全缘，近无柄。花冠漏斗形，先端具波状浅裂，花色鲜艳、丰富。

园林应用

优良的花坛植物，也可用于盆栽观赏。在温室中栽培，可四季开花。

蛾蝶花 *Schizanthus pinnatus*

茄科蛾蝶花属　别名/蛾碟草

● 花期 4～6月　● 果期 6～8月　● 产地 南美智利

枝茎 株高50～100厘米。全株有腺毛，茎多分枝。

叶片 叶互生，一至二回羽状全裂。

花朵 总状圆锥花序顶生，有多数分枝，花大，花冠二唇状，花色的深浅和纹样的变化非常丰富。

果实 蒴果，2裂。种子细小，肾形，有嫌光性。

习性 喜凉爽、通风良好的环境，耐寒性不强，忌炎热气候，耐阴。

快速识别

全株有腺毛，茎多分枝。叶互生，一至二回羽状全裂。花大，花冠二唇状，花色的深浅和纹样的变化非常丰富。

园林应用

常用于室内盆栽观赏或花坛栽植。

观赏椒 *Capsicum frutescens*

茄科辣椒属　别名/观赏辣椒、五色椒、朝天椒

● 花期 7～10月　● 果期 7～10月　● 产地 美洲热带地区

枝茎 株高30～60厘米。茎直立，多分枝。

叶片 单叶互生，卵形或长圆形。

花朵 花小，单生枝顶或叶腋。

果实 果因成熟度不同分别为红色、黄色或带紫色；浆果，卵形、球形或扁球形，直生或稍斜生。

习性 喜温暖，不耐寒，喜阳光充足，适合选用肥沃、疏松的土壤。

快速识别

茎直立，多分枝。单叶互生，卵形或长圆形。花小，白色或紫色，单生枝顶或叶腋。果卵形、球形或扁球形。

园林应用

重要的观果花卉，可用于花带、花境或岩石园栽培，也可盆栽观赏。常见栽培种五色椒：浆果小而圆，初时绿色，后逐渐变白，带紫晕，逐渐变红；指天椒：浆果细长，果色由绿变红；樱桃椒：浆果圆球形，似樱桃，果色由绿色变为红色。

红花烟草 *Nicotiana sanderae*

茄科烟草属　别名/花烟草

● 花期 7～10月　● 果期 9～11月　● 产地 巴西南部和阿根廷北部

枝茎 株高30～50厘米。茎直立，基部木质化。

叶片 基生叶匙形，茎生叶长披针形。

花朵 顶生圆锥花序，着花疏散，花高脚碟状，花冠5裂呈喇叭状。

果实 蒴果，种子细小。

习性 喜温暖，不耐寒，喜阳光充足，稍耐阴，喜疏松肥沃、湿润的土壤。

快速识别

全株具毛，叶基生，卵圆状披针形，花冠基部长筒状，花冠顶端喇叭状，5浅裂。

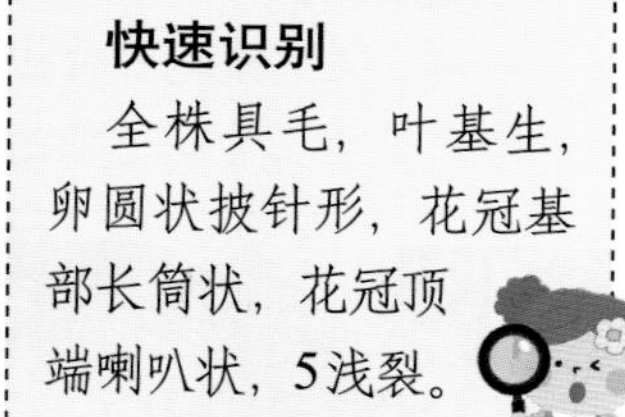

园林应用

可作为夏秋花坛、花境材料，也可散置于林缘、路边。矮生品种可盆栽。

裂叶牵牛 *Ipomoea headraces*

茄科牵牛花属

● 花期 6～10月 ● 果期 7～10月 ● 产地 南美

枝茎 蔓性草本。

叶片 叶常3裂，深达叶片中部。

花朵 花1～3朵腋生，无梗或具短总梗，萼片线形，长至少为花冠筒的1/2，并向外开展。

果实 蒴果，球形，无毛。种子卵圆形，黑色或黄白色。

习性 性强健，耐瘠薄及干旱，喜阳。

快速识别

叶常3裂，深达叶片中部。花1～3朵腋生，无梗或具短总梗，萼片线形，长至少为花冠筒的1/2，并向外开展。

园林应用

为夏秋常见的蔓性草花，适合植于游人早晨活动之处，也可作为小庭院及居室窗前遮阴和小型棚架、篱垣的美化，不设支架可作为地被。

曼陀罗 *Datura stramonium*

茄科曼陀罗属　别名/洋金花

●花期 7～9月　●果期 7～9月　●产地 热带地区

枝茎 株高80～120厘米。茎粗壮，绿色，全株光滑。

叶片 叶卵形，缘波状或角裂。

花朵 花腋生，大喇叭形，白色，部分具蓝或紫晕。

果实 蒴果直伸，卵圆形，具刺。种子较大。

习性 喜阳，喜温暖，不耐寒，性强健。自播能力强。

快速识别

茎粗壮，绿色，全株光滑。叶卵形，缘波状或角裂。花腋生，大喇叭形。蒴果直伸，卵圆形，具刺。

园林应用

常用作花境或花丛背景材料。

赛亚麻 *Nierembergia hippomanica*

茄科赛亚麻属

● 花期 6～9月 ● 果期 8～9月 ● 产地 阿根廷

枝茎 株高10～30厘米。茎细，多分枝，被白毛。

叶片 叶亮绿色，互生，狭条形。

花朵 花杯状。

习性 喜肥沃、排水良好的土壤，要求阳光充足。

快速识别

茎细，多分枝，被白毛。叶亮绿色，互生，狭条形。花杯状，蓝色。

园林应用

适用于岩石园、花境、盆栽及成丛种植。

五指茄 *Solanum mammosum*

茄科茄属　别名/乳茄

●花期 6～9月　●果期 7～10月　●产地 美洲热带地区

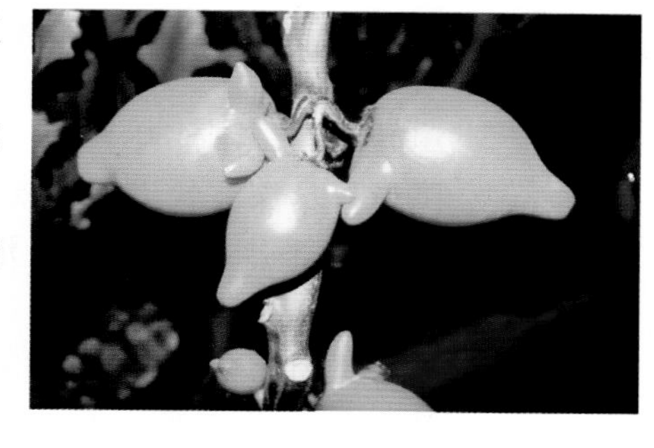

枝茎 株高1米左右。茎具皮刺，被短茸毛。

叶片 叶对生，阔卵形，具不规则短钝裂片。

花朵 花单生或数朵腋生成聚伞花序。

果实 浆果圆锥形，黄或橙色，通常在基部有乳头状突起。

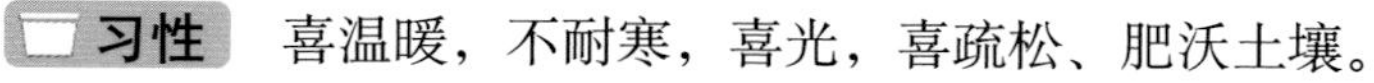

习性 喜温暖，不耐寒，喜光，喜疏松、肥沃土壤。

快速识别

茎具皮刺，被短茸毛。叶对生，阔卵形，具不规则短钝裂片。浆果圆锥形，黄或橙色，通常在基部有乳头状突起。

园林应用

常用于盆栽观赏，也是很好的花坛或切花材料。

智利喇叭花 *Salpiglossis sinuate*

茄科美人襟（智利喇叭花）属
别名/美人襟、朝颜烟草

● 花期 4～6月 ● 果期 6～8月 ● 产地 智利和秘鲁

枝茎 株高30～100厘米。全株具腺毛，茎直立，稍分枝。

叶片 单叶互生，下部叶具柄，椭圆形，具深波状齿或羽状半裂；上部叶披针形或条形，全缘或近全缘，近无柄。

花朵 花大，扁漏斗形，边缘5裂，具长柄。花有蓝、黄、褐、红等色线条，具天鹅绒般光泽。

习性 喜光照充足、凉爽、湿润的环境，喜富含腐殖质的肥沃土壤。

快速识别

全株具腺毛，茎直立稍分枝。单叶互生，下部叶具柄，椭圆形，具深波状齿或羽状半裂；上部叶披针形或条形，全缘或近全缘，近无柄。花大，扁漏斗形，边缘5裂。

园林应用

常用于温室春季盆花、切花和花坛。

四季秋海棠 *Begonia semperflorens*

秋海棠科秋海棠属　别名/瓜子海棠

● 花期　温度适宜可四季开花，夏秋季花期长　● 产地　南美巴西

枝茎　株高15～50厘米。茎直立，肉质，少分枝，基部半木质化。

叶片　叶广卵形，互生，有光泽，绿色或古铜色，边缘有锯齿。

花朵　聚伞花序腋生，有花2～10朵。

果实　果具翅，内含多数细小种子。

习性　喜温暖、湿润、半阴的环境，不耐寒，忌酷暑，喜疏松、肥沃、微酸性的栽培基质。

快速识别

茎直立，肉质，少分枝，基部半木质化。叶广卵形，互生，有光泽，绿色或古铜色，边缘有锯齿。聚伞花序，腋生。

园林应用

夏秋季花坛的重要材料，可作为立体花坛的造型材料，也可盆栽观赏。常见栽培品种有‘烈酒’‘白兰地’‘大使’‘超奥林’等。

美洲商陆 *Phytolacca americana*

商陆科商陆属

别名/垂穗商陆、美洲商陆果、十蕊商陆

●花期 5～10月 ●产地 北美

枝茎 株高1～2米。多年生草本，茎直立或披散，圆柱形，有纵沟，肉质，绿色或红紫色，多分枝。

叶片 单叶较大，长椭圆形，全缘，质柔嫩。

花朵 总状花序顶生或侧生，花白色，微带红晕。

果实 浆果扁球形，果序下垂，熟时紫黑色。

习性 喜光，喜温暖、湿润。耐寒，不耐涝。

快速识别

茎圆柱形，有纵沟，绿色或红紫色，多分枝。单叶较大，长椭圆形，质柔嫩。总状花序，花白色，微带红晕。浆果扁球形，果序下垂，熟时紫黑色。

园林应用

公园、庭院栽培，全株有毒，根可入药。

二月兰 *Orychophragmus violaceus*

十字花科诸葛菜属　别名/诸葛菜

● 花期 4～6月　● 果期 5～6月　● 产地 中国东北及华北地区

枝茎 株高30～60厘米 。茎圆柱形，单一或从基部分枝。全株光滑无毛，有白色粉霜。

叶片 基生叶近圆形，下部叶羽状分裂；顶生叶三角状卵形，无叶柄；侧生叶偏斜形，有柄。

花朵 总状花序顶生，具长爪。

果实 果实为长角果，有4棱。

习性 耐寒性强，喜冷凉、阳光充足的环境，也耐阴，对土壤要求不严。

快速识别

全株光滑无毛，有白色粉霜。基生叶近圆形，下部叶羽状分裂。顶生叶三角状卵形，无叶柄。总状花序顶生，花初开时为紫色，后变白色，具长爪。

园林应用

多作为林下地被。

桂竹香 *Cheiranthus cheiri*

十字花科桂竹香属

● 花期 4～5月 ● 果期 5～6月 ● 产地 欧洲南部

枝茎 株高20～60厘米。茎直立或上升，具棱角，下部木质化，具分枝。

叶片 基生叶莲座状，倒披针形、披针形至线形，全缘或稍具小齿，叶柄长7～10毫米。茎生叶较小，近无柄。

花朵 总状花序，芳香，花柄长4～7毫米。萼片长圆形，花瓣倒卵形。

果实 长角果线形，长4~7厘米，宽3~5毫米。

习性 喜阳光充足，凉爽的气候，稍耐寒，畏涝忌酷暑。长江以南地区可露地越冬。适宜疏松肥沃、排水良好的土壤，耐轻度盐碱土。

快速识别

总状花序顶生，花大，直径2～2.5厘米，黄色，有芳香。

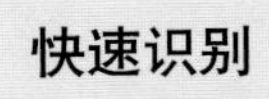

园林应用

可用于布置花坛、花境，又可作为盆花、切花材料使用。

香雪球 *Lobularia maritima*

十字花科香雪球属　别名/小白花、庭荠

●花期 3～6月或9～10月　●果期 5～7月或10～11月　●产地 地中海地区及加那利群岛

枝茎 株高15～30厘米。植株矮小，茎细，多分枝铺散，具疏毛。

叶片 单叶互生，披针形，全缘。

花朵 总状花序，顶生，小花繁密呈球形。

果实 短角果，近球形。

习性 喜冷凉、干燥气候，忌湿热，喜阳光，也耐半阴。适应性较强，对土壤要求不严，比较耐干旱、瘠薄，喜肥沃、排水良好的土壤。

园林应用

是优良的岩石园花卉，也是花坛、花境镶边的良好材料，还可用于盆栽或做地被植物。

快速识别

植株矮小，茎细，多分枝铺散，具疏毛。单叶互生，披针形，全缘。总状花序顶生，小花繁密呈球形。

羽衣甘蓝 *Brassica oleracea* var. *acephala*

十字花科甘蓝属　别名/叶牡丹

●花期 4～6月　●果期 6月　●产地 西欧

枝茎 株高30～40厘米。

叶片 叶宽大肥厚，叶面皱缩，被白粉，叶片层层叠叠着生于短茎上。

花朵 花茎较长，有时高达160厘米，有小花20～40朵。

果实 长角果，细圆柱形。

习性 喜光，喜冷凉，较耐寒，忌高温多湿，喜疏松、肥沃的沙质壤土。

快速识别

叶片宽大肥厚，叶面皱缩，叠生于短茎上。

园林应用

用于布置冬季和春季花坛、花境，也可盆栽观赏。

紫罗兰 *Matthiola incana*

十字花科紫罗兰属

别名/草紫罗兰、草桂花、春桃

● 花期 4～5月 ● 果期 6～7月 ● 产地 欧洲地中海沿岸

枝茎 株高20～60厘米。茎直立，基部稍木质化。

叶片 单叶互生，长圆形至倒披针形，全缘。

花朵 总状花序，顶生，花柄粗壮。

果实 长角果，圆柱形，种子白色，具膜翅。

习性 喜冷凉，忌燥热，耐寒。喜阳光充足，但也稍耐半阴。要求选用肥沃、湿润的中性或微酸性土壤。

快速识别

茎直立，基部稍木质化。单叶互生，长圆形至倒披针形，全缘。总状花序，顶生，花柄粗壮。

园林应用

用于布置春季花坛、花境，也可作为切花或盆栽观赏。

矮雪轮 *Silene pendula*

石竹科蝇子草属

● 花期 5～6月 ● 果期 6～7月 ● 产地 南欧

枝茎 株高30～80厘米。全株具白色柔毛，茎多分枝，丛生状略匍匐状生长。

叶片 叶对生，广披针形至椭圆形。

花朵 总状聚伞花序腋生，略下垂。萼有长硬毛，具纵棱，有胶黏质，萼筒有10条红色纵脉，后萼膨大，呈壶状，紫红色。花瓣5枚，先端2裂，倒卵形，粉红色。

果实 蒴果，卵圆形。

习性 喜阳光充足、温暖，耐寒，对土壤要求不严。

快速识别

全株具白色柔毛，茎多分枝丛生状略匍匐状生长。叶对生，广披针形至椭圆形。总状聚伞花序腋生，略下垂。萼有长硬毛，具纵棱，有胶黏质，萼筒有10条红色纵脉，呈壶状，紫红色。

园林应用

常用于布置花境或岩石园。

高雪轮 *Silene armeria*

石竹科蝇子草属　别名/大蔓樱草

●花期 5～7月　●果期 8～9月　●产地 南欧

枝茎 株高30～60厘米。茎直立，光滑，具白粉。

叶片 对生，卵状披针形。

花朵 复聚伞花序顶生，具总花柄，花瓣先端微凹。

果实 蒴果长椭圆形，种子肾形，具瘤状突起。

习性 喜温暖和光照充足环境，不择土壤，但以疏松、肥沃、排水良好的土壤为佳。

快速识别

茎直立，光滑，具白粉。对生，卵状披针形。花瓣先端微凹。

园林应用

适用于布置花径、花境，点缀岩石园或做地被植物，也可盆栽或做切花。

麦仙翁 *Agrostemma githago*

石竹科麦仙翁属　别名/麦毒草

● 花期 5～6月　● 果期 6～7月　● 产地 地中海地区东部

枝茎 株高30～100厘米。茎直立。

叶片 叶条形，对生。

花朵 花多单生，具长柄，花瓣比花萼短。

果实 蒴果，卵形，长12～18毫米，种子有毒。

习性 耐寒，耐干旱、瘠薄。

快速识别

茎直立，叶条形，对生。花多单生，具长柄，花紫红，花瓣比花萼短。

园林应用

可用于花坛、花境、岩石园栽植，也是重要的切花。

满天星 *Gypsophila elegans*

石竹科丝石竹属　别名/缕丝花、丝石竹

●花期 6～8月　●果期 7～8月　●产地 小亚细亚、高加索

枝茎 株高30～100厘米。茎光滑，具白粉，呈灰绿色。茎直立，上部枝条叉状分枝。

叶片 叶对生，被白粉，上部叶披针形，下部叶矩圆状匙形。

花朵 聚伞花序，顶生，花5瓣，先端微凹缺。有重瓣和大花品种。

果实 蒴果，卵圆形，长于宿萼。

习性 耐寒性强，喜向阳、含石灰质的高燥地。

快速识别

茎光滑，具白粉，呈灰绿色。茎直立，上部枝条叉状分枝。叶对生，被白粉，上部叶披针形，下部叶矩圆状匙形。聚伞花序，顶生，花瓣5，先端微凹缺。

园林应用

可用于花坛、岩石园栽植，也是重要的切花材料。

鸡冠花 *Celosia cristata*

苋科青葙属　别名/鸡冠头、红鸡冠

● 花期 7～10月　● 果期 9～10月　● 产地 印度

枝茎 株高20～120厘米。茎粗壮直立，光滑且具棱，少分枝。

叶片 单叶互生，有叶柄，长卵形或卵状披针形。

花朵 肉穗花序，顶生，扁平褶皱为鸡冠状，中下部集生小花，花被及苞片膜质，小花两性，上部花退化。

果实 胞果，卵圆形，种子近扁圆形，黑色有光泽。

习性 喜阳光充足、炎热和空气干燥的环境，不耐寒。喜疏松、肥沃、排水良好的土壤，不耐瘠薄。忌积水，较耐旱，怕霜冻。

快速识别

茎光滑，有棱。叶互生，卵状披针形。肉穗花序，顶生，扁平褶皱为鸡冠状。

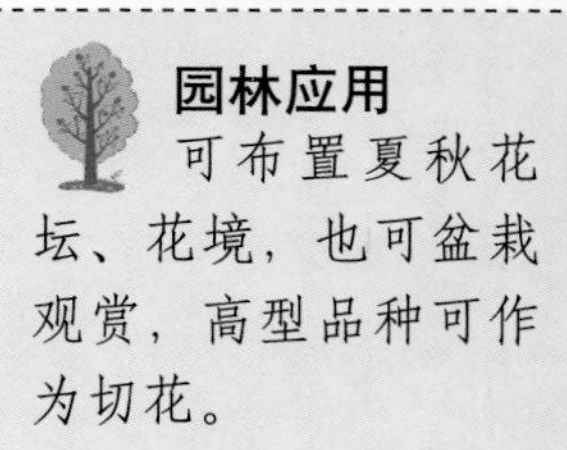

园林应用

可布置夏秋花坛、花境，也可盆栽观赏，高型品种可作为切花。

常见栽培种

圆绒鸡冠 f. *childsii*

枝茎 株高40～60厘米，茎具分枝，不开展。

花朵 花序卵圆形，表面流苏或绒羽状，有光泽。

快速识别

茎光滑，有棱，叶互生，卵状披针形。肉穗花序，顶生，卵圆形，表面流苏或绒羽状。

凤尾鸡冠 f. *pyramidalis* 别名/芦花鸡冠、扫帚鸡冠

枝茎 株高60～150厘米，茎多分枝而开展。

花朵 各枝端着生疏松的火焰状大花序，表面似芦花状细穗。

快速识别

茎光滑，有棱，叶互生，卵状披针形。肉穗花序，顶生，似火焰状。

子母鸡冠 f. *plumose*

枝茎 株高30～50厘米，茎多分枝而斜出，全株呈广圆锥形，紧密而整齐。

叶片 叶深绿，有红晕。

花朵 花序倒圆锥形，大小不一。枝顶端生一大型花序，基部生多数小花序。

快速识别

茎光滑，有棱，叶互生，卵状披针形。叶色深绿，有土红晕。肉穗花序顶生，似火焰状，主花序基部旁生多数小序。

千日红 *Gomphrena globosa*

苋科千日红属　别名/火球花、千年红

●花期 6～9月　●果期 8～10月　●产地 亚洲热带地区

枝茎 株高20～60厘米。全株被灰色长毛，茎直立，上部多分枝。

叶片 叶对生，椭圆形至倒卵形。

花朵 头状花序球形，常1～3个簇生于枝顶，花小而密集，膜质苞片。花干燥后不褪色。

果实 种子为带花被的胞果，卵圆形，外表被毛，内有棕色细小种子1粒。

习性 喜炎热、干燥气候，不耐寒。喜阳光充足。性强健，喜疏松、肥沃土壤。

快速识别

叶对生，椭圆形至倒卵形。头状花序球形，花小而密集，膜质苞片紫红色、浅红色或白色。

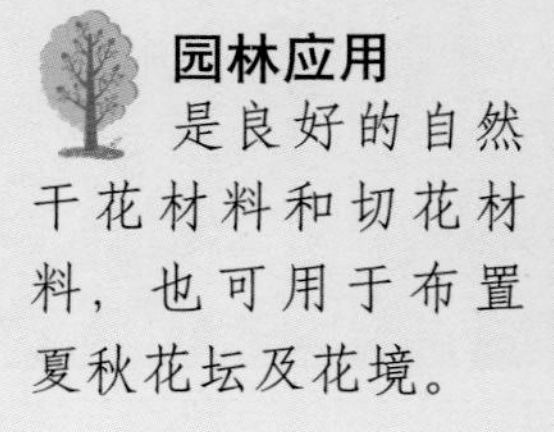

园林应用

是良好的自然干花材料和切花材料，也可用于布置夏秋花坛及花境。

青 葙 *Celosia argentea*

苋科青葙属 别名/草蒿、昆仑草、百日红、鸡冠苋

● 花期 6～9月 ● 果期 8～10月 ● 产地 中国

枝茎 株高60～100厘米。一年生草本，茎直立，多分枝，绿色或红色，具明显条纹。

叶片 单叶互生，绿色常带红色，披针形，先端长尖，全缘，基部渐狭成柄。

花朵 穗状花序，顶生，花苞片及小苞片披针形，白色，光亮，顶端渐尖。花被片椭圆状披针形，初为白色略带红色，或全部粉红色，后变成白色。

果实 胞果卵形。

习性 喜光，温暖。耐热，耐旱，不耐寒。

快速识别

茎直立，多分枝，绿色或红色，具明显条纹。单叶互生，绿色常带红色，披针形，先端长尖。穗状花序，顶生，花被片初为白色，或先为粉红色，后变成白色。

园林应用

可用于布置庭院、花境、岩石园等。

尾穗苋 *Amaranthus caudatus*

苋科苋属　别名/老枪谷

●花期 8～9月　●果期 9～10月　●产地 热带地区

枝茎 株高100～150厘米。茎粗壮，多分枝。具棱角，在上部多少被有开展的毛。

叶片 叶具长柄，卵形或菱状披针形，顶端具小芒尖，基部楔形，稍不对称，全缘或波状缘。

花朵 穗状花序，集成细长、下垂如尾的圆锥花序。

果实 胞果近球形，径3毫米，露出花被片。

习性 耐盐碱。忌湿热，怕涝，耐干旱，不择土壤。

快速识别

茎粗壮，多分枝，具棱角。穗状花序，集成细长、下垂如尾的圆锥花序。

园林应用

可作为花境背景，或为篱垣、路旁丛植。常见栽培变种有白花尾穗苋，花穗绿白色；红花尾穗苋，叶紫红色；球花尾穗苋，花穗在花轴上间隔成球状。

小叶红 *Alternanthera amoena*

苋科虾钳菜属　别名/红草五色苋、可爱虾钳菜

● 产地　热带和亚热带地区

枝茎　株高修剪控制在10厘米左右。株丛紧密，茎匍匐生长，多分枝。

叶片　叶狭窄，基部下延，叶柄短，暗紫红色。

花朵　头状花序，腋生，花较小。

习性　喜阳光充足、温暖的环境，畏寒，喜高燥的沙质土壤，不耐干旱和水涝，盛夏生长迅速，耐修剪。

快速识别

茎匍匐生长，多分枝，分枝呈密丛状。叶纤细，常具彩斑或色晕。叶色有嫩绿、深红、红褐色。

园林应用

适合布置模纹花坛、立体花坛，还可用于花坛、花境边缘及岩石园。常见栽培种有五色苋，又名模样苋、红绿草、锦绣苋，茎直立或斜出，呈密丛，节膨大。叶小，对生，舌状，全缘；叶绿色，常具彩斑或色晕。常见品种有‘小叶绿’‘小叶黑’等。

雁来红 *Amaranthus tricolor*

苋科苋属　别名/苋、三色苋、老来少

● 花期 7～10月　● 产地 亚洲、美洲热带地区

枝茎 株高80～150厘米。茎光滑、直立，少分枝。

叶片 叶互生，具长柄，卵圆形至卵圆状披针形。叶片基部常呈暗紫色，常在秋季大雁南飞时节顶部叶片或中下部叶片变为红、橙、黄色相间。

花朵 穗状花序，腋生，花小，绿色。

果实 胞果卵状长圆形。种子近球形，黑色。

习性 喜阳光充足、湿润及通风良好的环境，耐旱、耐盐碱、不耐寒。

快速识别

植株高大，叶卵圆状披针形，秋季顶梢叶变成红色或黄色。

园林应用

做花坛的中心材料或花境的背景材料，也可盆栽或做切花。

猴面花 *Mimulus luteus*

玄参科猴面花属（沟酸浆属） 别名/锦花沟酸浆

●花期 5～10月 ●果期 7～10月 ●产地 智利

枝茎 株高30～40厘米。茎粗壮，中空，伏地处节上生根。枝条开展而匍匐，密布腺毛。

叶片 叶交互对生，宽卵圆形，长宽近相等，上部略狭。有锐齿和羽状脉。

花朵 稀疏总状花序，或单朵生于叶腋，花冠钟形略呈二唇状，花黄色，通常有紫红色斑块或斑点。栽培变种的花冠底色为不同深浅的黄色，上具各种大小、不同形状的红、紫、褐斑点。

果实 蒴果，种子细小。

习性 喜半阴、冷凉环境，较耐寒，喜肥沃、湿润土壤。

快速识别

茎粗壮，中空，叶交互对生，宽卵圆形，长宽近相等，上部略狭，有锐齿和羽状脉。花冠钟形略呈二唇状。

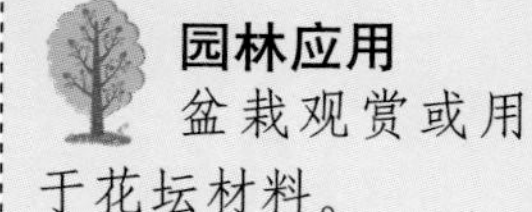

园林应用

盆栽观赏或用于花坛材料。

金鱼草 *Antirrhinum majus*

玄参科金鱼草属

别名/龙头花、龙口花、老虎大张嘴

● 花期 3～7月 ● 果期 5～8月 ● 产地 地中海沿岸及北非

枝茎 株高15～120厘米。茎直立，微有茸毛，基部木质化。

叶片 叶对生，上部螺旋状互生，披针形或短圆状披针形，全缘。

花朵 顶生总状花序，小花具短柄，二唇形，由花茎基部向上逐渐开放。

果实 蒴果，卵形，种子细小。

习性 喜凉爽气候，忌高温多湿，较耐寒。喜光，稍耐半阴。喜疏松、肥沃、排水良好的土壤。

快速识别

全株具毛，叶对生，披针形，顶生总状花序，小花二唇形。

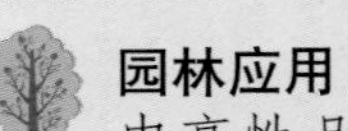

园林应用

中高性品种可做切花，矮性品种可用于布置花坛、花境及岩石园，垂吊品种可做吊篮栽植。

毛地黄 *Digitalis purpurea*

玄参科毛地黄属

别名/自由钟、洋地黄、地钟花

● 花期 4～6月　● 果期 8～10月　● 产地 欧洲

枝茎 株高60～120厘米。茎直立，少分枝，全株密生短柔毛。

叶片 叶片卵圆形或卵状披针形，叶粗糙、皱缩，叶形由下至上逐渐变小。

花朵 总状花序，顶生，长45～60厘米，花冠钟状而稍偏，于花序一侧下垂，花筒内侧浅白，并有暗紫色细点及长毛。

果实 蒴果，卵球形。

习性 喜温暖、湿润的气候，较耐寒，忌炎热。喜阳光充足，耐半阴。耐干旱、瘠薄，喜中等肥沃、湿润、排水良好的土壤。

快速识别

全株密生短柔毛。叶片卵圆形或卵状披针形，叶粗糙、皱缩。顶生总状花序，花冠钟状而稍偏，于花序一侧下垂，花筒内侧浅白，并有暗紫色细点及长毛。

园林应用

适合做花境的背景材料，也可做切花。

双距花 *Diascia barberae*

玄参科双距花属

● 花期 7～9月 ● 产地 南非

枝茎 株高25～40厘米。茎直立，4棱，光滑无毛。

叶片 单叶对生，叶片三角状卵形，叶缘浅缺刻。

花朵 总状花序，小花有2个距，花瓣4裂，下瓣明显比其他大，花色丰富。

习性 喜光亦耐半阴，适宜温暖环境和富含腐殖质的土壤。

快速识别

茎直立，4棱，光滑无毛。单叶对生，叶片三角状卵形。小花有2个距。

园林应用

可用于盆栽观赏或布置花坛、花境和疏林下。

夏堇 *Torenia fournieri*

玄参科夏堇属　别名/蓝猪耳、蝴蝶草、花公草

●花期 7～10月　●产地 中南半岛

枝茎 株高15～30厘米。株型整齐而紧密，茎光滑，具4棱，多分枝，披散状。

叶片 单叶对生，卵形，有细锯齿，秋天叶变红色。

花朵 花腋生或顶生，总状花序，唇形花冠。花萼大。

果实 种子白色，细小。

习性 喜光，对土壤适应性较强，但以湿润而排水良好的壤土为佳，不耐寒，较耐热。

快速识别

株型整齐而紧密，茎光滑，具4棱，多分枝。单叶对生，卵形，有细锯齿。唇形花冠，花萼大。

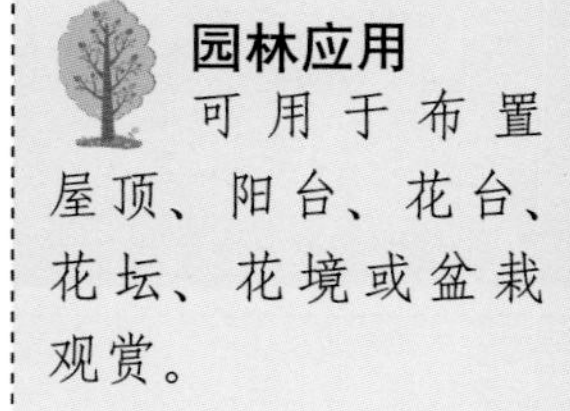

园林应用

可用于布置屋顶、阳台、花台、花坛、花境或盆栽观赏。

观赏甘薯 *Ipomoea batatas*

旋花科番薯属

● 产地 美洲

枝茎 蔓生植物，茎长可达7米。茎匍匐蔓生或半直立，呈绿、绿紫或紫、褐等色。

叶片 叶互生，有心脏形、肾形、三角形和掌状形，全缘或具有深浅不同的缺刻，绿色至紫绿色，叶脉绿色或带紫色，顶叶有绿、褐、紫等色。以观叶为主。

花朵 聚伞花序，腋生。

果实 蒴果，卵形或扁圆形，种子无毛。

习性 喜阳，喜温暖，不耐寒。

快速识别

茎匍匐蔓生或半直立，呈绿、绿紫或紫、褐等色。叶片有心脏形、肾形、三角形和掌状形，全缘或具有深浅不同的缺刻，绿色至紫绿色，叶脉绿色或带紫色，顶叶有绿、褐、紫等色。

园林应用

花坛、地被或花境边缘栽植，亦可盆栽观赏。常见栽培种有金叶番薯：叶片较大，犁头形，全植株终年呈鹅黄色；紫叶番薯：叶色暗紫色。

槭叶茑萝 *Quamoclit sloteri*

旋花科茑萝属　别名/掌叶茑萝

●花期 7～10月　●果期 8～11月　●产地 美洲热带地区

枝茎 蔓长可达400厘米。一年生缠绕草本，茎细长，光滑。

叶片 叶宽卵圆形，掌状裂，裂片长而锐尖。

花朵 花漏斗状，大红至深红色。

果实 蒴果，卵形。

习性 喜阳光充足、温暖气候和疏松、肥沃土壤，不耐寒，怕霜冻，对土壤要求不严。

快速识别

一年生缠绕草本，茎细长，光滑。叶宽卵圆形，掌状裂，裂片长而锐尖。花漏斗状。

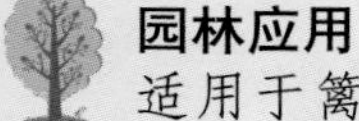

园林应用

适用于篱垣、花墙和小型棚架等垂直绿化，还可盆栽观赏或做地被。

三色旋花 *Convolvulus tricolor*

旋花科旋花属

● 花期 6～7月 ● 果期 8～9月 ● 产地 南欧

枝茎 株高20～40厘米。茎匍匐或平卧，分枝多而下倾，短簇生。

叶片 叶互生，条状圆形至卵状披针形或匙形，先端钝圆，具柄，全缘。

花朵 花稀疏，花冠钟形或漏斗形，花色艳丽多彩，内有星形区块。

果实 蒴果，近球形，顶端有尖，无毛。种子卵圆形。

习性 喜温暖、湿润环境，喜光，也耐半阴，不耐寒，对土壤要求不严。

快速识别

叶互生，条状圆形至卵状披针形或匙形，先端钝圆，具柄，全缘。花冠钟形或漏斗形，蓝、红等色，花色艳丽多彩，内有星形区块。

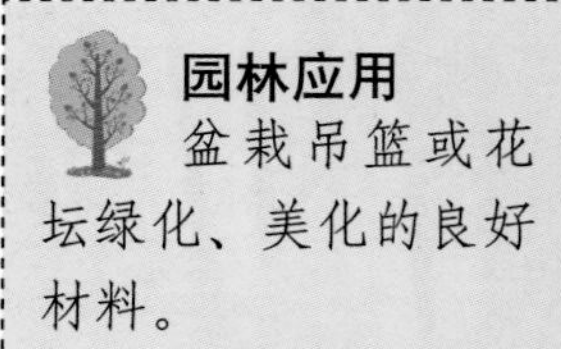

园林应用

盆栽吊篮或花坛绿化、美化的良好材料。

羽叶茑萝 *Quamoclit pennata*

旋花科茑萝属　别名/游龙草、锦屏封

● 花期 7～10月　● 果期 8～11月　● 产地 美洲热带地区

枝茎 蔓长600～700厘米。一年生缠绕草本，茎细长，光滑。

叶片 叶互生，羽状细裂，裂片整齐。

花朵 聚伞花序，腋生，高出叶面。花冠鲜红色，高脚碟状，筒部细长，先端呈五角星状。

果实 蒴果，卵形。种子黑色，有棕色细毛。

习性 喜阳光充足、温暖气候和疏松、肥沃土壤，不耐寒，怕霜冻，对土壤要求不严。

快速识别

茎细长，光滑。叶互生，羽状细裂，裂片整齐。聚伞花序，腋生，花冠鲜红色，高脚碟状，筒部细长，先端呈五角星状。

园林应用

适用于篱垣、花墙和小型棚架等垂直绿化，还可盆栽观赏或做地被。

圆叶牵牛 *Pharbitis purpurea*

旋花科牵牛属　别名/喇叭花

● 花期 6～10月　● 果期 8～11月　● 产地 亚洲和非洲热带地区

枝茎 株高30～80厘米。茎蔓性，被毛，一年生缠绕型草本。

叶片 单叶互生，叶阔心脏形，全缘。

花朵 花1～5朵集生于叶腋，花冠漏斗形（喇叭状），花径约10厘米。

果实 蒴果近球形，3瓣裂，种子黑色。

习性 喜温暖，不耐寒，喜阳光充足，耐瘠薄及干旱，忌水涝，但栽培品种也喜肥。

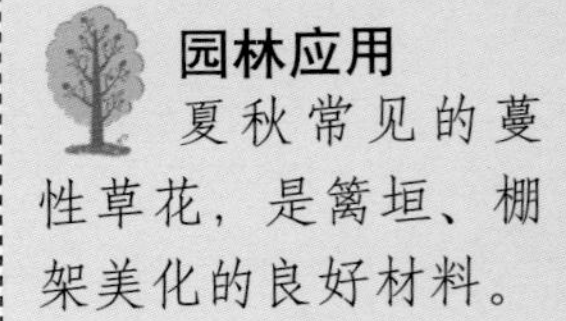

快速识别

茎蔓性，被毛，一年生缠绕型草本。单叶互生，叶阔心脏形，全缘。花冠漏斗形。

园林应用

夏秋常见的蔓性草花，是篱垣、棚架美化的良好材料。

花菱草 *Eschscholtzia californica*

罂粟科花菱草属　别名/金英花、人参花

●花期 5～7月　●果期 7～9月　●产地 美国

枝茎 株高30～60厘米。茎叶灰绿色，具白粉，多分枝，或开展散生。

叶片 叶基生，多回三出羽状细裂。

花朵 花单生于枝顶，有长柄。花瓣有单瓣、半重瓣、重瓣3种类型。花朵在阳光下开放，阴天或夜间闭合。

果实 蒴果，细长，种子球形。

习性 喜阳光充足、冷凉干燥气候，不耐湿热，耐寒性强。

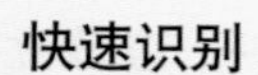

快速识别

茎叶灰绿色，具白粉，多分枝，或开展散生。叶基生，多回三出羽状细裂。花单生枝顶，有长柄。蒴果细长。

园林应用

为美丽的春季花坛花材。适合沿小路做带状栽植、花境或草坪丛植及坡地覆盖等，也有的做切花及盆栽观赏。

虞美人 *Papaver rhoeas*

罂粟科罂粟属　别名/丽春花

● 花期 4～6月　● 果期 6～8月　● 产地 欧洲中部及亚洲东北部

枝茎 株高30～60厘米。全株具毛，茎直立、细长。

叶片 叶互生，羽状深裂，裂片线状披针形，叶缘具牙齿状缺刻。

花朵 花单生于枝顶，蕾长椭圆形，开放前向下弯垂，开时直立。

果实 蒴果，倒卵形。种子细小。

习性 喜冷凉，忌高温，喜阳光充足，喜排水良好、肥沃的沙质壤土。

快速识别

全株具毛，茎直立，纤细，单叶互生，羽状深裂，裂片披针形，花瓣薄且具光泽，似绢绸，花蕾开放前下垂。

园林应用

是布置春季花坛、花境的良好材料。

琉璃苣 *Borago officinalis*

紫草科琉璃苣属　别名/星星花

● 花期 5～8月　● 果期 7～9月　● 产地 北非及欧洲

枝茎 株高可达120厘米。株型开展，丛生。

叶片 单叶互生，长圆形或卵圆形，有褶皱，粗糙如黄瓜叶，有柄，叶缘有刺。

花朵 聚伞花序，具长柄。

果实 小坚果，平滑或有乳头状突起。

习性 喜半阴、凉爽环境，也耐干旱，不耐寒，喜肥沃、微碱性土壤。

快速识别

株型开展，丛生。单叶互生，长圆形或卵圆形，有褶皱，粗糙如黄瓜叶，有柄，叶缘有刺。叶揉碎后有黄瓜香味。

园林应用

可用于布置花坛、庭院、花境，也可用来制作香草花束或插花。

香水草 *Heliotropium arborescens*

紫草科天芥菜属　别名/南美天芥菜

● 花期 2～6月　● 产地 南美秘鲁

枝茎 株高50厘米左右。茎直立或斜升，基部木质化，不分枝或茎上部分枝，密生黄色短伏毛及开展的稀疏硬毛。

叶片 叶卵形或长圆状披针形，长4～8厘米，宽1.5～4厘米，先端渐尖，基部宽楔形，上面粗糙，被硬毛及伏毛；下面柔软，密生柔毛，侧脉8～9对。叶柄长0.5～1.5厘米，密生硬毛及伏毛。

花朵 镰状聚伞花序，顶生，集为伞房状，花无柄或稀具短柄。花萼长2～2.5毫米，裂至中部或中部以下，外面散生短硬毛，芳香。

果实 核果圆球形，无毛，成熟时开裂。

习性 喜光，夏季需遮阴。喜欢温暖湿润的环境，生长适温为15～25℃。

快速识别

叶色浓绿，敦厚起皱。花小，集合成绒球状，呈紫色或白色，具有特殊的诱人香味。

园林应用

用于盆栽观赏，也可做切花或供花坛、花境之用。

紫茉莉 *Mirabilis jalapa*

紫茉莉科紫茉莉属　别名/草茉莉、夜饭花、地雷花

●花期 6～10月　●果期 边开花边结籽　●产地 美洲热带地区

枝茎 株高30～100厘米。茎直立、多分枝，近平滑，节部膨大。

叶片 单叶对生，三角状卵形，先端尖。

花朵 花数朵集生枝端，花冠高脚杯状。

果实 瘦果球形，有棱，成熟后黑色，表面皱缩，形似地雷。

习性 喜温暖、湿润的气候条件，耐炎热，不耐寒。不择土壤，喜土层深厚、肥沃之地。

快速识别

茎直立、多分枝，近平滑，节部膨大。单叶对生，三角状卵形，先端尖。花数朵集生枝端，花冠高脚杯状。

园林应用

可丛植于庭院、路边，适合布置夏秋花境。

PART 2

宿根花卉

海石竹 *Armeria maritima*

白花丹科海石竹属

● 花期 4～6月 ● 产地 非洲北部、南美洲及土耳其的海岸山地间

枝茎 株高10～30厘米。植株莲座状丛生。

叶片 叶基生，密集，叶线形至条形，叶色深绿。

花朵 花茎纤细，挺拔直立，顶生头状花序，小花杯形，多花性。

习性 喜光，喜温暖，忌高温，在富含腐殖质、排水良好的微酸性土壤中生长良好。

快速识别

叶片线形，花莛圆柱形，顶生头状花序，多粉色。

园林应用

适合在庭院岩石或石阶旁点缀，也可做花境、草地镶边，或做盆栽观赏。

白穗花 *Speirantha gardenii*

百合科白穗花属　别名/苍竹、白穗草

●花期 5～7月　●果期 7～8月　●产地 中国江苏、安徽、浙江、江西等地

枝茎 株高20厘米左右。具粗短圆柱形的根状茎，从根状茎节上生出细长的匍匐茎。

叶片 叶4～8枚基生，近直立，倒披针形至长椭圆形，顶端渐尖，叶基渐狭成柄。

花朵 花莛侧生，短于叶簇。总状花序，顶生，着花12～30朵，花单生，白色。

果实 浆果，近圆球形，很少结果。

习性 喜温暖、湿润环境。耐寒、耐阴，畏烈日，适合选用富含腐殖质的酸性黄壤土。

快速识别

叶基生，倒披针形至长椭圆形，叶基渐狭成柄。花莛短，侧生，总状花序，顶生，小花多，白色。

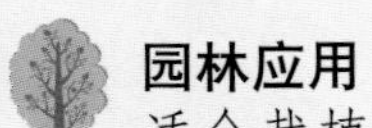

园林应用

适合栽植于林下、庭院、石旁路边等，常片植林下做地被应用。

火炬花 *Kniphofia uvaria*

百合科火炬花属

别名/火焰花、火凤凰、凤凰百合、火把莲

●花期 6～10月 ●果期 9月 ●产地 南非

枝茎 株高30～100厘米。根状茎稍带肉质，无茎。

叶片 叶丛生，宽线形，先端锐尖，长60～80厘米，灰绿色。

花朵 花茎高出叶丛，顶生总状花序，下部的花黄色，上部深红色。花被筒圆柱形，很长，先端裂片半圆形，短小。

果实 蒴果黄褐色，种子棕黑色，呈不规则三角形。

习性 喜阳光充足，耐半阴。适合用排水良好、疏松肥沃的沙壤土栽培。

快速识别

叶丛生，宽线形，灰绿色。总状花序，顶生。

园林应用

可丛植于草坪之中或植于假山石旁，用作配景，花枝可供切花，也可盆栽观赏。

山麦冬 *Liriope spicata*

百合科麦冬属　别名/鱼子兰、麦门冬

●花期 7～8月　●果期 8～9月　●产地 中国、日本及越南

枝茎 株高30～60厘米。

叶片 叶丛生，线形，薄，边缘有细齿。

花朵 花莛自叶丛抽出，高80厘米。总状花序可达40厘米，小花簇生，聚生于紫色花穗轴上。

果实 浆果，圆形，蓝黑色。

习性 较耐热、耐旱，耐半阴，喜潮湿和肥沃的土壤。也较耐寒。

快速识别

叶丛生，线形，边缘有细齿。小花簇生呈总状花序，灰紫色至近白色。

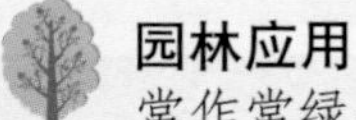

园林应用

常作常绿地被或镶边材料，也可做盆栽观赏或丛植于岩石园。常见栽培种有金边阔叶麦冬等。

山菅兰 *Dianella ensifolia*

百合科山菅属　别名/山菅、山猫儿、山交剪、桔梗兰

● 花期 3～6月　● 果期 6～8月　● 产地 中国云南、四川、贵州、广西等地以及马达加斯加岛

枝茎 株高1～2米。多年生草本植物，根状茎横走，结节状，黄白色。直立茎，近圆柱形。

叶片 叶基生，排成两列。叶条状披针形，基部呈鞘状，抱茎，叶缘和背面中脉具锯齿，革质。

花朵 圆锥花序，顶生，分枝疏散。花常多朵生于侧枝上端。花莛长，稍弯曲，花被6片，条状披针形。

果实 浆果，紫蓝色。

习性 喜半阴、高温、湿润，不耐旱。

快速识别

叶基生，排成两列，条状披针形，基部呈鞘状，抱茎。圆锥花序，顶生，绿白色、淡黄色至青紫色。浆果，紫蓝色。

园林应用

适用于山坡或林带下做地被。根状茎有药用价值。

石刁柏 *Asparagus officinalis*

百合科天门冬属

● 花期 6～8月 ● 产地 欧洲地中海沿岸以及小亚细亚地区

枝茎 株高1～3米。植株光滑无毛，稍带白粉。茎长而软。雌雄异株。

叶片 叶状枝丝状，每3～6枚成簇，鳞叶淡黄色。

花朵 花白色，小。

果实 浆果，球形，红色。

习性 对土壤适应性广，尤其适合疏松透气、土质深厚、排水良好而富含有机质的沙壤土。极耐寒。

快速识别

植株光滑无毛，稍带白粉。叶状枝丝状，每3～6枚成簇，鳞叶淡黄色。浆果，球形，红色。

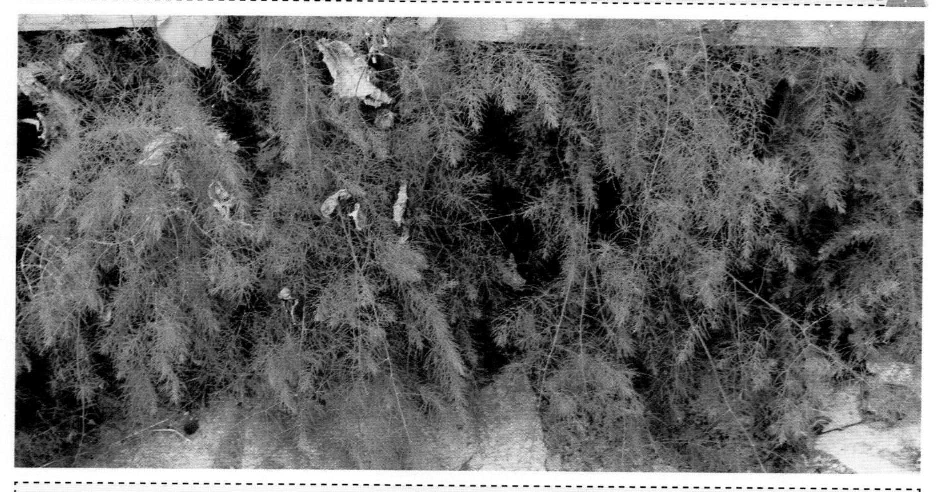

园林应用

适用于布置花坛、花境或在路边、林缘成片栽植。

万年青 *Rohdea japonica*

百合科万年青属　别名/九节莲、冬不凋草

● 花期 6～8月　● 产地 中国及日本

枝茎 株高30～50厘米。具短粗根茎。

叶片 叶丛生，倒阔披针形，全缘，先端急尖，基部渐狭，叶脉突出，叶缘波状，革质有光泽。

花朵 花莛短于叶丛，顶生穗状花序，花小密集，球状钟形。

果实 浆果球形，未成熟时绿色，成熟后红色，经冬不落。

习性 喜温暖，较耐寒。喜半阴及湿润环境，忌强光照射，喜湿润、肥沃、微酸性土壤。

快速识别

叶丛生，倒阔披针形，全缘，先端急尖，基部渐狭，叶脉突出。顶生穗状花序革质有光泽。浆果球形，未成熟时绿色，成熟后红色，经冬不落。

园林应用

常用于疏林地被，也可盆栽观赏或作为切叶。常见变种有银边万年青，叶片边缘为银白色。

虾夷葱 *Allium schoenoprasum*

百合科葱属　别名/细香葱、北葱

● 花期 夏季不休眠，初夏开花　● 产地 欧、亚、美三洲的北温带地区

枝茎 多年生草本植物，高30～40厘米。

叶片 叶薄，管状，细筒形，长30～40厘米，淡绿色，叶鞘基部膨大，形成长卵形的假茎。

花朵 伞形花序，花序上有数百朵紫红色的小花，直立并高出叶丛。

果实 蒴果，室背开裂。

习性 喜阳光充足环境，耐寒。对土壤要求不严。

快速识别

叶管状，丛生，形似香葱。小花呈紫红色，伞形花序。

园林应用

适用于园林花坛、花境。也可以作为香草植物盆栽观赏和食用。

狭叶玉簪 *Hosta lactifolia*

百合科玉簪属　别名/日本玉簪

● 花期 8～9月　● 产地 日本，也有人认为起源于中国

枝茎 株高10～30厘米。

叶片 叶披针形至长椭圆形，两端渐狭，具6～7对叶脉。

花朵 花小，淡紫色。

果实 蒴果。

习性 性强健，耐寒，喜半阴，不择土壤。

快速识别

叶披针形至长椭圆形，两端渐狭，具6～7对叶脉。花小，淡紫色。

园林应用

常用于林下地被或岩石园栽培。栽培品种有叶具白边或花叶的变种。

沿阶草 *Ophiopogon japonicus*

百合科沿阶草属　别名/书带草、麦冬、麦门冬

● 花期 8～9月　● 果期 8～9月　● 产地 中国

枝茎 株高20～30厘米。叶簇生。

叶片 叶线形，主脉不隆起。

花朵 总状花序长2～4厘米。花莛有棱，并低于叶丛。小花柄弯曲向下。

果实 浆果，蓝色。

习性 喜温暖、湿润，稍耐寒，耐半阴及通风良好的环境。

快速识别

叶簇生，叶线形，主脉不隆起。总状花序，长2～4厘米。小花柄弯曲向下，花淡紫色或白色。

园林应用

常用作地被，也可用于布置花坛、花境、岩石园或盆栽观赏。

玉 簪 *Hosta plantaginea*

百合科玉簪属　别名/玉春棒、白鹤花、小芭蕉

● 花期 6～7月　● 产地 中国及日本

枝茎 株高40厘米左右。

叶片 叶基生成丛，具柄，叶柄有沟槽。叶片卵形至心脏形，具明显的弧形脉。

花朵 顶生总状花序，高出叶丛，具浓香。

果实 蒴果。

习性 耐寒、喜阴湿环境，不耐强光照射，要求土层深厚、排水良好且肥沃的沙质壤土。

快速识别

叶基生具柄，叶柄有沟槽；叶片卵形至心形，具明显的弧形脉。花白色，具浓香。

园林应用

适用于花坛、花境、盆栽等。常用于林下地被栽植。常见变种有许多品种，如花叶玉簪、白玉簪、金边玉簪等。

玉 竹 *Polygonatum odoratum*

百合科黄精属　别名/萎蕤、铃铛菜、玉参

● 花期 4～5月　● 果期 8～9月　● 产地 北半球温带

枝茎 株高30～85厘米。茎自一边倾斜，具棱。肉质根状茎横走，黄白色。

叶片 叶互生于茎的中部以上，略带革质，叶背淡粉白色，叶脉隆起。

花朵 花腋生，花被筒状，先端6裂，裂片卵圆形至广卵形，带淡绿色。

果实 浆果球形，成熟后紫黑色。

习性 喜荫蔽、冷凉、潮湿环境，较耐寒。

快速识别

茎自一边倾斜。叶互生，略革质，叶色绿，背面粉白色，叶脉隆起。花腋生，花被筒状白色。

园林应用

可片植于林下，是良好的耐阴地被和花境材料。常见变种有花叶玉竹，叶面有白色纵纹。

紫 萼 *Hosta ventricosa*

百合科玉簪属

别名/紫玉簪、紫萼玉簪、白背三七

● 花期 7月中旬至9月上旬 ● 果期 9～10月 ● 产地 中国华东、西南等地区

枝茎 株高50厘米左右。根状茎粗壮，常直立，须根簇生，被绵毛。

叶片 叶基生成丛状，叶色亮绿，多为卵形，具7对弧形脉。叶缘平或微有波状，叶柄长而粗壮。

花朵 花莛由叶丛中抽出，总状花序，顶生数花，花淡紫色，花被管下部筒状，向上骤然扩张为钟状。

果实 蒴果，黄绿色，下垂，三棱状圆柱形，先端具短喙。

习性 喜温暖、阴湿的环境，耐寒性极强，忌阳光长期直射。

快速识别

叶基生丛状，卵圆形，亮绿，叶柄长而粗壮。花莛自叶丛中抽出，总状花序，花淡紫色。

园林应用

适合成片在林下、建筑物背阴处布置，是良好的阴生观花地被。

翠南报春 *Primula sieboldii*

报春花科报春花属　别名/樱草

●花期 5～6月　●果期 6～7月　●产地 北温带和亚热带的高山地区

枝茎 株高15～25厘米。全株有毡毛。

叶片 基生叶3～8枚，卵状长圆形，长5～10厘米，基部心形，边缘有不规则波状浅裂。

花朵 伞形花序着生于花茎顶端，花5～15朵。

果实 蒴果，卵形，长约为花萼的一半。

习性 喜湿润、半阴的环境条件，不耐热，对土壤要求不严。

快速识别

全株有毡毛。基生叶3～8枚，卵状长圆形，基部心形，边缘有不规则波状浅裂。伞形花序着生于花茎顶端，花冠粉色。

园林应用

可用于布置花境、花坛、岩石园或疏林下栽植等。

过路黄 *Lysimachia christinae*

报春花科珍珠菜属　别名/对坐草、金钱草

● 花期 5～7月　● 果期 7～10月　● 产地 中国华东、华中、华南、西南地区，日本也有分布

枝茎 株高5厘米左右。全株有短柔毛，匍匐枝可达50～60厘米。

叶片 叶对生，卵状心形，全缘，具短柔毛，叶色在-5℃时转红。

花朵 花单生于叶腋，花被尖端向上翻呈杯形。

果实 蒴果球形，有黑色腺条，瓣裂。

习性 喜凉爽、湿润的环境，不耐强光，要求土壤湿润、疏松。

快速识别

低矮匍匐草本，全株被短柔毛。叶卵状心形，对生，全缘。单花生于叶腋，亮黄色。

园林应用

适合做阴湿地的园林地被植物。常见品种有金叶过路黄，叶金黄色，花黄色，杯状。

黄花九轮草 *Primula veris*

报春花科报春花属

● 花期 5～6月　● 果期 7～8月　● 产地 欧洲、西南亚及北非

枝茎 株高10～30厘米。多年生草本，全株被茸毛。

叶片 叶基生，卵形或卵状椭圆形，表面皱，叶柄有翼。

花朵 伞形花序，花黄色，瓣基有橙色斑，芳香。

果实 蒴果长圆体状，长约为花萼的1/2。

习性 性强健，耐寒，喜半阴，不择土壤。

快速识别

全株被茸毛，叶基生，卵形或卵状椭圆形，表面皱，叶柄有翼。伞形花序，花黄色，芳香。

园林应用

常用于春季花坛或岩石园栽培。

蓝盆花 *Scabiosa japonica*

川续断科山萝卜（蓝盆花）属

● 花期 5～6月 ● 产地 南欧

枝茎 株高30～60厘米。茎多分枝。

叶片 叶片披针形，不整齐羽裂。

花朵 花序头状近球形，具长总柄。

果实 果序球形或椭圆形，瘦果包藏在小总苞内。

习性 耐寒，忌炎热，喜凉爽、通风，喜光，喜排水良好的土壤。

快速识别

叶片披针形，不整齐，羽裂。花序头状近球形，具长总柄。花色丰富，有蓝色、紫色、红色等。

园林应用

常用于花坛、花境或盆栽观赏。园艺品种多。

百里香 *Thymus mongolicus*

唇形科百里香属　别名/千里香

● 花期 6～8月　● 产地 中国华北及西北地区

枝茎 株高15～25厘米。茎匍匐生长，分枝多。

叶片 叶卵形，腺点明显，揉碎后有浓香。

花朵 头状花序，花萼筒状钟形或狭钟形，内面喉部有白色毛环。芳香。

果实 小坚果近球形或卵球形，稍扁。

习性 耐寒性强，喜光，对土壤要求不严，耐干旱，耐瘠薄。

快速识别

茎匍匐生长，分枝多。叶卵形，腺点明显，揉碎后有浓香。

园林应用

岩石园、花坛边缘栽植或做地被。

薄 荷 *Mentha haplocalyx*

唇形科薄荷属　别名/野薄荷、鱼香草

● 花期 8～9月　● 果期 8～9月　● 产地 亚洲东北部，分布中国各地

枝茎 株高30～80厘米。具细长根状茎，地上茎直立，4棱。

叶片 叶矩圆状披针形，长3～5厘米，宽0.8～3厘米，边缘在基部以上疏生粗大的牙齿状锯齿。对生，揉碎后有薄荷味。

花朵 轮伞花序腋生，球形，花淡紫色。

果实 坚果，小，倒卵圆形，褐色，顶端具腺点。

习性 喜温暖、潮湿和阳光充足的环境，耐寒。

快速识别

地上茎直立，4棱。叶矩圆状披针形，对生，揉碎后有薄荷味。

园林应用

用于地被、花境或芳香专类园。

大花夏枯草 *Prunella grandiflora*

唇形科夏枯草属

● 花期 春夏　● 果期 10月　● 产地 欧洲、西亚、中亚

枝茎 株高25～40厘米。茎4棱，具柔毛状硬毛。根茎匍匐地下，节上有须根。

叶片 叶卵状长圆形，先端钝，基部近圆形，全缘，两面疏生硬毛。

花朵 轮伞花序，6朵小花聚成顶生穗状花序，花冠筒白色，两唇深紫色。

果实 小坚果近圆形，略具瘤状突起，在边缘及背面明显具沟纹。

习性 喜湿润环境，耐寒，不择土壤。

快速识别

茎4棱，有毛。叶卵状长圆形，全缘，具疏生硬毛。轮伞花序，花冠筒白色，两唇紫色。

园林应用

常见于地被或花境布置，也用于岩石园中点缀。常见变种有白花夏枯草。

多花筋骨草 *Ajuga multiflora*

唇形科筋骨草属　别名/筋骨草

● 花期 常年零星开放，盛花期4～5月和10～12月　● 产地 美国，中国引种栽培

枝茎 株高25～30厘米。茎4棱，具匍匐茎和直立茎，茎节有气生根。

叶片 叶对生，长椭圆形，叶缘具粗锯齿，叶面有褶皱，生长季节绿中带紫，入秋后叶片变紫红色。

花朵 轮伞花序，花蓝紫色。

果实 小坚果长圆状或卵状三棱形。

习性 喜全光照、高燥环境，亦耐半阴。耐寒、耐旱，对土壤要求不严。

快速识别

矮生草本，叶长椭圆形，对生，表面具褶皱，绿中带紫，入秋后紫红。轮伞花序，小花蓝紫色。

园林应用

可用于布置花坛、花径，也可成片栽于林下、湿地。

荆芥 *Herba schizonepetae*

唇形科荆芥属　别名/假苏、姜芥、猫薄荷

● 花期 6～8月　● 果期 7～9月　● 产地 欧洲、中国、朝鲜、亚洲西部等地

枝茎 株高1米左右。茎4棱，上部有分枝，表面淡黄绿色或淡紫红色，被短柔毛。

叶片 叶对生，心形至三角状心形。

花朵 穗状轮伞花序顶生，花冠紫红或白色，多脱落，下唇有紫色斑点，宿萼钟状，先端5齿裂，淡棕色或黄绿色，被短柔毛。

果实 小坚果，棕黑色。

习性 喜温暖、湿润气候，适应性强，但忌干旱和积水，忌连作。

快速识别

植株丛生，茎4棱。叶心形对生。穗状轮伞花序，花紫红或白色，下唇具紫色斑点，宿萼钟状。

园林应用

可片植布置花境、花坛或用作园林地被。

块根糙苏 *Phlomis tuberose*

唇形科糙苏属

● 花期 6月 ● 产地 中国东北、华北、西北、西南等地

枝茎 株高40～70厘米。茎多分枝，疏被短硬毛。

叶片 叶三角状卵形，基部深心形，两面均疏生硬毛。

花朵 轮伞花序多数，生于主茎及分枝节处，花冠淡紫红色。

果实 坚果较小。

习性 耐寒，喜阳，耐盐碱，耐干旱。

快速识别

叶三角状卵形，基部深心形，两面均疏生硬毛。轮伞花序生于主茎及分枝节处，花冠淡紫红色。

园林应用

用于春季园林中较粗放的大片彩化及花境、花丛栽植。

蓝花鼠尾草 *Salvia farinacea*

唇形科鼠尾草属
别名/一串蓝

● 花期 7～10月 ● 果期 8～10月 ● 产地 北美南部

枝茎 株高30～60厘米。植株呈丛生状，被柔毛。茎4棱，光滑。

叶片 叶对生，有短叶柄，宽披针形或条形，绿色，先端渐尖，边缘有锯齿。

花朵 顶生总状花序，花朵被柔毛，花柄蓝紫色，萼钟形与花冠同色，花谢后萼宿存。

果实 坚果，卵形。

习性 喜温暖、湿润和阳光充足环境。耐寒性较强，忌炎热，适用疏松、肥沃和排水良好的沙质壤土或腐叶土。

快速识别

茎4棱，光滑。叶对生，有短叶柄，宽披针形或条形，绿色，先端渐尖，边缘有锯齿。顶生总状花序，花蓝色、浅蓝、紫色或灰白色。

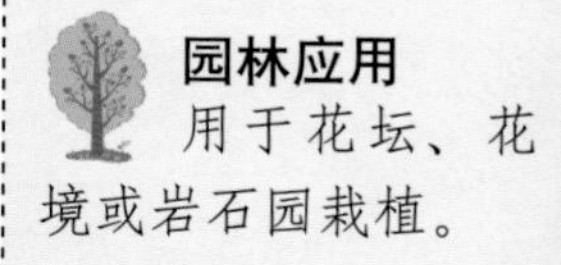

园林应用

用于花坛、花境或岩石园栽植。

美国薄荷 *Monarda didyma*

唇形科美国薄荷属

别名/红花薄荷、马薄荷

● 花期 6～9月 ● 果期 8～10月 ● 产地 加拿大、美国等地

枝茎 株高80～120厘米。茎4棱。

叶片 对生，卵形至卵状披针形。有薄荷味。

花朵 头状花序簇生茎顶或集生叶腋，花冠筒状。

果实 小坚果卵球形，光滑。

习性 耐旱、耐寒，不择土壤，但在腐殖质丰富、排水良好的土壤中生长更佳。

快速识别

叶对生，卵形至卵状披针形。有薄荷味。头状花序簇生茎顶或集生叶腋。

园林应用

可用于花坛、花境栽植或坡地片植。

迷迭香 *Rosmarinus officinalis*

唇形科迷迭香属　别名/艾菊

● 花期 6～7月　● 产地 地中海沿岸地区

枝茎 株高50～80厘米。茎直立，多分枝。

叶片 叶对生，披针形或线形，革质，银绿色，具松树香气。

花朵 总状花序，在小枝上部和顶端开淡蓝色小花。

果实 小坚果卵状近球形，平滑。

习性 喜阳光充足和良好通风条件，耐瘠薄，耐干旱，忌高温高湿。

快速识别

茎直立多分枝。叶披针形对生，银绿色，具香气。总状花序着生于小枝上部，小花淡蓝色。

园林应用

地被、花境的良好材料，适合丛植或片植。常见品种有'Benenden Blue''Prostratus''Majorca Pink'等。

绵毛水苏 *Stachys lanata*

唇形科水苏属

● 花期 7月 ● 产地 巴尔干半岛、黑海沿岸至西亚

枝茎 株高10～60厘米。茎4棱，密被灰白色丝状绵毛。

叶片 叶长圆状椭圆形，两端渐狭，边缘具小圆齿，柔软厚质，两面均密被灰白色丝状绵毛，基部半抱茎。

花朵 轮伞花序，小花多数，唇形，淡紫色，上唇两瓣，下唇三瓣。

果实 未成熟小坚果长圆形，褐色，无毛。

习性 喜全光照，耐旱，耐瘠薄，耐寒性较强，也耐半阴。

快速识别

茎4棱，密被灰白色丝状绵毛。叶长圆状椭圆形，两端渐狭，边缘具小圆齿。轮状花序，唇形小花。

园林应用

常作为地被或花境材料丛植，也可布置岩石园或庭院。常见品种有多功能园艺品种‘Cotton Boll’等。

牛至 *Origanum vulgare*

唇形科牛至属

●花期 4～5月　●产地 中国

枝茎 株高20～60厘米。全株芳香，茎直立，4棱，多分枝，紫色。

叶片 叶对生，有短柄，宽卵形，全缘，两面均有腺点和细毛。

花朵 花密集成顶生的伞房状聚伞圆锥花序，花二型，较大的为两性花，较小的为雌花。

果实 小坚果卵圆形，长约0.6毫米，先端圆，基部急剧变窄，微具棱，褐色无毛。

习性 喜光，耐半阴，耐寒。

快速识别

全株芳香，茎直立，4棱，多分枝，紫色。叶对生，宽卵形，有短柄，全缘，两面均有腺点和细毛。

园林应用

用于花境、林缘或疏林下。

神香草 *Hyssopus officinalis*

唇形科神香草属

● 花期 5～8月 ● 果期 7～9月 ● 产地 南欧及亚洲中部干旱地区

枝茎 株高40～80厘米。茎基部木质化，4棱。

叶片 叶对生，无柄，浓绿色，具芳香味。

花朵 花轮生在有叶状苞片的穗状花序上。有名的香料与芳香植物。

果实 坚果，较小，褐色。

习性 喜温暖、光照充足的环境，栽培以排水良好的基质为佳。

快速识别

茎4棱。叶对生，无柄，浓绿色，具芳香味。花轮生穗状花序，粉红或蓝紫色。

园林应用

用于岩石园、宿根花坛或丛植、片植观赏。

水果蓝 *Teucrium fruitcans*

唇形科石蚕属　别名/银石蚕、灌丛石蚕

● 花期 3～5月　● 产地 地中海地区及西班牙

枝茎 株高可达180厘米。小枝4棱，全株被白色茸毛，以叶背和小枝最多。

叶片 叶对生，卵圆形，叶片全年呈现出淡淡的蓝灰色。

花朵 单花着生于叶腋处，小花淡紫色。唇形花，下唇三瓣较大，下垂；上唇两瓣较小，花丝较长。

果实 坚果，较小。

习性 喜光，较耐寒，极耐旱，耐贫瘠。

快速识别

丛生灌木，全株被白色茸毛，小枝4棱。叶卵圆形对生，淡蓝色。唇形花生于叶腋，淡紫色。

园林应用

丛植或群植做地被或花境，亦可经修剪整形后用作规则式或自然式的矮绿篱。

随意草 *Physostegia virginiana*

唇形科假龙头花属　别名/假龙头花、芝麻花

●花期 8～10月　●果期 9～10月　●产地 北美洲

枝茎 株高30～60厘米。茎直立，4棱。具匍匐茎，成株丛生状。

叶片 叶对生，披针形，叶缘有锐齿。

花朵 穗状花序顶生，长20～30厘米，花色丰富。

果实 蒴果，三棱状圆柱形，黄褐色，种子黑色有膜质翅。

习性 喜半阴、凉爽环境，稍耐寒。荫蔽处植株易徒长，开花不良。

快速识别

茎直立，4棱。叶对生，披针形，叶缘有锐齿。穗状花序顶生。

园林应用

可用于花坛、花境或林缘等地栽植。

薰衣草 *Lavandula pedunculata*

唇形科薰衣草属

● 花期 7～9月 ● 果期 8～9月 ● 产地 地中海沿岸、中东、西亚等地

枝茎 株高10～100厘米。茎直立丛生状，全株密被含油腺之细毛，具芳香气味。

叶片 对生，叶形细长为线形、长披针形或羽毛状等。

花朵 花顶生，花冠下部筒状，上部唇形。穗状花序。

果实 小坚果，光滑。

习性 喜温暖气候，耐寒、耐旱、喜光、怕涝。对土壤要求不严，耐瘠薄，喜中性偏碱土壤。

快速识别

全株具芳香，叶为线形、长披针形或羽毛状，穗状花序。

园林应用

适用于花境丛植、条植或盆栽观赏。也可用于布置芳香专类园。

猫尾红 *Acalypha reptans*

大戟科铁苋菜属　别名/穗穗红，红尾铁苋菜

● 花期 春季至秋季　● 产地 新几内亚等中美洲及西印度群岛

枝茎 株高10～30厘米。常绿灌木，枝条呈半蔓性。

叶片 叶互生，卵形，顶端尖，叶缘具细齿，两面被毛。

花朵 顶生柔荑花序。雌花短穗状，红色艳丽，形状似猫尾巴。

果实 蒴果开裂为3个2裂的分果片。

习性 喜温暖、湿润、阳光充足的环境。

快速识别

枝条呈半蔓性下垂，叶互生卵形，顶端尖，叶缘具细锯齿。红色柔荑花序顶生似猫尾。

园林应用

可应用于花坛美化和吊篮栽植。

琴叶珊瑚 *Jatropha integerrima*

大戟科麻疯树属　别名/日日樱

●花期 全年　●产地 西印度群岛，我国南方多有栽培

枝茎 株高1～3米。小灌木，分枝多，有乳汁。

叶片 单叶互生，卵形、倒卵形或提琴形，长4～8厘米，宽2.5～4.5厘米，先端渐尖，基部狭楔形，全缘，基部具刺状齿。幼叶下面紫红色。托叶小，早落。

花朵 单性花，雌雄同株。聚伞花序顶生，红色，花单性，萼片5裂，花瓣长椭圆形，具花盘。雌花较雄花稍大。

果实 蒴果，成熟时黑褐色。

习性 喜高温高湿环境，怕寒冷与干燥，越冬要保持在12℃以上。喜充足的光照，稍耐半阴。喜生长于疏松、肥沃、富含有机质的酸性沙质土壤中。

快速识别

单叶互生，卵形、倒卵形或提琴形。聚伞花序顶生，红色，花单性，萼片5裂。

园林应用

盆栽或庭院观赏，可丛植，做花篱或用于布置花境。

白花三叶草 *Trifolium repens*

豆科车轴草属

别名/白三叶、白车轴草

● 花期 4～6月　● 产地 欧洲，现世界各地广为种植

枝茎 株高20～30厘米。茎匍匐，无毛。

叶片 叶从根颈或匍匐茎上长出，具细叶柄，掌状3小叶，小叶倒卵状或倒心形，基部楔形，先端钝或微凹，边缘具细锯齿，叶面中心具V形白晕，叶背有毛。

花朵 总状花序，由数十朵小花密集而呈头状，小花白或淡粉红色。

果实 荚果，种子成熟期不统一，种子细小。

习性 喜温暖，耐高温，耐寒，喜阳，不耐阴，不耐盐碱，耐干旱，不耐践踏。

快速识别

叶具细叶柄，掌状3小叶，叶背有毛。总状花序呈头状，小花白或淡粉红色。

园林应用

用于地被。

金雀儿 *Cytisus scoparius*

豆科金雀儿属

花期 5～7月　产地 欧洲，我国北方常见栽培

枝茎 株高80～250厘米。灌木，枝丛生，直立，分枝细长，无毛，具纵长的细棱。

叶片 上部常为单叶，下部为掌状三出复叶，互生，具短柄，小叶倒卵形至椭圆形全缘。

花朵 花单生上部叶腋，于枝梢排成总状花序，基部有呈苞片状叶。花柄细，长约1厘米。花冠鲜黄色，旗瓣卵形至圆形，先端微凹，翼瓣与旗瓣等长，钝头，龙骨瓣阔，弯头。

果实 荚果扁平，阔线形。

习性 喜光，耐寒，耐干旱、瘠薄。

快速识别

花为黄色或金黄色，形状酷似金雀儿。枝条下部叶为掌状三出复叶。

园林应用

常用于布置花境，用作花篱或基础种植，也可用于盆栽观赏。

羽扇豆 *Lupinus polyphyllus*

豆科羽扇豆属　别名/鲁冰花

● 花期 5～6月　● 果期 6～8月　● 产地 地中海沿岸和北美洲

枝茎 株高60～150厘米。

叶片 叶多基生，掌状复叶互生，小叶9～16枚。

花朵 顶生总状花序，长可达60厘米，花蝶形。园艺栽培的还有白、红、青等色，以及杂交大花种，色彩变化很多。

果实 荚果，被茸毛，种子黑色。

习性 喜凉爽，阳光充足的环境，较耐寒，忌炎热，耐半阴，需肥沃、排水良好的沙质土壤。

快速识别

叶基生，掌状复叶互生。花蝶形，顶生总状花序。

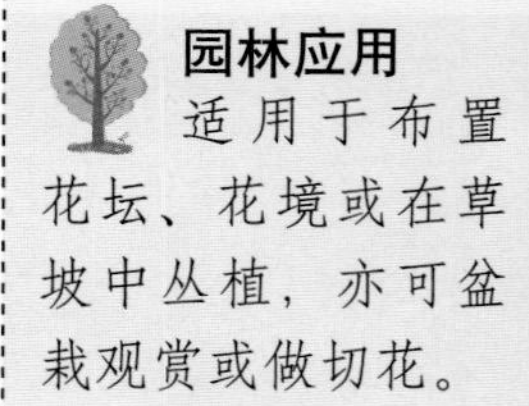

园林应用

适用于布置花坛、花境或在草坡中丛植，亦可盆栽观赏或做切花。

矮蒲苇 *Cortaderia selloana* 'Pumila'

禾本科蒲苇属　别名/白银芦

● 花期 8～10月　● 果期 8～10月　● 产地 栽培品种，原种分布于南美洲

枝茎 株高1.2～1.8米。茎秆直立，粗壮丛生。

叶片 叶聚生于基部，长而狭，叶缘具细齿。

花朵 圆锥花序大，羽毛状。雌花序较宽大，雄花序较狭窄。

果实 颖果长圆状圆柱形。

习性 喜光，耐寒，要求土壤湿润。

快速识别

株高1.2～1.8米。茎秆直立，叶长而狭，叶缘具细齿。圆锥花序较大，羽毛状，银白色。

园林应用

丛植点缀于路缘、滨水岸边，常布置花境、观赏草专类园。

菲黄竹 *Sasa auricoma*

禾本科赤竹属

● 产地 日本

枝茎 株高60～120厘米。茎纤细，混生型竹。

叶片 叶片披针形，先端渐尖，嫩叶纯黄色，具绿色条纹，老后叶片变为绿色。

花朵 圆锥花序排列疏散，或简化为总状花序。

果实 颖果较小，成熟后深褐色。

习性 喜温暖、湿润气候，好肥，较耐寒，忌烈日，宜半阴，喜肥沃、疏松、排水良好的沙质土壤 。

快速识别

植株矮小，新叶黄色带绿色条纹。

园林应用

可做地被、绿篱、色带、色块之用，也可以盆栽观赏。

花叶芦竹 *Arundo donax* var. *versicolor*

禾本科芦竹属

别名/斑叶芦竹、彩叶芦竹、变叶芦竹

● 花期 10～11月 ● 果期 10～11月 ● 产地 地中海一带

枝茎 株高1.5～3米。地下茎短缩，秆粗壮，有分枝，叶鞘互相紧抱。

叶片 叶片阔披针形，扁平，两面光滑无毛。叶片上有黄白色宽窄不等的条纹，纵贯整条叶片。

花朵 穗状圆锥花序长30～60厘米，羽毛状，分枝多，初开时带红色，后转为白色。

果实 颖果较小，纺锤形。

习性 喜阳光充足、湿润和温暖气候，较耐寒、耐水湿，对土壤要求不严。

快速识别

秆粗壮具分枝。叶阔披针形，扁平光滑，具黄白色条纹。圆锥花序，羽毛状多分枝，白色。

园林应用

适合丛栽或片植于山石、水池旁，或沿开阔水体岸边带状种植。

蓝羊茅 *Festuca ovina* var. *glauca*

禾本科羊茅属　别名/蓝羊绒、银羊茅

● 花期 5～6月　● 果期 5～6月　● 产地 法国南部，中国引种栽培

枝茎 株高15～45厘米。

叶片 叶片密集基生，细长如发丝，亮蓝色至深绿色。栽培品种较多，叶色呈不同蓝色。

花朵 圆锥花序生于叶丛之上，紧缩呈穗状。

果实 颖果，果皮薄而与种皮愈合。

习性 喜冷凉和光照充足环境，忌湿、忌酷热，耐旱性强。

快速识别

叶密集丛生，细长丝状，亮蓝色至深绿色。圆锥花序生于叶丛之上，紧缩呈穗状。

园林应用

布置花境、花坛，亦常用于园林地被或作园路镶边材料。

狼尾草 *Pennisetum alopecuroides*

禾本科狼尾草属

别名/喷泉草、狗尾巴草、狗仔尾

● 花期 6～10月 ● 产地 东亚、澳大利亚

枝茎 株高30～120厘米。茎秆丛生，直立。

叶片 叶线形，亮绿，平滑。初秋出现黄色和棕色条纹，秋末完全变为杏色，并逐渐退为淡黄色。

花朵 圆锥花序穗状圆柱形，初生为乳白色至粉红色或棕褐色，成熟后为红褐色。

果实 颖果，果皮薄而与种皮愈合。

习性 喜温暖、湿润、阳光充足的环境，耐寒、耐半阴。

快速识别

茎秆直立丛生。叶线形，平滑亮绿。圆锥花序穗状圆柱形，红褐色。

园林应用

适合布置于园路、滨水绿地，常应用于营造观赏草花境。常见种有大布尼狼尾草，叶浓绿色，穗状花序白色；紫穗狼尾草，叶嫩绿色，穗状花序淡紫色。

蒲苇 *Cortaderia selloana*

禾本科蒲苇属

● 花期 9～10月 ● 果期 9～10月 ● 产地 南美，中国已广泛栽培

枝茎 株高2～2.5米。茎丛生，直立，粗壮。

叶片 叶多聚生于基部，极狭下垂，边缘具细齿，呈灰绿色，被短毛。

花朵 圆锥花序长30～100厘米，雌花穗银白至粉红色，具光泽；雄花序广金字塔形。

果实 颖果，颖质薄，细长，白色。

习性 喜温暖、阳光充足及湿润气候，耐寒，适应性较强。

快速识别

茎丛生，高2米以上。叶极狭，聚生于基部而下垂，灰绿色，缘具强细齿。圆锥花序，白色具光泽。

园林应用

常用于滨水配植或花境，亦可用于观赏草专类园。常见品种有花叶蒲苇等。

针 茅 *Stipa tenuissima*

禾本科针茅属

别名/墨西哥羽毛草、细茎针茅

● 花期 6月 ● 果期 6月 ● 产地 美国德克萨斯州、新墨西哥州及墨西哥中部地区

枝茎 株高30～45厘米。

叶片 叶片细长如针状，亮绿色，柔软。

花朵 花序银白色，柔软下垂，冬季变为黄色。

果实 具芒，芒较短，长2.5～5厘米，量多较醒目。

习性 喜冷凉气候，极耐旱，抗风，耐半阴，宜排水良好的土壤。

快速识别

叶片密集丛生，细长如针状，极柔软，亮绿色。花序银白色，柔软下垂。

园林应用

常丛植点缀花境、岩石园，或用于道路镶边、组合花坛等。

矾 根 *Heuchera sanguinea*

虎耳草科矾根属　别名/珊瑚钟

●花期 6～9月　●产地 美国的亚利桑那州、墨西哥北部

枝茎 株高50厘米左右。

叶片 叶基生，阔心形，深绿色，上面有不同的斑纹。叶柄长达20～25厘米。不同季节、环境和温度下叶片的颜色还含有丰富的变化。

花朵 花小，钟状，两侧对称。圆锥花序，高于叶丛。

果实 蒴果卵圆形。

习性 耐寒、喜阳、耐阴。在肥沃、排水良好、富含腐殖质的土壤上生长良好。

快速识别

叶阔心形基生，深绿色，上面有不同的斑纹。圆锥花序。

园林应用

可用于花坛、花境、岩石园或疏林下栽培。常见的栽培品种有‘瀑布’‘紫色宫殿’‘银王子’等。

落新妇 *Astilbe chinensis*

虎耳草科落新妇属　别名/升麻

●花期 6～7月　●果期 8～9月　●产地 亚洲和北美

枝茎 株高40～80厘米。地下有粗壮根状茎，茎与叶柄上散生褐色长毛。

叶片 基生叶为二至三回复叶，小叶卵形或长卵形，边缘有重锯齿，叶上面疏生短刚毛，背面尤多。

花朵 圆锥花序，与基叶对生，花密集，萼片5裂，带黄色，花瓣狭条形。栽培品种多，花色多样。

果实 蓇葖果，有多数种子。种子褐色，长约1.5毫米，两头尖。

习性 耐寒，喜半阴、潮湿环境，适应性较强，喜腐殖质多的酸性和中性土壤，较耐盐碱。

快速识别

基生叶为二至三回复叶，小叶卵形或长卵形，边缘有重锯齿。圆锥花序，与基叶对生。

园林应用

可用于庭院造景，或可植于林下或半阴处观赏，也可做盆花及切花。

丛生福禄考 *Phlox subulata*

花荵科福禄考属

别名/针叶福禄考、针叶天蓝绣球

● 花期 4～5月 ● 产地 北美洲

枝茎 株高10～15厘米。茎密集匍匐，分枝多，基部稍木质化。

叶片 叶锥形簇生，质硬，线状至钻形。

花朵 花具柄，花瓣倒心形，有深缺刻。

果实 蒴果3瓣裂，种子无翅。

习性 适应性强，耐旱、耐寒、耐盐碱土壤。

快速识别

茎密集匍匐，分枝多，叶锥形簇生，花瓣倒心形，有深缺刻。

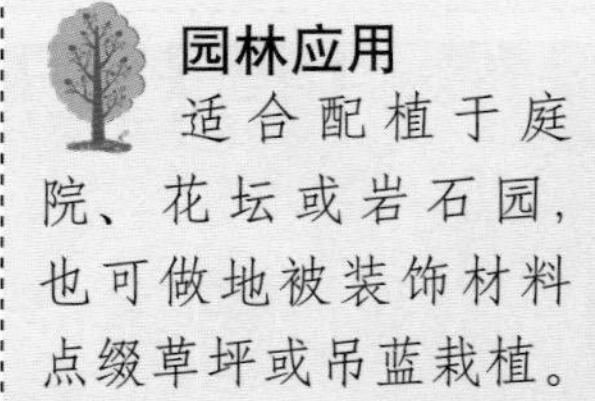

园林应用

适合配植于庭院、花坛或岩石园，也可做地被装饰材料点缀草坪或吊蓝栽植。

宿根福禄考 *Phlox paniculata*

花荵科福禄考属

别名/锥花福禄考、天蓝绣球

● 花期 6～9月 ● 果期 8～9月 ● 产地 北美东部

枝茎 株高60～120厘米。茎粗壮直立，通常不分枝或少分枝。

叶片 叶交互对生或上部叶子轮生，长椭圆状披针形至卵状披针形，边缘具硬毛。

花朵 圆锥花序顶生，花朵密集。花冠高脚碟状，先端5裂，粉紫色。萼片狭细，裂片刺毛状。

果实 蒴果椭圆形或近圆形，种子倒卵形。

习性 喜阳光但耐半阴，在排水良好、疏松、肥沃的中性土壤中生长更佳，但以石灰质土壤最适生长。

快速识别

叶交互对生或上部叶轮生，长椭圆状披针形至卵状披针形。花冠高脚碟状，先端5裂，圆锥花序顶生。

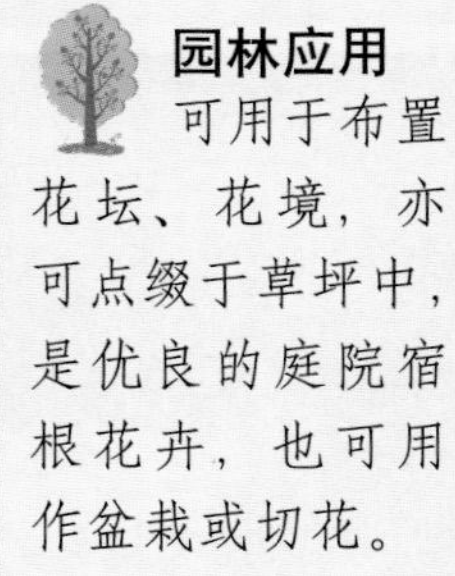

园林应用

可用于布置花坛、花境，亦可点缀于草坪中，是优良的庭院宿根花卉，也可用作盆栽或切花。

柳叶水甘草 *Amsonia tabernaemontana*

夹竹桃科水甘草属

● 花期 5月 ● 产地 美国东部

枝茎 株高60～100厘米。多年生草本植物。茎浅绿色，圆柱形，光滑无毛。

叶片 长圆形至披针形，全缘，亮绿色，似柳叶。

花朵 顶生圆锥花序。花淡蓝色至近白色。

果实 蒴果，圆筒状纺锤形，直伸。

习性 喜阳，耐半阴。对土壤要求不严。

快速识别

植株嫩绿，叶色亮绿，叶形似柳叶。顶生圆锥花序，花淡蓝色至近白色。

园林应用

可用于布置花境及庭院。

络 石 *Trachelospermum jasminoides*

夹竹桃科络石属

● 花期 初夏 ● 产地 中国黄河流域以南，南北各地均有栽培。日本、朝鲜和越南也有

枝茎 蔓性，长可达10米。茎赤褐色，圆柱形，有皮孔。小枝被黄色柔毛，老时渐无毛。

叶片 叶片对生，革质或近革质，椭圆形至卵状椭圆形或宽倒卵形，叶柄短，被短柔毛，老渐无毛。

花朵 二歧聚伞花序腋生或顶生，花多朵组成圆锥状，与叶等长或较长。花白色，芳香，形如“万”字。

果实 蓇葖果，双生。

习性 喜温暖、湿润环境，忌干风吹袭。喜弱光，亦耐烈日高温。对土壤要求不严，酸性土及碱性土均可生长，较耐干旱，但忌水湿。

快速识别

常绿藤本，茎赤褐色，圆柱形，有皮孔。叶片对生，全缘，花形如“万”字。

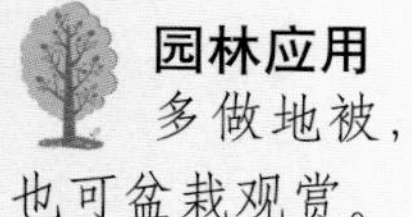

园林应用

多做地被，也可盆栽观赏。

飘香藤 *Mandevilla sanderi*

夹竹桃科飘香藤属　别名/红皱藤、双腺藤

● 花期 夏、秋季　● 产地 中南美洲

枝茎 缠绕藤本，枝条柔软，蔓性。

叶片 叶对生，全缘，长卵圆形，先端急尖，革质，叶面有褶皱，叶色浓绿并富有光泽。

花朵 花腋生，花冠漏斗形。

果实 果未见。

习性 喜温暖、湿润及阳光充足的环境，也可置于稍荫蔽的地方，但光照不足开花减少。生长适温为20～30℃，对土壤的适应性较强，但以富含腐殖质、排水良好的沙质壤土为佳。

快速识别

叶片对生，全缘，叶色浓绿有光泽，花冠漏斗形，枝条柔软。

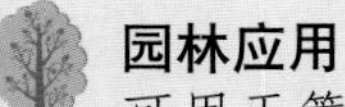

园林应用

可用于篱垣、棚架、天台、小型庭院美化，也适合室内盆栽，可置于阳台做成球形及吊篮观赏。

紫花地丁 *Viola chinensis*

堇菜科堇菜属

● 花期 3～4月 ● 果期 4～6月 ● 产地 中国、日本及俄罗斯

枝茎 株高5～15厘米。根状茎细小，无匍匐茎。

叶片 叶互生，卵状心形或长椭圆状心形，基部下延成柄，稍内折，具规则圆齿。

花朵 花具长柄，高出叶面，花柄中部具2枚条形苞片。

果实 蒴果，成熟后开裂。

习性 喜凉爽、湿润，耐寒，喜光，耐半阴。

快速识别

植株小，叶互生，卵状心形或长椭圆状心形，基部下延成柄，稍内折，具规则圆齿。花具长柄，高出叶面，花淡紫色。

园林应用

林下地被或在草坪中点缀。

草芙蓉 *Hibiscus moscheutos*

锦葵科木槿属　别名/芙蓉葵、紫芙蓉

●花期 6～8月　●果期 6～8月　●产地 北美

枝茎 株高1～2米。落叶灌木状。茎粗壮，斜出，光滑被白粉。

叶片 单叶互生，叶大，阔卵形或卵状椭圆形，叶柄、叶背密生灰色星状毛。

花朵 花大，单生于叶腋，花径可达20厘米。

果实 蒴果，花萼宿存在果实上。种子圆形，棕褐色。

习性 耐寒、耐热、喜湿，耐盐碱。

快速识别

茎粗壮，光滑被白粉。叶互生，阔卵形或卵状椭圆形，叶柄、叶背密生灰色星状毛。花萼宿存在果实上。

园林应用

很好的花境背景材料，也可栽于河坡、池边、沟边等地。

垂花悬铃花 *Malvaviscus penduliflorus*

锦葵科悬铃花属

别名/悬铃花、南美朱槿

●花期 全年 ●产地 墨西哥和哥伦比亚

枝茎 地栽株高2米左右，盆栽株高30～60厘米。灌木，小枝被长柔毛。

叶片 叶卵状披针形，先端长尖，基部广楔形至近圆形，边缘具钝齿，主脉3条。叶柄长1～2厘米，托叶线形，早落。

花朵 花单生于叶腋，花柄长约1.5厘米，花红色，下垂，筒状，仅于上部略开展，长约5厘米。

果实 果未见。

习性 喜高温多湿和阳光充足环境，耐热、耐旱、耐瘠薄，不耐寒霜，耐半阴，忌涝，生长快速。适合在肥沃、疏松和排水良好的微酸性土壤中生长。

快速识别

花形似风铃，下垂。

园林应用

在热带地区全年开花不断，适合丛植、花境、花篱等，还可剪扎造型和盆栽观赏。

红萼苘麻 *Abutilon megapotamicum*

锦葵科苘麻属

别名/悬风铃花、巴西宫灯花、灯笼风铃

● 花期 全年 ● 产地 巴西

枝茎 常绿软木质藤蔓状灌木。枝条纤细柔软且长，分枝很多。

叶片 叶互生，有细长叶柄。叶绿色，长5～10厘米，卵形或近三角形，叶端尖，叶缘有钝锯齿，有时分裂。

花朵 花生于叶腋，花柄细长，花下垂。花萼红色，长约2.5厘米，花瓣长约4厘米，嵌于其中。花瓣5枚，黄色。花蕊深棕色，伸出花瓣长约1.3厘米。花冠形状如风铃，又似红心吐金。

果实 果近球形，种子肾形。

习性 喜光，喜温暖，不耐寒，忌水湿。

快速识别

蔓性，花形似悬垂的风铃。

园林应用

亚热带地区可用作垂直绿化，也可盆栽观赏。

蔓锦葵 *Callirhoe involucrata*

锦葵科蔓锦葵属　别名/矮锦葵

● 花期 5～8月　● 产地 北美

枝茎 株高30～80厘米。多年生蔓性草本，茎粗壮，铺散于地面，被绵毛。

叶片 叶近圆形，5～7掌状深裂。

花朵 花单生于顶端或叶腋，玫瑰红色，基部有时白色。

果实 果由数个心皮组成，成熟时各心皮彼此分离，且与中轴脱离而成分果。

习性 喜光，喜温暖，适应能力强。

快速识别

蔓性草本，茎粗壮铺散于地面，被绵毛。叶近圆形，5～7掌状深裂。花玫瑰红色。

园林应用

做地被植物或自然花境材料等。

蜀葵 *Althaea rosea*

锦葵科锦葵属
别名/大蜀葵、一丈红、熟季花

● 花期 6～9月 ● 果期 6～9月 ● 产地 中国及亚洲各地

枝茎 株高2～3米。茎直立挺拔，全株被毛。

叶片 叶大、互生，叶片粗糙微皱缩，心脏形，5～7浅裂。

花朵 花大，单生于叶腋或着生枝条顶部，总状花序，花径8～12厘米。

果实 蒴果扁球形，成熟时每心皮自中轴分离。种子扁圆形。

习性 喜光、不耐阴，耐寒，不择土壤，但以疏松、肥沃的土壤生长良好。

快速识别

茎直立挺拔，全株被毛。叶片粗糙微皱缩，心脏形，5～7浅裂。花大，单生叶腋或着生枝条顶部。主要花型有单瓣、重瓣和半重瓣。

园林应用

具有自播能力，常于建筑物前列植或丛植，或做花境的背景效果，也可用于篱边绿化及盆栽观赏。

凹叶景天 *Sedum emarginatum*

景天科景天属

●花期 5～6月 ●果期 6月 ●产地 中国南方大部分地区都有分布

枝茎 株高10～15厘米。茎匍匐生长，节上易生根。枝和茎淡紫色。

叶片 叶小，绿色近圆形，顶端凹陷。对生，叶繁茂。

花朵 花小，黄色。

果实 蓇葖果，略叉开，腹面有浅囊状隆起，种子细小、褐色。

习性 耐旱，喜半阴环境。

快速识别

叶小，绿色近圆形，顶端凹陷，叶繁茂。

园林应用

适合做地被或吊盆栽植。

白草 *Sedum lineare*

景天科景天属 别名/佛甲草

● 花期 春末夏初 ● 产地 北半球温带与寒带

枝茎 株高10～20厘米。肉质草本，茎初生时直立，后下垂，有分枝。

叶片 3叶轮生，近无柄，线形至倒披针形，先端近短尖，基部有短距。

花朵 聚伞花序顶生，花黄色，细小。

果实 蓇葖果略叉开，长4～5毫米。

习性 耐热、耐旱、耐寒、耐瘠薄的土壤。

快速识别

茎肉质，初生时直立，后下垂。3叶轮生，近无柄。花小，黄色。

园林应用

是一种耐旱性极好的常绿植物，应用于模纹花坛、屋顶绿化和墙体绿化等，或做地被栽培于庭院。

垂盆草 *Sedum sarmentosum*

景天科景天属　别名/卧茎景天

●花期 5～7月　●果期 8月　●产地 中国

枝茎 株高10～25厘米。茎匍匐而节上生根。

叶片 叶3片轮生，倒披针形至长圆形，顶端尖，基部渐狭，全缘。

花朵 聚伞花序疏松，常3～5分枝。花淡黄色，无柄。

果实 蓇葖果，心皮5，长圆形，长5～6毫米。

习性 耐干旱，耐高温，耐瘠薄。

快速识别

茎匍匐，节上生根。叶3片轮生，倒披针形至长圆形，顶端尖，全缘。

园林应用

很好的地被植物，可布置花坛、花境，也可用于模纹花坛配置图案和镶边，或用于岩石园，还可盆栽做垂吊植物。

费菜 *Sedum kamtschaticum*

景天科景天属　别名/堪察加景天

●花期 6～7月　●果期 8～9月　●产地 中国北部和长江流域各省，日本、俄罗斯等地也有分布

枝茎 株高20～50厘米。根状茎短，粗。

叶片 叶互生，椭圆状披针形至卵状披针形，坚实，近革质。

花朵 顶生平展的聚伞花序。萼片5，线形，肉质。花瓣5，黄色。雄蕊较花瓣短。

果实 蓇葖果，上部星芒状水平横展，腹面作浅囊状突起。

习性 喜阳，耐半阴，耐寒，耐旱，适应性强，忌涝。

快速识别

叶互生，椭圆状披针形至卵状披针形，坚实，近革质。聚伞花序顶生平展。

园林应用

可用于花境、路边及岩石园等。

胭脂红景天 *Sedum spurium* cv. Coccineum

景天科景天属

●花期 6～9月 ●果期 6～9月 ●产地 高加索地区，我国多地有栽培

枝茎 株高10厘米左右。茎匍匐生长。

叶片 叶对生，卵形至楔形，叶缘有锯齿，叶片深绿色后变胭脂红色。冬季为紫红色。

花朵 花深粉色。

果实 蓇葖果。

习性 耐旱、耐涝、耐寒，喜阳光充足环境。

快速识别

株高10厘米左右。叶对生，卵形至楔形，叶缘有锯齿，叶片深绿色后变胭脂红色。冬季为紫红色。

园林应用

适用于花境、花坛和地被。

长药景天 *Sedum spectabile*

景天科景天属　别名/八宝景天、蝎子草

● 花期 8～9月　● 果期 9～10月　● 产地 中国东北部及河北、河南、山东、安徽等省

枝茎 株高30～70厘米。茎直立，粗壮，丛生，光滑，呈水粉色。

叶片 叶对生或3叶轮生，有短柄，卵形，宽卵形或长圆状卵形，肥厚，肉质。

花朵 伞房花序顶生，大而具密集小花。

果实 蓇葖果，种子小。

习性 耐寒性强，抗旱、耐瘠薄、喜阳光，宜排水良好的肥沃沙壤土，忌涝。

快速识别

茎直立，丛生，光滑，呈水粉色。叶肥厚，对生或3叶轮生。伞房花序顶生。

园林应用

用于花坛、花境、岩石园及地被栽植，也可盆栽观赏。

丛生风铃草 *Campanula carpatica*

桔梗科风铃草属　别名/东欧风铃草

● 花期 6～9月　● 产地 欧洲

枝茎 株高15～45厘米。全株无毛或仅下部有毛，茎细弱而披散。

叶片 叶卵形，基部叶具长柄，上部叶具短柄。

花朵 花单生于枝端，花冠蓝色，短钟状。萼5裂，宿存。

果实 蒴果3～5室。

习性 耐寒，喜冷凉干燥，喜光或半阴，忌炎热。

快速识别

叶卵形，基部叶具长柄，上部叶具短柄。花单生于枝端，花冠蓝色，短钟状。萼5裂，宿存。

园林应用

花坛、花丛、花境或林下地被。

桔 梗 *Platycodon grandiflorus*

桔梗科桔梗属

● 花期 7～9月 ● 果期 8～10月 ● 产地 日本及中国南北各省

枝茎 株高40～90厘米。根肉质肥大，长纺锤形。茎直立。

叶片 叶卵状披针形或卵形，边缘有尖锯齿下面被白粉，上部叶渐小，狭披针形，常互生，中下部叶3～4片轮生或对生。

花朵 花单或数朵生于茎顶，花冠广钟花，蓝紫色或白色，5浅裂。

果实 蒴果倒卵形，先端5裂。种子卵形，黑色或棕黑色，具光泽。

习性 喜凉爽、湿润的环境，喜阳，适于生长在排水良好、肥沃的沙质壤土中。

快速识别

叶卵状披针形或卵形，边缘有尖锯齿。常互生，中下部叶3～4片轮生或对生。花冠钟形，蓝紫色或白色，5浅裂。

园林应用

是夏季花坛、花境及园林中自然栽植的好材料，也可用于切花。根可食用。

聚花风铃草 *Campanula glomerata*

桔梗科风铃草属

● 花期 7～9月 ● 产地 中国东北地区。朝鲜、日本、俄罗斯也有

枝茎 株高50～100厘米。茎直立，单一，光滑无毛。

叶片 茎下部叶有柄，上部叶无柄半抱茎。叶片粗糙，披针形或卵状披针形，先端渐尖或长渐尖，基部楔形、圆形或心形，边缘有不整齐细牙齿。

花朵 花无柄或近无柄，数个集生于上部叶腋，且在顶端密集，直立。萼5齿。花钟状，蓝紫色。

果实 蒴果。种子细小。

习性 喜冷凉而干燥的气候，不耐高温多湿。喜光照充足环境，耐半阴，宜排水良好的石灰质土壤。

快速识别

全株被细毛。茎直立，多不分枝。叶互生，粗糙，卵状披针形，基生叶具长柄；茎生叶半抱茎。花近无柄，数朵集生于上部叶腋，顶端更为密集。

园林应用

适用于布置花坛、花境及岩石园。

春黄菊 *Anthemis tinctoria*

菊科春黄菊属　别名/西洋菊

● 花期 7～9月　● 果期 9～10月　● 产地 北温带

枝茎 株高50～70厘米。多茎直立，稍具棱，上部有分枝，密生白色柔毛。

叶片 基生叶有柄，茎生叶无柄，叶三至多回羽状全裂，终裂片披针状线形，叶面密生腺点。

花朵 头状花序多密生呈复伞房状，白色，有香气。

果实 瘦果，种子棕色，有光泽。

习性 喜半阴、湿润环境，耐寒，对环境要求不严。

快速识别

茎直立，稍具棱，密生白色柔毛。基生叶有柄，茎生叶无柄，常三至多回羽状全裂。叶面密生腺点。花有香味。

园林应用

适合做花境、丛植，也可做切花。

大花金鸡菊 *Coreopsis grandiflora*

菊科金鸡菊属　别名/剑叶波斯菊

● 花期 6～10月　● 产地 美国南部

枝茎 株高30～60厘米。全株稍被毛，茎分枝。

叶片 基生叶全缘，上部或全部茎生叶3～5裂，裂片披针形，顶裂片尤长。

花朵 头状花序，具长总梗。有重瓣和黄色矮生品种。

果实 瘦果圆形，具阔而薄的膜质翅。

习性 喜光，耐半阴。对土壤要求不严。

快速识别

基生叶全缘，上部或全部茎生叶3～5裂，裂片披针形。

园林应用

自播能力强，可丛植、片植或用于花境。

大吴风草 *Farfugium japonicum*

菊科大吴风草属　别名/橐吾

● 花期 8～10月　● 果期 9～10月　● 产地 中国东部一些省份及日本和朝鲜

枝茎 株高30～90厘米。根茎粗大。

叶片 叶多为基生，亮绿色，革质，肾形，边缘波角状。

花朵 头状花序组成松散复伞状，舌状花10～12枚，黄色。

果实 瘦果，圆柱形，长7毫米，有纵肋，被成行的短毛。

习性 喜半阴和湿润环境，耐寒，忌阳光直射。对土壤要求不严，适合在肥沃、疏松、排水好的壤土中生长。

快速识别

叶大，多基生，亮绿色，革质，肾形，边缘波角状。有的叶面上有斑点或斑纹。

园林应用

适合大面积种植做林下地被或立交桥下地被，也可做室内盆栽观叶、观花效果不错。常见栽培品种有花叶大吴风草（叶面上有白色斑块）和斑点大吴风草（叶面上散布黄色的斑点）。

荷兰菊 *Symphyotrichum novi-belgii*

菊科紫菀属

● 花期 9～10月 ● 产地 北美

枝茎 株高60～100厘米，目前栽培品种多数高约40厘米。全株被粗毛，上部呈伞房状分枝。

叶片 叶线状披针形，近全缘，光滑，有茸毛。

花朵 头状花序伞房状着生，品种很多，有不同花色。

果实 瘦果。

习性 耐寒性强，在中国东北地区可露地越冬。喜阳光充足、通风良好的生长环境，对土壤要求不严。

快速识别

叶线状披针形，近全缘，光滑。头状花序伞房状着生，花色多样。

园林应用

用于花坛、花境、花丛、盆栽等。

黑心菊 *Rudbeckia hybrida*

菊科金光菊属

● 花期 7～9月 ● 果期 9～10月 ● 产地 美国东北地区

枝茎 株高70～100厘米。全株具粗糙刚毛。

叶片 上部叶互生，阔披针形，叶缘具粗齿。

花朵 头状花序单生，舌状花黄色，有时有棕色环带或呈半重瓣，管状花聚集呈圆锥状突起，暗棕色。

果实 瘦果，种子细柱状，黑褐色，有光泽。

习性 喜光，耐旱，适合在疏松、排水良好的沙质土壤中生长。

快速识别

全株具粗糙刚毛。上部叶互生，阔披针形，叶缘具粗齿。头状花序单生，舌状花常呈黄色，管状花聚集呈圆锥状突起，暗棕色。

园林应用

可用于花坛、花境、花丛栽植，也是良好的切花材料。

黄金菊 *Euryops pectinatus*

菊科黄金菊属　别名/梳黄菊、南非菊

● 花期 春季至秋季　● 产地 南非，中国近年来引进栽培

枝茎 株高40～100厘米。灌丛状，分枝均匀，枝条直立向上，生长旺盛。

叶片 叶片羽状深裂，深绿或灰绿色，有光泽，略带草香及苹果的香气。

花朵 头状花序，花黄色，舌状花单轮，花径5厘米左右。

果实 瘦果。

习性 喜阳光充足环境，抗高温，耐寒性较强，能耐-4℃低温，忌积水。

快速识别

灌丛状草本至亚灌木，直立性强。叶羽状深裂，叶色深绿。头状花序黄色。华东地区常绿越冬。

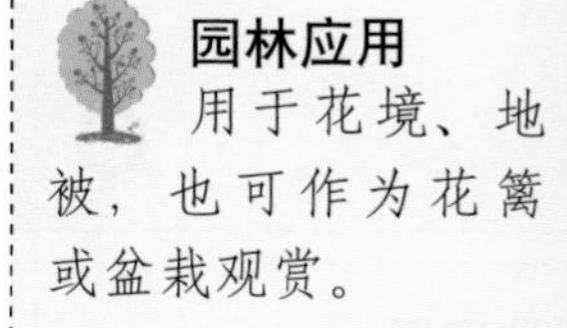

园林应用

用于花境、地被，也可作为花篱或盆栽观赏。

加拿大一枝黄花 *Solidago Canadensis*

菊科一枝黄花属　别名/金棒草

● 花期 7～9月　● 产地 北美

枝茎 株高80～150厘米。茎光滑，仅上部稍被短毛。

叶片 叶狭披针形，表面粗糙，背面具柔毛。

花朵 圆锥花序生于枝端，稍弯曲而偏向一侧，花黄色。

果实 瘦果近圆柱形，有8～12条棱。

习性 喜凉爽，喜阳，耐寒，耐旱。

快速识别

茎光滑，叶狭披针形，表面粗糙，背面具柔毛。圆锥花序生于枝端，稍弯曲而偏向一侧，花黄色。

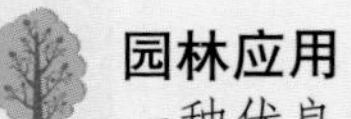

园林应用

一种优良的切花，也可丛植或条植作为花坛、花境背景材料。

金光菊 *Rudbeckia laciniata*

菊科金光菊属　别名/臭菊

● 花期 夏、秋季　● 果期 秋季　● 产地 北美

枝茎 株高80～150厘米。枝干粗糙直立，多分枝。

叶片 叶片具糙毛，较宽厚，基部叶羽状分裂，茎生叶边缘具稀锯齿。

花朵 头状花序单生茎顶，舌状花单轮，倒披针形，金黄色，管状花紫褐色。

果实 瘦果四棱形。

习性 喜光照充足，亦耐半阴，较耐寒、耐旱，忌水湿。

快速识别

直立高大，多分枝，叶粗糙宽厚。头状花序单生茎顶，舌状花金黄色，管状花紫褐色。

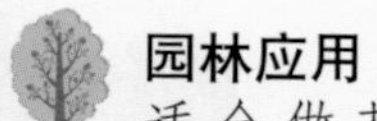

园林应用

适合做花境植物，或自然式栽植布置，也可作为切花。常见变种或品种有全缘叶金光菊、抱茎金光菊、毛叶金光菊、矮黑心金光菊等。

菊 花 *Dendranthema×grandiflorum*

菊科菊属　别名/黄花

● 花期 9～11月　● 果期 11～12月　● 产地 中国，世界各地广为栽培

枝茎 株高30～150厘米。茎青绿色至紫褐色，被柔毛，茎基部半木质化。

叶片 叶互生，卵形至广披针形，具较大锯齿或缺刻。

花朵 头状花序单生或数朵聚生枝顶，花序边缘为雌性舌状花，花色丰富；中心花为筒状花，两性，多为黄绿色。花序直径2～30厘米。

果实 瘦果，褐色，细小。

习性 喜光，喜冷凉，喜土壤肥沃，稍耐寒。

快速识别

叶互生，卵形至广披针形，具较大锯齿或缺刻。头状花序单生或数朵聚生枝顶，花序边缘为雌性舌状花，中心花为筒状花。

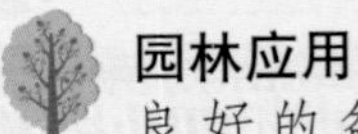

园林应用

良好的盆花、切花材料，可用于布置花坛、花境。常见栽培品种有'墨荷''帅旗''金背大红''国华强大''毛刺黄'等。

蕨叶蓍 *Achillea filipendulina*

菊科蓍草属　别名/凤尾蓍

● 花期 6～8月　● 果期 8～9月　● 产地 高加索地区

枝茎 株高约100厘米。植株灰绿色，茎具纵沟和腺点，有香气。

叶片 羽状复叶互生，小叶羽状细裂，叶轴下延，茎生叶稍小。

花朵 头状花序伞房状着生，花芳香。

果实 瘦果。

习性 耐寒，对环境要求不严。

快速识别

植株灰绿色，茎具纵沟和腺点，有香气。羽状复叶互生，小叶羽状细裂，叶轴下延，茎生叶稍小。花芳香。

园林应用

用于布置花境或做切花。

蟛蜞菊 *Wedelia chinensis*

菊科蟛蜞菊属

别名/黄花田路草、海砂菊、蛇舌黄

● 花期 3～9月 ● 果期 7～10月 ● 产地 美国南部与美洲热带

枝茎 株高30厘米以下。具匍匐茎，上部近直立，基部各节生不定根，分枝疏，被短毛。

叶片 叶对生，无柄或短叶柄，叶片条状披针形或倒披针形，先端短尖或钝，基部狭，全缘或有1～3对粗疏齿，两面密被伏毛。

花朵 头状花序单生枝端或叶腋，舌状花黄色，筒状花两性，较多黄色，花冠近钟形，向上渐扩大。

果实 瘦果扁平，倒卵形，无冠毛。

习性 喜湿、耐阴、抗风、耐潮，生性强健。

快速识别

匍匐草本，叶条状披针形，对生，无柄或短柄。头状花序单生，黄色，花冠近钟形。

园林应用

常用作花坛植物，也适宜做观花地被、护坡植物。

千叶蓍 *Achillea millefolium*

菊科蓍草属　别名/西洋蓍草

●花期 7～8月　●果期 8～9月　●产地 欧洲、亚洲及美洲，中国西北、东北等地有野生

枝茎 株高60～100厘米。具匍匐的根状茎。茎直立，稍具棱，上部有分枝，密生长白色柔毛。

叶片 叶矩圆状披针形，二至三回羽状深裂至全裂，裂片披针形或条形，顶端有骨质小尖，被疏长柔毛或近无毛，有蜂窝状小点。

花朵 头状花序伞房状着生。

果实 瘦果扁平，倒披针形，有淡色边缘。

习性 耐寒，宜温暖、湿润，耐半阴，对土壤要求不严。

快速识别

茎直立，稍具棱，上部有分枝，密生长白色柔毛。叶矩圆状披针形，二至三回羽状深裂至全裂，裂片披针形或条形，顶端有骨质小尖，被疏长柔毛或近无毛，有蜂窝状小点。

园林应用

可布置夏秋花坛、花境，也可盆栽观赏，高型品种可做切花。

山矢车菊 *Centaurea montana*

菊科矢车菊属

●花期 5～6月 ●产地 欧洲及小亚西亚

枝茎 株高30～60厘米。茎通常不分枝，有匍匐茎及翼，被绿色绵毛。

叶片 叶互生，阔披针形，全缘，具锯齿或波状，幼叶银白色。

花朵 头状花序，边缘花发达而伸长，具4～5线状裂，有蓝、白、紫、粉等色，苞片具墨色边缘。

果实 瘦果无肋棱。

习性 耐寒，喜湿润、冷凉、阳光充足的环境，喜肥沃的沙质土壤。

快速识别

茎有匍匐茎及翼，被绿色绵毛。叶互生，阔披针形，全缘，具锯齿或波状。头状花序，边缘花发达而伸长，苞片具墨色边缘。

园林应用

常用于花坛、花境，也可做切花。

矢车菊 *Centaurea cyanus*

菊科矢车菊属　别名/蓝芙蓉

● 花期 6～8月　● 果期 8～9月　● 产地 欧洲东南部

枝茎 株高60～80厘米。全株多绵毛，幼时甚多，茎多分枝，细长。

叶片 叶灰绿色，基生叶大，具深齿或羽裂，裂片线性。茎生叶披针形至线形，全缘。

花朵 头状花序单生枝顶，有长总柄 。

果实 果实椭圆形，有毛。冠毛刺毛状，与瘦果近等长。

习性 喜冷凉，忌炎热。喜光。

快速识别

全株多绵毛，幼时甚多，茎多分枝，细长。叶灰绿色，基生叶大，具深齿或羽裂，茎生叶披针形至线形。

园林应用

常用于花坛、花境或岩石园栽培，也可做切花。

松果菊 *Echinacea purpurea*

菊科紫松果菊属　别名/紫松果菊

● 花期 6～10月　● 果期 9～10月　● 产地 北美洲，各国均有栽培

枝茎 株高60～150厘米。全株具粗毛，茎直立。

叶片 基生叶卵形或三角形，叶柄长；茎生叶卵状披针形，叶柄短。

花朵 头状花序单生枝顶，径约10厘米，舌状花紫红色，管状花橙黄色，突出呈球形。栽培品种很多。

果实 瘦果，短棒形，褐色，有光泽。

习性 喜温暖向阳环境，耐干旱，耐寒，要求土壤肥沃富含腐殖质的土壤。

快速识别

全株具粗毛，茎直立。基生叶卵形或三角形，叶柄长；茎生叶卵状披针形，叶柄短。头状花序单生枝顶，舌状花紫红色，管状花橙黄色，突出呈球形。

园林应用

可作为背景栽植或作为花境、坡地材料，亦可做切花。

兔儿伞 *Syneilesis aconitifolia*

菊科兔儿伞属

●花期 6～8月 ●果期 8～10月 ●产地 欧洲、亚洲

枝茎 株高60～120厘米。全株无毛，根状茎匍匐，茎单生，直立。

叶片 幼叶反卷折叠如伞，基生叶1枚，花期枯萎。茎生叶2枚，互生，圆盾形，掌状7～9裂，裂片二至三回叉状分裂，具不规则的锯齿，有长叶柄。

花朵 头状花序多数，密生小花茎顶端呈复伞房状。

果实 瘦果圆柱形，长5～6毫米，无毛，具棱。

习性 耐寒，喜半阴、凉爽的环境。

快速识别

茎单生，直立。幼叶反卷折叠如破伞，基生叶1枚，花期枯萎。茎生叶2枚，互生，圆盾形，掌状7～9裂，裂片二至三回叉状分裂，具不规则的锯齿，有长叶柄。

园林应用

用于布置花境或作为林下地被栽培。

宿根天人菊 *Gaillardia aristata*

菊科天人菊属　别名/大天人菊

● 花期 7～10月　● 果期 9～10月　● 产地 北美西部

枝茎 株高60～90厘米。全株密被长毛，茎稍分枝。

叶片 基生叶匙形，上部叶披针形至长圆形，全缘或波状羽裂。

花朵 头状花序顶生，总苞的鳞片线状披针形，基部多毛。舌状花黄色，基部红褐色，先端多3裂；管状花裂片尖或芒状。

果实 瘦果长椭圆形，长约0.2厘米，具5棱，基部被褐色刚毛。冠毛6～10枚，长0.5厘米，鳞片状，有长芒。

习性 喜光，耐寒性强，忌积水，喜疏松、排水良好的土壤。

快速识别

全株密被长毛，茎稍分枝。基生叶匙形，上部叶披针形至长圆形，全缘或波状羽裂。头状花序顶生，总苞的鳞片线状披针形，基部多毛。

园林应用

可以布置花坛、花境或丛植，也可盆栽观赏或做切花。

亚 菊 *Ajania pacifica*

菊科亚菊属　别名/多花亚菊、太平洋亚菊

● 花期 10～11月　● 产地 中国东北地区，俄罗斯、朝鲜也有分布

枝茎 株高20～45厘米。常绿亚灌木，丛生，多分枝。

叶片 叶互生，叶表面常绿，叶背密被白毛，叶缘也呈银白色。

花朵 头状花序多数，在茎顶排列成复伞房状。

果实 瘦果无冠毛，有4～6条脉肋。

习性 性喜凉爽和阳光充足环境，耐寒、耐旱、耐瘠薄，忌水湿。

快速识别

丛生状亚灌木。叶互生，表面常绿，背面被白毛，叶缘银白色。头状花序在茎顶呈伞房状，小花黄色。

园林应用

适合片植或丛植，常用于花坛、花境或园林地被植物。常见品种‘Silver and Gold’花色呈明亮的金黄色。

银叶菊 *Senecio cineraria*

菊科千里光属 别名/白妙菊、雪叶菊、雪叶莲

●花期 7～8月 ●产地 地中海沿岸

枝茎 株高15～40厘米。全株具白色茸毛，呈银灰色，茎多分枝。

叶片 叶匙形或一至二回羽状分裂，叶质厚，被银白色毛。

花朵 头状花序呈紧密的伞房状。

果实 瘦果，圆柱形。

习性 喜凉爽、湿润、阳光充足的环境，喜疏松、肥沃的沙质壤土或富含有机质的黏质壤土。

快速识别

全株具白色茸毛，呈银灰色，茎多分枝。叶匙形或一至二回羽状分裂，叶质厚，被银白色毛。

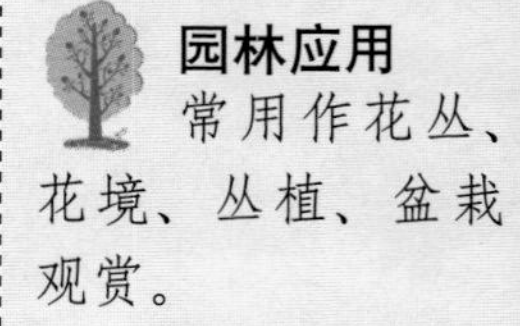

园林应用

常用作花丛、花境、丛植、盆栽观赏。

紫菀 *Aster tataricus*

菊科紫菀属

● 花期 8～10月 ● 果期 9～11月 ● 产地 中国、日本及西伯利亚

枝茎 株高40～60厘米。茎直立，粗壮，具疏粗毛，茎部有纤维状残叶片和不定根。

叶片 基部叶矩圆状或椭圆状匙形，上部叶狭小，厚纸质，两面具粗短毛。

花朵 头状花序复伞状着生，总苞半球形，紫红色，舌状花1～3轮，淡紫色。

果实 瘦果密被绢毛，冠毛白色。

习性 耐寒性强，喜凉爽，需阳光充足和通风良好，应选用湿润、肥沃的土壤。

快速识别

茎直立，粗壮，具疏粗毛。基部叶矩圆状或椭圆状匙形，上部叶狭小，厚纸质，两面具粗短毛。头状花序复伞状着生。

园林应用

用于布置花坛、花丛、花境，或做切花。

翠芦莉 *Ruellia brittoniana*

爵床科单药花属

别名/芦莉草、蓝花草、人字草

● 花期 春夏秋 ● 产地 墨西哥

枝茎 高性种株高 30～100厘米，矮性种株高10～20厘米。多年生草本植物，植株具发达的地下根茎，并形成交织的水平根茎网，其上有芽，长出土面后即成为新的植株。茎略呈方形，有沟槽，红褐色。

叶片 单叶对生，线状披针形，全缘或有疏锯齿，叶色暗绿，新叶及叶柄、叶缘常呈暗红色。

花朵 花腋生，花冠漏斗形，花朝开暮谢。

果实 蒴果成熟后褐色，内有细小的种子。

习性 适应性强，喜温暖、湿润和阳光充足的环境，耐高温和干旱，喜中等肥力、疏松肥沃、排水良好、含腐殖质丰富的土壤。怕积水。

快速识别

高性种节间较长，可以看到明显的红色茎秆，花朵繁多，花冠漏斗形。矮性种老株枝干有托叶留下的痕迹。

园林应用

抗旱、抗贫瘠和抗盐碱土壤的能力强，可与岩石、墙垣或砾石相配，形成独具特色的岩石园景观。高性种适合做自然花境或在庭院种植。矮性种苍老古雅，适合盆栽观赏或做盆景，也可做花坛或地被的镶边材料。

莨力花 *Acanthus mollis*

爵床科老鼠簕属　别名/虾膜花

● 花期 春夏　● 产地 地中海沿岸国家，中国各地有引种栽培

枝茎 株高30～80厘米，包括花序最高可达200厘米。植株丛生。

叶片 叶羽状深裂，亮绿色，长可达1米，宽可达0.2米，有刺状齿，叶柄长。

花朵 穗状花序，花茎高可达2米，花似龟头状，白色，有紫色苞叶。

果实 蒴果，种子椭圆形，栗褐色。

习性 喜光，耐半阴。夏季高温时会休眠，冬季低于-5℃也会休眠，但在半阴、湿润和温暖环境中能保持终年常绿。喜疏松的中性和弱碱性土壤，耐瘠薄干旱，抗性极强。

快速识别

叶片深绿色，羽状裂，大型。花序穗状，花枝长，筒状花两性，白色或淡紫色。小花长5厘米，环绕着3个绿色至淡紫色的苞片。

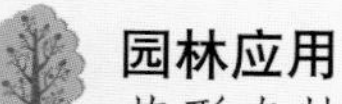

园林应用

花形奇特，叶片硕大，非常适合于花境中栽培和庭院丛植。

红花芦莉 *Ruellia elegans*

爵床科蓝花草属 别名/艳芦莉、美丽芦莉草

● 花期 夏秋 ● 产地 巴西，中国华南地区多有栽培

枝茎 株高60～90厘米。常绿小灌木。

叶片 叶椭圆状披针形或长卵圆形，对生，先端渐尖，基部楔形，叶脉下陷，表面褶皱。

花朵 花腋生，花冠筒状，5裂。

果实 蒴果。

习性 喜光，喜温暖、湿润的环境，生长适温22～30℃。喜富含有机质的中性至微酸性壤土或沙质壤土。

快速识别

叶椭圆状披针形或长卵圆形，对生，叶脉下陷，表面褶皱。花冠筒状，5裂，鲜红色。

园林应用

可用于盆栽观赏，园林中常于路边、林缘下丛植或片植。

鸟尾花 *Crossandra infundibuliformis*

爵床科十字爵床属

● 花期 夏秋季 ● 产地 印度、斯里兰卡等，现我国各省均有栽植

枝茎 株高15～40厘米。常绿小灌木或半灌木。分枝能力强。

叶片 叶对生，阔披针形，全缘或有波状齿，叶面深绿色，有光泽。

花朵 穗状花序顶生或腋生，花冠漏斗形有细管，花瓣5裂，二唇状，橙红色或黄色。花瓣在花序上部呈鸟尾状。

果实 蒴果，长椭圆形，有棱。种子上有鳞片。

习性 喜半阴，但全阳下也能生长，对光照要求不严。喜疏松、肥沃、排水良好的土壤。耐热耐湿。

快速识别

叶对生，阔披针形，深绿色有光泽。穗状花序顶生或腋生，花冠漏斗形有细管，花瓣5裂，二唇状，在花序上部呈鸟尾状。

园林应用

经常用于花坛或盆栽观赏。

红蓼 *Polygonum orientale*

蓼科蓼属　别名/红草、东方蓼

● 花期 7～9月　● 果期 9～10月　● 产地 中国，澳大利亚、亚洲其他国家也有分布

枝茎 株高可达2米。茎被长毛，直立，粗壮，有分枝。节部稍膨大，中空。

叶片 叶大，互生，具柄，阔卵形或卵状披针形，先端尖，托叶鞘筒状，下部膜质，褐色，上部草质，绿色，有缘毛。

花朵 总状花序顶生或腋生，下垂如穗状。

果实 瘦果近圆形，双凹，直径长3～3.5毫米，黑褐色，有光泽，包于宿存花被内。

习性 喜光照充足、温暖的环境，不耐寒，喜肥沃、湿润的土壤，耐贫瘠。

快速识别

茎被长毛，直立，粗壮，有分枝。节部稍膨大，中空。叶大，互生，具柄，阔卵形或卵状披针形，先端尖，托叶鞘筒状。总状花序顶生或腋生，下垂如穗状。

园林应用

庭院栽植或用于布置花境。

柳 兰 *Chamaenerion angustifolium*

柳叶菜科柳兰属

●花期 6～9月 ●果期 8～10月 ●产地 中国黑龙江、吉林、内蒙、云南等地

枝茎 株高达130厘米。多年生草本，茎直立丛生。不分枝或上部分枝，圆柱状，无毛。

叶片 叶狭披针形，螺旋状互生，无柄，无毛。

花朵 花序总状，直立。花蕾倒卵形，花朵粉红色至紫红色。

果实 蒴果，密被贴生的白灰色柔毛。

习性 喜凉爽、湿润的环境，喜光，不耐热，耐寒性强。

快速识别

叶狭披针形，螺旋状互生，无柄。总状花序，花朵粉红色至紫红色。蒴果，密被贴生的白灰色柔毛。

园林应用

适合布置花境，也可用于切花。

美丽月见草 *Oenothera speciosa*

柳叶菜科月见草属
别名/待霄草、山芝麻

● 花期 7～9月　● 果期 9～10月　● 产地 美国南部，现各地均有栽培

枝茎 株高60～80厘米。株型直立，少分枝，被毛。

叶片 基生叶条状披针形。茎生叶披针形，具不整齐疏齿。

花朵 单花腋生于枝的中、上部，白色，后转为淡红色，有香气。

果实 蒴果圆柱形。

习性 喜光，稍耐寒，稍耐阴，较耐旱，忌积水。

快速识别

株型直立，少分枝，被毛。基生叶条状披针形。单花腋生，具芳香，初开白色，后转为淡红色。

园林应用

适合群植或做基础栽植，是优秀的芳香观花地被，并常用于布置夏秋自然式花境。

山桃草 *Gaura lindheimeri*

柳叶菜科山桃草属　别名/千鸟花

● 花期 5～9月　● 果期 7～10月　● 产地 北美洲温带

枝茎　株高80～130厘米。全株具粗毛，多分枝。

叶片　叶披针形，先端尖，叶缘具波状齿，外卷，两面疏生柔毛。

花朵　穗状花序顶生，细长而疏散。花小、白色，花瓣匙形，具柄，不相等且向下反卷。

果实　果坚果状，有棱。

习性　耐寒，喜凉爽、半湿润环境和阳光充足、疏松、肥沃、排水良好的沙质壤土。

快速识别

全株具粗毛，多分枝。叶披针形，先端尖，叶缘具波状齿，外卷，两面疏生柔毛。穗状花序顶生，花小、白色，花瓣匙形，具柄，不相等且向下反卷。

园林应用

用于布置花境或用作切花。栽培品种有紫叶山桃草，花期5～12月，春季叶色紫红，花色粉白或红色。

洋桔梗 *Eustoma grandiflorum*

龙胆科草原龙胆属　别名/草原龙胆

●花期 7～8月　●果期 8～9月　●产地 美国内布拉斯加州和得克萨斯州

枝茎 株高30～100厘米。茎直立，灰绿色。

叶片 叶对生，灰绿色，阔椭圆形至披针形，几乎无柄，叶基略抱茎。

花朵 雌雄蕊明显，苞片狭窄披针形，花瓣覆瓦状排列。花冠钟状，花色丰富，花瓣有单瓣与重瓣之分。

果实 蒴果，椭圆形，种子细小。

习性 喜温暖、光线充足的环境，较耐高温，较耐寒，不耐水湿。要求疏松、肥沃、排水良好的钙质土壤。

快速识别

茎直立，灰绿色。叶对生，灰绿色，阔椭圆形至披针形，无柄，叶基略抱茎。花冠钟状。

园林应用

盆栽或用作切花。

马利筋 *Asclepias curassavica*

萝藦科马利筋属

别名/莲生桂子花、水羊角

● 花期 6～8月 ● 产地 美洲热带

枝茎 株高50～100厘米。茎基部半木质化，直立性，具乳汁，全株有毒。幼枝被细柔毛。

叶片 叶对生或三叶轮生，椭圆状披针形，先端尖锐或锐形，全缘。

花朵 伞形花序顶生或腋生，有长总柄，裂片向下反卷，副花冠5枚，黄色。

果实 蓇葖果鹤嘴形，成熟后会裂开，种子扁平，棕黑色，有白发状软茸毛附着。

习性 喜温暖、干燥，较耐寒，喜光，喜湿润，怕积水，不择土壤。

快速识别

茎直立，具乳汁。幼枝被细柔毛。叶对生或三叶轮生，椭圆状披针形，先端尖锐或锐形，全缘。

园林应用

适合用于布置花坛、花境或盆栽观赏。

假连翘 *Duranta repens*

马鞭草科假连翘属

● 花期 5～10月 ● 产地 热带美洲

枝茎 株高60～300厘米。灌木，枝条有皮刺，幼枝有柔毛。

叶片 叶对生，少有轮生，叶片卵状椭圆形或卵状披针形，纸质，顶端短尖或钝，基部楔形，全缘或中部以上有锯齿，叶柄长约1厘米。

花朵 总状花序顶生或腋生，常排成圆锥状。花冠通常蓝紫色。

果实 核果球形，直径约5毫米，熟时红黄色，有增大宿存花萼包围。

习性 喜光，耐半阴，喜温暖、湿润气候，耐修剪。

快速识别

叶片中上部有锯齿，花蓝紫色下垂。

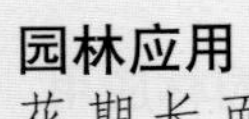

园林应用

花期长而花美丽，是一种很好的绿篱植物，可用于路旁丛植，也可以盆栽观赏。

金叶莸 *Caryopteris×clandonensis*

马鞭草科莸属

●花期 7～9月 ●果期 9～10月 ●产地 杂交种，系从北美引进

枝茎 株高60～120厘米。落叶小灌木，枝条圆柱形。

叶片 单叶对生，长卵形，长3～6厘米，光滑，鹅黄色，先端尖，基部钝圆形，边缘有粗齿。叶面光滑，叶背具银色毛。

花朵 聚伞花序腋生于当年生枝条上部，自下而上开放。花萼钟状，花冠蓝紫色，高脚碟状，雄蕊、雌蕊也均为淡蓝色。

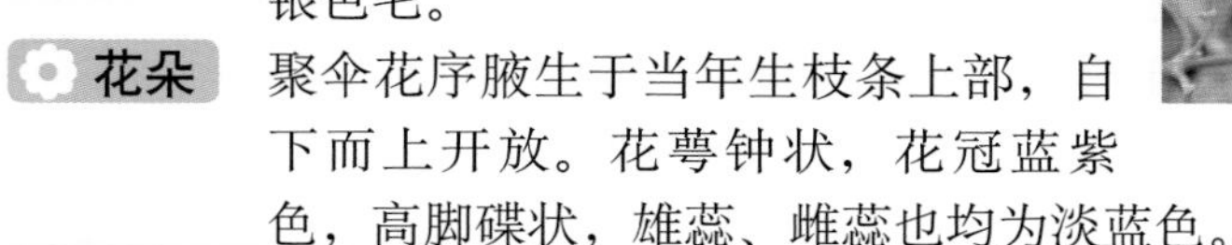

果实 蒴果球形。

习性 喜光，也耐半阴。耐寒，在-20 ℃以上的地区能够安全露地越冬。耐旱、耐热性能尤为突出，越是天气干旱、光照越强烈，其叶片越是金黄。耐盐碱，忌涝。耐修剪。

快速识别

叶片披针形，边缘有锯齿，有香气。聚伞花序腋生，蓝紫色。

园林应用

株型紧凑，叶色靓丽，花期在夏末至秋初的少花季节，可持续2～3个月，是点缀夏秋景色的好材料，可配置于花境中，亦可用于岩石园，或修剪成球状列植或丛植。

柳叶马鞭草 *Verbena bonariensis*

马鞭草科马鞭草属

● 花期 夏秋季 ● 产地 南美洲（巴西、阿根廷等地）

枝茎 高达1.5米。植株直立，叶暗绿色，丛生于基部。茎方形直立，有纤毛。

叶片 叶墨绿色，十字交叉对生。初期为椭圆形边缘略有缺刻，开花后为细长形如柳叶状，边缘有尖缺刻。

花朵 花小，蓝紫色，聚伞花序顶生。

果实 果干燥包藏于萼内，成熟后4瓣裂为4个狭小的分核。

习性 喜阳光充足环境，耐旱力强，较耐寒。对土壤要求不严。

快速识别

全株有毛，茎4棱，叶十字交叉对生，墨绿色。顶生聚伞花序，蓝紫色。

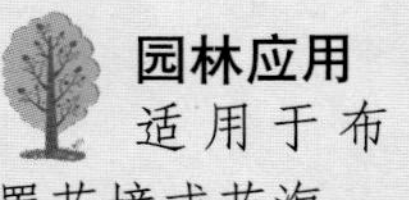

园林应用

适用于布置花境或花海。

穗花牡荆 *Vitex agnus-castus*

马鞭草科牡荆属

● 花期 7～11月 ● 果期 7～11月 ● 产地 欧洲

枝茎 株高2～3米。灌木，小枝4棱，被灰白色茸毛。

叶片 掌状复叶，对生，叶柄长2～7厘米，小叶4～7枚，小叶片狭披针形，有短柄或近无柄，通常全缘，表面绿色，背面密被灰白色茸毛和腺点。

花朵 聚伞花序排列成圆锥状，顶生或侧生，长18～30厘米。

果实 浆果圆球形，黄褐色至棕褐色。

习性 喜光，耐高温高湿，亦耐寒，其植株分枝性强，耐修剪，剪除残花可延长花期。

快速识别

灌木，掌状复叶，蓝紫色圆锥状聚伞花序。

园林应用

花境、庭院、道路两侧十分优秀的配置材料。

五色梅 *Lantana camara*

马鞭草科马缨丹属　别名/马缨丹、臭花

● 花期 7～9月　● 产地 墨西哥、巴西等地

枝茎 株高1～2米。常绿灌木，枝长而下垂且平卧。茎枝呈四方形，有短柔毛，通常有下弯钩刺。

叶片 叶对生，卵形椭圆形或倒卵形，先端渐尖，基部圆形，两面粗糙有毛，边缘中部以上具锯齿，揉烂有强烈的气味。

花朵 顶生头状伞形花序，小花密生，花冠筒细长，花冠初开时常为黄、粉红色，继而变成橘黄或橘红色，最后呈红色。

果实 果圆球形，直径约4毫米，成熟时紫黑色。

习性 喜温暖、湿润、阳光充足，不耐寒，喜疏松、肥沃的沙质土壤，耐干旱。

快速识别

茎枝呈四方形，有短柔毛，通常有下弯钩刺。叶对生，揉烂有强烈的气味。

园林应用

盆栽观赏或布置花坛、花境、庭院等。

大花天竺葵

Pelargonium domesticum

牻牛儿苗科天竺葵属

别名/洋蝴蝶、蝶瓣天竺葵

花期 4～6月　产地 南非

枝茎 株高50～70厘米。全株被软毛，茎粗壮多汁。

叶片 单叶互生，广心脏状卵形，叶面不具蹄纹，有波皱，叶缘有不明显的浅裂，具不整齐的尖齿。

花朵 花大，左右对称，花瓣基部有明显的大块色斑。

果实 蒴果具喙，5裂，每室具1种子。

习性 适应性强，喜凉爽，不耐高温，又不耐寒。喜光，忌水湿。

快速识别

全株被软毛，茎粗壮多汁。单叶互生，广心脏状卵形，叶面有波皱，叶缘有不明显的浅裂，具不整齐的尖齿。

园林应用

常用作盆栽观赏，也可用于花坛、花境栽植。

盾叶天竺葵 *Pelargonium peltatum*

牻牛儿苗科天竺葵属

别名/蔓性天竺葵、长春藤叶天竺葵

● 花期 四季开花，盛花期冬春 ● 产地 非洲好望角

枝茎 全株光滑，多分枝，匍匐或下垂。茎枝棕色，嫩茎绿色或具红晕。

叶片 叶盾形5浅裂，光滑，厚革质。

花朵 伞形花序，花有深红、粉红及白色等。

果实 蒴果具喙，5裂，每室具1种子。

习性 喜光，较耐阴，怕冷，不耐水湿，喜疏松、排水良好的土壤。

快速识别

全株光滑，多分枝，匍匐或下垂。叶盾形5浅裂，光滑，厚革质。

园林应用

宜盆栽观赏，也可用于花坛或地被栽植。

天竺葵 *Pelargonium hortorum*

牻牛儿苗科天竺葵属　别名/洋绣球

花期　冬至初夏开花，主要集中在6～8月　产地　南非

枝茎　株高20～50厘米。全株被柔毛，直立性或半蔓性，有特殊气味。

叶片　叶大，互生，圆形至肾形，基部心脏形，边缘有波状钝锯齿，表面有较明显的暗红色马蹄形环纹。叶色有绿叶、黄绿、黑紫、斑叶等变化。

花朵　花型单瓣或重瓣。顶生伞形花序，具长柄，每枝花茎着花数十朵，盛开成团。

果实　蒴果具喙，5裂，每室具1种子。

习性　喜温暖，耐旱，忌高温多湿，生育适温15～25℃，能耐0℃低温，夏季高温期处于半休眠状态。栽培土质以肥沃的沙质壤土为最佳，忌强酸性土壤，排水需良好。

快速识别

全株被柔毛，有特殊气味。叶大，互生，圆形至肾形，基部心脏形，边缘有波状钝锯齿，表面有较明显的暗红色马蹄形环纹。

园林应用

盆栽布置餐厅、会场、家庭阳台、案头摆设，布置花坛或丛植。

侧金盏 *Adonis amurensis*

毛茛科侧金盏属　别名/冰凉花、顶冰花

● 花期 4～5月　● 果期 5～6月　● 产地 中国东北地区及朝鲜、日本、西伯利亚

枝茎 株高10～30厘米。根茎粗短，须根多数发达。有分枝，最上部的分枝顶端发育为花芽。

叶片 叶于花后开展，具长柄，三角状卵形，三回羽状分裂。

花朵 花单生于茎顶，鲜黄色，有光泽。

果实 瘦果球形。

习性 喜肥沃、湿润的土壤。喜半阴，耐寒性强。

快速识别

叶于花后开展，具长柄，三角状卵形，三回羽状分裂。花单生于茎顶，鲜黄色，有光泽。

园林应用

可做花坛、花境、草地边缘或假山岩石园的配置材料，亦可盆栽观赏。

大花飞燕草 *Delphinium grandiflorum*

毛茛科翠雀属　别名/翠雀花

● 花期 6～9月　● 果期 9～10月　● 产地 中国及西伯利亚

枝茎 株高60～90厘米。茎直立，多分枝，全株被柔毛。

叶片 叶掌状深裂，裂片线形。

花朵 总状花序顶生，萼片5枚，呈瓣状，花瓣4枚，多数有眼斑。

果实 种子沿棱具翅。

习性 喜光，喜凉爽，忌炎热，耐寒，耐旱，耐半阴，喜腐殖质的黏质土壤。

快速识别

茎直立，多分枝，全株被柔毛。叶掌状深裂，裂片线形。总状花序顶生，萼片5枚，呈瓣状，花蓝色或淡蓝色，花瓣4枚，多数有眼斑。

园林应用

可作为花坛、花境材料，也可用作切花。

大叶铁线莲 *Clematis heracleifolia*

毛茛科铁线莲属

●花期 7～8月 ●果期 8～9月 ●产地 中国华东、华北、东北、西北等地，黑龙江有野生

枝茎 株高40～100厘米。多年生直立半木本植物，茎直立，坚硬，具细棱。

叶片 三出复叶，小叶宽卵形，缘具不整齐的粗锯齿，沿叶脉毛较多。

花朵 花序腋生或顶生，排列为2～3轮。花萼管状，萼片4枚，蓝色，上部向外卷，外面被伏毛，雄蕊多数，具短柔毛，花丝条形，羽毛状花柱较长，花有香味。

果实 瘦果倒卵形。

习性 喜光，耐半阴，耐寒性强，喜湿润、肥沃的土壤。

快速识别

茎直立，坚硬，具细棱。三出复叶，小叶宽卵形，缘具不整齐的粗锯齿。花序腋生或顶生，花萼管状，萼片4枚，蓝色，上部向外卷，花有香味。

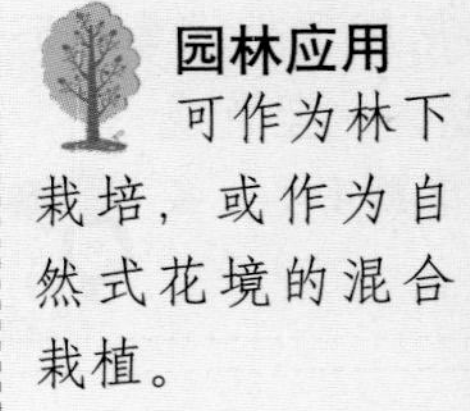

园林应用

可作为林下栽培，或作为自然式花境的混合栽植。

高飞燕草 *Delphinium elatum*

毛茛科翠雀属　别名/穗花飞燕草、高翠雀花

● 花期 5～7月　● 产地 法国、西班牙山区及亚洲西部

枝茎 株高约140厘米。茎直立，多分枝。

叶片 叶大，掌状5～7深裂。

花朵 总状花序顶生，蓝色，距等于或稍长于萼片。

果实 蓇葖果，心皮3，无毛。

习性 喜光，喜凉爽，忌炎热，耐寒，耐旱，耐半阴，喜腐殖质的黏质土壤。

快速识别

叶大，掌状5～7深裂。总状花序顶生，蓝色，距等于或稍长于萼片。

园林应用

可作为花坛、花境材料，也可用作切花。

唐松草 *Thalictrum aquilegifolium* var. *sibiricum*

毛茛科唐松草属

●花期 6～7月 ●产地 欧洲、西伯利亚及日本，中国东北、华北、华东地区也有分布

枝茎 株高50～150厘米。须根多数，茎直立，圆筒状，粗壮光滑，具条纹。

叶片 基生叶具长柄，二至三回三出复叶，茎生叶三至四回三出复叶。

花朵 复单歧聚伞花序，萼片白色或带紫红色，宽椭圆形，无花瓣。

果实 瘦果倒卵形，长4～7毫米，有3条宽纵翅，基部突变狭。

习性 耐寒性强，喜阳光又耐半阴，适应性强，对土壤要求不严，但需排水良好。

快速识别

茎直立，圆筒状，粗壮光滑，具条纹。基生叶具长柄，二至三回三出复叶，茎生叶三至四回三出复叶。复单歧聚伞花序，萼片白色或带紫红色，宽椭圆形，无花瓣，红白色。

园林应用

可进行自然式丛植、林下栽植，或用于岩石园美化，也可盆栽观赏。

铁筷子 *Helleborus thibetanus*

毛茛科铁筷子属

别名/嚏根草铁筷子、东方菟葵

● 花期 冬至翌年春季 盛花期3～4月 ● 产地 中国西部地区，欧洲中部和南部也有分布

枝茎 株高30～45厘米。具根状茎，直径约6毫米，有多数暗褐色须根。

叶片 基生叶掌状裂，具长柄，上部边缘有齿。茎生叶较小，无柄或有鞘状短柄。

花朵 花茎单生或分枝。萼片花瓣状，花柄上有红色斑点。

果实 蓇葖果，种子细小，黑色。

习性 喜温暖、湿润气候，稍耐寒，不耐高温，需半阴环境。

快速识别

基生叶掌状裂，具长柄，茎生叶较小。花单生，萼片花瓣状，白色或粉红色。

园林应用

常用作林下、林缘的观花地被，或作为花境配置。常见变种有大花嚏根草。

乌 头 *Aconitum chinense*

毛茛科乌头属　别名/草乌、华乌头

● 花期 9～10月　● 果期 9～10月　● 产地 中国华东、东北等地

枝茎 株高达1.5米以上。地下具纺锤形块根。茎光滑，直立，分枝少。

叶片 叶质厚，互生，掌状3裂。

花朵 花序狭圆锥状顶生，顶端萼片大，呈帽状。

果实 蓇葖果。

习性 耐寒，喜凉爽、湿润气候，较耐阴。忌酷暑和干旱。

快速识别

茎光滑，直立，分枝少。叶质厚，互生，掌状3裂。花序狭圆锥状顶生，花蓝紫色，顶端萼片大，呈帽状。

园林应用

可用于疏林下或花境栽培，也可做切花。

杂种耧斗菜 *Aquilegia hybrida*

毛茛科耧斗菜属

别名/大花耧斗菜

● 花期 5～7月 ● 果期 6～8月 ● 产地 栽培杂交种

枝茎 株高50～90厘米。茎直立，多分枝。有矮生品种。

叶片 基生叶具长柄。茎生叶较小，一至二回三出复叶。

花朵 花朵侧向开展，花瓣距长，花瓣先端圆唇状。

果实 蓇葖果长1.5厘米。种子狭倒卵形，长约2毫米，黑色，具微凸起的纵棱。

习性 喜半阴环境，耐寒，忌酷暑和干旱，喜肥沃、疏松、排水良好的沙质土壤。

快速识别

基生叶具长柄。茎生叶较小，一至二回三出复叶。花朵侧向开展，花瓣距长，花瓣先端圆唇状。

园林应用

可用于花坛、花境或疏林下栽植。

含笑 *Michelia figo*

木兰科含笑属

● 花期 3～5月　● 果期 7～8月　● 产地 中国华南南部各省区，广东鼎湖山有野生

枝茎 株高2～3米。常绿灌木，树皮灰褐色，分枝繁密。

叶片 叶革质，狭椭圆形或倒卵状椭圆形，托叶痕长达叶柄顶端。

花朵 花直立，淡黄色而边缘有时红色或紫色，具甜浓的芳香，花被片6，肉质，较肥厚，长椭圆形。

果实 聚合果长2～3.5厘米，蓇葖卵圆形或球形，顶端有短尖的喙。

习性 喜温暖、湿润的环境，不耐寒，耐半阴，喜酸性及排水良好的微酸性壤土。

快速识别

芽、嫩枝、叶柄、花柄均密被黄褐色茸毛。花常开不全，有香蕉的气味。

园林应用

在小游园、花园、公园或街道上成丛种植，可配植于草坪边缘或疏林下，亦可在花境中应用。北方常用于盆栽观赏。

繁星花 *Pentas lanceolata*

茜草科五星花属　别名/五星花

● 花期 5～10月　● 果期 9～10月　● 产地 热带非洲

枝茎 株高30～60厘米。茎直立，分枝力强。

叶片 叶对生，膜质，披针形，叶端渐尖，叶脉明显。

花朵 顶生聚伞形花序，小花呈筒状，花冠5裂呈五角星形，故名五星花。

果实 蒴果，膜质。

习性 喜阳，耐高温，也耐干旱，盆栽以疏松、肥沃、排水性能良好的沙壤土为好。

快速识别

叶对生，膜质，披针形，叶端渐尖。顶生聚伞形花序，小花呈筒状，花冠5裂呈五角星形。

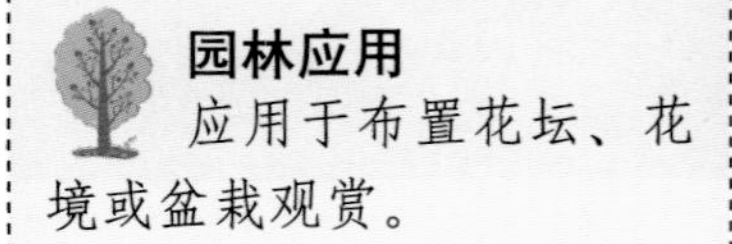

园林应用

应用于布置花坛、花境或盆栽观赏。

粉纸扇 *Mussaenda hybrida* cv. Alicia

茜草科玉叶金花属　别名/粉萼花、粉叶金花

●花期 5～10月　●产地 热带非洲、亚洲

枝茎 株高1～2米。半落叶灌木，嫩枝被贴伏短柔毛。

叶片 单叶对生，长椭圆形，全缘，叶面粗糙，有尾锐尖，叶柄短。

花朵 聚伞花序顶生，花小，金黄色，花冠高脚碟状，合生呈星形，花萼肥大，粉红色，中脉白色。

果实 浆果肉质。

习性 喜光，高温。耐热，耐旱。

快速识别

叶长椭圆形全缘，对生，叶面粗糙，叶柄短。聚伞花序顶生，花萼肥大，粉红色，中脉白色。

园林应用

庭院绿化，盆栽观花。

龙船花 *Ixora chinensis*

茜草科龙船花属　别名/山丹、仙丹花

● 花期 5～7月　● 产地 福建、广东、香港、广西

枝茎 株高0.8～2米。小枝初时深褐色，有光泽，老时呈灰色，具线条。

叶片 叶对生，披针形、长圆状披针形至长圆状倒披针形，长6～13厘米，宽3～4厘米，顶端钝或圆形，叶柄极短而粗或无，有托叶。

花朵 花序顶生，多花，具短总花柄，红色，基部常有小型叶2枚。花冠红色或红黄色，顶部4裂，裂片倒卵形或近圆形。

果实 果近球形，双生，中间有一沟，成熟时红黑色。

习性 喜温暖、湿润和阳光充足环境。不耐寒，耐半阴，不耐水湿和强光。生长适温为15～25℃。

快速识别

木本，叶片对生，狭长，聚伞花序顶生，小花花冠顶部4裂，花色繁多。

园林应用

开花整齐，花色鲜艳。可做盆栽观赏，热带地区可做花境、花篱或用于庭院丛植观赏。

翻白草 *Potentilla discolor*

蔷薇科委陵菜属

别名/翻白委陵菜、叶下白、鸡爪草

● 花期 4～7月 ● 果期 4～7月 ● 产地 中国，广布南北各省

枝茎 株高15～40厘米。根多分枝，下端肥厚呈纺锤状。茎直立上升并向外倾斜，密生灰白色绵毛。多分枝。

叶片 基生叶丛生，奇数羽状复叶，小叶5～9枚。茎生叶小，为三出复叶，顶端叶近无柄，小叶长椭圆形或狭长椭圆形，先端锐尖上面稍有柔毛，下面密被白色绵毛。托叶披针形或卵形，亦被白绵毛。

花朵 花瓣5枚，倒心形。

果实 瘦果卵形，淡黄色，光滑，多数，聚生于密被绵毛的花托上，具宿萼。

习性 性强健，喜温暖，耐寒，不择土壤。

快速识别

茎直立上升并向外倾斜，密生灰白色绵毛。多分枝。基生叶丛生，奇数羽状复叶，茎生叶小，为三出复叶。

园林应用

适合于地被或岩石园栽植。

冬珊瑚 *Solanum pseudocapsicum*

茄科茄属　别名／珊瑚樱

●花期 7～10月　●果期 8月至翌年1月　●产地 欧亚热带

枝茎 株高60～100厘米。茎直立，多分枝。

叶片 叶互生，狭矩形至倒披针形。

花朵 花单生或呈蝎尾状花序，腋生，小花白色。

果实 浆果球形，深橙红色。种子小。

习性 喜温暖，较耐寒，喜光，宜排水良好的土壤。

快速识别

叶互生，狭矩形至倒披针形。花小，单生或呈蝎尾状花序，腋生。浆果球形，深橙红色。

园林应用

常盆栽观赏。

竹节秋海棠 *Begonia coccinea*

秋海棠科秋海棠属

别名/红花竹节秋海棠、珊瑚秋海棠、绯红秋海棠

● 花期 夏季 ● 产地 巴西

枝茎 株高60～80厘米。全株光滑无毛，须根性。茎绿色，有明显节痕，多分枝。

叶片 叶斜椭圆状卵形，质厚，叶缘波状，具短叶柄，表面鲜绿色，上有银白色斑点，叶背红色。

花朵 二歧聚伞花序下垂，花及花柄鲜红色。

果实 蒴果下垂。

习性 稍耐寒，喜温暖、湿润的环境。

快速识别

全株光滑无毛，茎绿色，有明显节痕，多分枝。叶斜椭圆状卵形，质厚，叶缘波状，鲜绿色，上有银白色斑点，叶背红色。

园林应用

主要用于盆栽观赏，也可用于花坛、花境栽植。

蓝叶忍冬 *Lonicera korolkowii Stapf*

忍冬科忍冬属

● 花期 4～5月 ● 果期 9～11月 ● 产地 土耳其，美国也有分布，我国东北、华北、西北、及长江流域均有栽培

枝茎 株高1～3米。茎直立丛生，枝条紧密，幼枝中空，皮光滑无毛，常紫红色，老枝的皮为灰褐色。

叶片 单叶对生，偶有三叶轮生，卵形或椭圆形，全缘，近革质，蓝绿色。

花朵 花粉红色，对生于叶腋处，形似蝴蝶，有香气，花朵盛开时向上翻卷，状似飞燕。

果实 浆果红色。

习性 喜光，耐半阴，耐寒、耐旱、耐涝，生长快，耐修剪。

快速识别

叶色蓝绿，对生，花粉红，对生于叶腋，浆果红色。

园林应用

叶色蓝绿，花色粉红，枝叶繁茂，果实鲜红，是不可多得的观叶、观花、观果花灌木。观赏期长，可植于草坪中、水边、庭院等，也可做绿篱和花境应用。

鱼腥草 *Houttuynia cordata*

三白草科蕺菜属

别名/蕺菜、臭腥草、蕺儿根

● 花期 4～8月 ● 果期 7～11月 ● 产地 中国南方各省区

枝茎 株高10～40厘米。茎直立，红紫色。地下具白色匍匐根茎。全株具腥臭气。

叶片 单叶互生，心形具长柄，表面绿色，背面紫色，秋季变成深褐红色至紫色。

花朵 穗状花序顶生或腋生。总苞片4枚，长圆形或倒卵形，先端微凹，白色。小花黄色。

果实 种子卵形，多数，淡褐色具光泽。

习性 喜阳，亦耐阴，喜湿，耐季节性水淹。

快速识别

全株具腥臭气。单叶心形互生，具长柄，表面绿色，背面紫色。穗状花序，总苞片4枚，长圆形，先端稍凹，白色。

园林应用

适合片植于池边、湖畔等，是良好的湿生地被植物。常见变种有花叶鱼腥草。

牡 丹 *Paeonia suffruticosa*

芍药科芍药属

● 花期 4～5月 ● 果期 9月 ● 产地 中国北部及中部，秦岭有野生

枝茎 多年生落叶灌木。株高可达2米。分枝短而粗。

叶片 二回三出复叶，小叶卵形，3～5裂，背有白粉，无毛。

花朵 花大，花径12～30厘米，单生枝顶。花瓣5，单瓣或重瓣。花柄长4～6厘米。苞片5，长椭圆形。萼片5，绿色，宽卵形。

果实 聚合蓇葖果，密生黄褐色毛。

习性 喜光，耐寒，喜凉爽，适应性强。

快速识别

基部木质化。二回三出复叶，小叶卵形，3～5裂，背有白粉，无毛。

园林应用

可用于布置花境或专类园，也可作为切花。

芍药 *Paeonia lactiflora*

芍药科芍药属　别名/将离

● 花期 4～5月　● 果期 9月　● 产地 中国北部、朝鲜及西伯利亚

枝茎 株高60～120厘米。具粗大肉质根，茎簇生于根颈，初生茎叶褐红色。

叶片 叶为二回三出羽状复叶，枝梢部分呈单叶状，小叶椭圆形至披针形，叶先端长而尖，叶全缘微波状。

花朵 花1～3朵生于枝顶或枝上部腋生，单瓣或重瓣，萼片5枚，宿存。

果实 蓇葖果，内含黑色大粒球形种子数枚。

习性 喜光，耐寒，喜深厚肥沃、排水良好的沙壤土，适应性强。

快速识别

茎簇生于根颈，初生茎叶褐红色。叶为二回三出羽状复叶，枝梢部分呈单叶状，叶先端长而尖，叶全缘微波状。

园林应用

可用于布置花坛、花境或专类园，也可作为切花。常见栽培品种有‘翡玉’‘紫绣球’‘粉蝴蝶’‘西施粉’‘粉玉奴’等。

常夏石竹 *Dianthus plumarius*

石竹科石竹属　别名/地被石竹

● 花期 5～6月　● 果期 6～7月　● 产地 奥地利和西伯利亚

枝茎 株高10～30厘米。植株光滑被白粉，茎毡状丛生，枝叶细而紧密。

叶片 叶缘具细齿，中脉在叶背隆起。

花朵 花2～3朵顶生，花瓣先端深裂呈流苏状，基部爪明显。伞状花序。

果实 蒴果，种子扁平，胚环状。

习性 喜光，耐寒，忌酷暑，喜疏松土壤。

快速识别

植株光滑被白粉，茎毡状丛生，枝叶细而紧密。花2～3朵顶生，花瓣先端深裂呈流苏状，基部爪明显。

园林应用

一种优良的花坛、花境材料，也可用于岩石园栽培。

肥皂草 *Saponaria officinalis*

石竹科肥皂草属　别名/石碱花、肥皂花

● 花期 6～9月　● 产地 欧洲及西亚，现各地广泛栽培

枝茎 株高30～90厘米。茎较细直立，少分枝。

叶片 叶对生，椭圆状至披针形，具平行脉，叶色翠绿。

花朵 顶生聚伞花序，花单瓣或重瓣。

果实 蒴果长圆状卵形，长约15毫米。

习性 喜光照充足，耐寒，耐旱。

快速识别

茎直立，少分枝。叶椭圆形对生，叶色绿。聚伞花序顶生，单瓣或重瓣，淡红色或白色。

园林应用

常用作花境材料，多丛植于林地、篱旁、路缘。常见品种有'Alba Plena'，花白色；'Roseo Plena'，花粉红色；'Rubra Plena'，花重瓣，红色。

瞿 麦 *Dianthus superbus*

石竹科石竹属

● 花期 6～8月 ● 果期 7～10月 ● 产地 欧洲及亚洲温带，中国秦岭有野生

枝茎 株高30～40厘米。茎浅绿色。

叶片 叶为披针形。

花朵 花顶生，呈疏圆锥状，花瓣深裂呈羽状，萼筒长，先端有长尖。有香气。

果实 蒴果长圆形，与宿萼近等长。种子黑色，边缘有宽于种子的翅。

习性 喜凉爽，不耐炎热，喜光，忌湿涝。

快速识别

叶披针形。花顶生，呈疏圆锥状，花瓣深裂呈羽状，萼筒长，先端有长尖。

园林应用

可用于花坛、花境或草坪中点缀栽植。

香石竹 *Dianthus caryophyllus*

石竹科石竹属 别名/康乃馨、麝香石竹

● 花期 5～7月 ● 果期 8～9月 ● 产地 南欧至印度

枝茎 株高30～60厘米。茎光滑，稍被白粉。

叶片 叶对生、光滑，稍被白粉，基部抱茎，线状披针形，灰绿色。

花朵 花单生或数朵簇生，花瓣多数，广倒卵形。

果实 蒴果卵球形，稍短于宿存萼。

习性 喜光、喜凉爽，不耐热，喜富含有机质且肥沃的微酸性土壤。

快速识别

茎光滑，稍被白粉。叶对生、光滑，稍被白粉，基部抱茎，线状披针形，灰绿色。花单生或数朵簇生，花瓣多数，广倒卵形。

园林应用

可用于花坛、花境或做切花。栽培品种很多，分为切花品种和花坛品种两大类。切花品种四季开花，有单朵大花品种和多头小花品种。

须苞石竹 *Dianthus barbatus*

石竹科石竹属

别名/美国石竹、五彩石竹

花期 5～6月　产地 欧洲、亚洲

枝茎 株高45～60厘米。茎直立、光滑、粗壮，微有细棱，分枝少。

叶片 叶披针形至卵状披针形，中脉明显。

花朵 头状聚伞花序圆形，花苞片先端须状。

果实 蒴果卵状长圆形，长约1.8厘米，顶端4裂至中部。

习性 喜光，耐寒，喜肥，要求通风好。

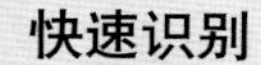

快速识别

茎直立、光滑、粗壮，微有细棱，分枝少。叶披针形至卵状披针形，中脉明显。头状聚伞花序圆形，花苞片先端须状。

园林应用

布置春季花坛、花境、花台或盆栽，或用于岩石园和草坪边缘点缀，也可做切花。

中国石竹 *Dianthus chinensis*

石竹科石竹属

别名/中华石竹、洛阳花

● 花期 5～9月 ● 果期 6～10月 ● 产地 中国及东南亚地区，分布广

枝茎 株高20～50厘米。茎直立，节部膨大，无分枝或顶部有分枝。

叶片 单叶对生，线状披针形，基部抱茎。

花朵 花单生或数朵组成聚伞花序，花瓣5枚，先端有锯齿。

果实 蒴果，种子扁圆，黑色。

习性 性耐寒，喜阳光，耐干旱，忌水涝。

快速识别

茎直立，节部膨大。单叶对生，线状披针形，无叶柄。花瓣5枚，先端有锯齿。

园林应用

布置春季花坛、花境的重要材料，也可盆栽观赏或布置岩石园，花茎高的品种可做切花。

皱叶剪秋萝 *Lychnis chalcedonica*

石竹科剪秋罗属

● 花期 6～7月 ● 果期 8～9月 ● 产地 俄罗斯北部及中国西北部

枝茎 株高50～90厘米。茎直立，全株具柔毛。

叶片 单叶对生，全缘，无柄，卵形至披针形。

花朵 花集生成聚伞花序，有重瓣品种。

果实 蒴果，种子小，暗褐色或黑色。

习性 喜凉爽、湿润、半阴环境，耐寒性强。

快速识别

茎直立，全株具柔毛。单叶对生，全缘，无柄，卵形至披针形。聚伞花序，花瓣先端分2裂。

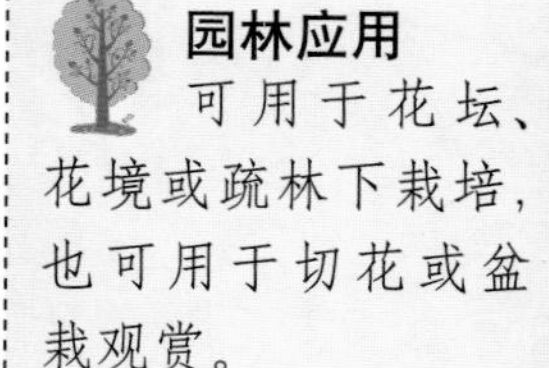

园林应用

可用于花坛、花境或疏林下栽培，也可用于切花或盆栽观赏。

花叶香桃木 *Myrfus communis* 'Variegata'

桃金娘科香桃木属

花期 6～7月　果期 10～11月　产地 地中海沿岸

枝茎 株高1.2～2米。小灌木，植株分枝性较好，自然成形。

叶片 叶卵圆形渐尖，革质对生，边缘金黄色。

花朵 花腋生，花色洁白。

果实 椭圆形浆果，蓝黑色

习性 喜温暖、湿润气候，喜光，亦耐半阴，耐修剪，萌蘖力强，病虫害少，喜中性至偏碱性土壤，适合长三角地区种植。

快速识别

叶片卵形，先端渐尖，叶片揉搓后有香气。

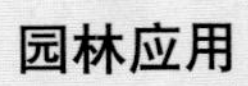

园林应用

可用于道路绿化中作绿篱，或修剪成球形造型苗，做中小型焦点植物。在花境配置中，其优雅的形态、秀丽的叶形、明亮的黄色，可做中景与各种形态、色系植物搭配。叶片具有怡人的香气，可用于康复花园。

松红梅 *Leptospermum scoparium*

桃金娘科薄子木属　别名/松叶牡丹

● 花期 晚秋至春末　● 产地 新西兰、澳大利亚等

枝茎 株高80～200厘米。分枝繁茂，枝条红褐色，较为纤细，新梢通常具有茸毛。

叶片 叶互生，叶片线状或线状披针形。

花朵 花形似梅花，有单瓣、重瓣之分，花朵直径0.5～5厘米。

果实 蒴果革质，成熟时先端裂开。

习性 喜凉爽湿润、阳光充足的环境，生长适温为18～25℃。冬季要求保持 -1℃以上的温度，夏季怕高温和烈日暴晒。

快速识别

叶形似松针，花似梅花。

园林应用

常见于盆栽观赏，由于开花时恰逢元旦、春节，可增加喜庆气氛。此外，可配置于花境、花丛中。也可与核桃、紫薇、龟背竹、虎尾兰、吊兰、芦荟、一叶兰、绿萝、薄荷等保健植物合理配置，可实现景观美与保健服务于一体。

仙 茅 *Curculigo orchioides*

仙茅科仙茅属 别名/大叶仙茅、地棕、独茅

● 花期 6～8月 ● 产地 中国南方各省区及台湾，日本及印度也有分布

枝茎 株高40～70厘米。根状茎直生、圆柱形。

叶片 叶基生，披针形，通常有显著的平行叶脉或具折扇状叶脉。

花朵 总状花序伞房状。

果实 浆果椭圆形，稍肉质，先端有喙，被长柔毛。种子稍呈球形，亮黑色，有喙，表面有波状沟纹。

习性 喜温暖、湿润的环境，较耐寒、耐旱，要求土壤疏松、深厚、排水良好。

快速识别

叶基生，披针形，通常有显著的平行叶脉或具折扇状叶脉。

园林应用

可庭院栽植或盆栽观赏。

钓钟柳 *Penstemon campanulatus*

玄参科钓钟柳属

● 花期 6～7月 ● 果期 7～8月 ● 产地 墨西哥及危地马拉

枝茎 株高60厘米。全株被茸毛，茎直立丛生。

叶片 叶交互对生，无柄，卵形至披针形，边缘具稀浅齿。

花朵 花单生或3～4朵着生于叶腋总柄之上，呈不规则总状花序，花冠筒长约2.5厘米。

果实 蒴果。

习性 喜阳光充足、湿润及通风良好的环境，忌炎热干旱，不耐寒，对土壤要求不严，以含石灰质壤土为佳。

快速识别

全株被茸毛，茎直立丛生。叶交互对生，无柄，卵形至披针形，边缘具稀浅齿。总状花序，花色有白、紫红、玫瑰红等，并间有白色条纹。

园林应用

布置花境、花坛的良好材料，亦可盆栽观赏。

红花钓钟柳 *Penstemon barbatus*

玄参科钓钟柳属　别名/草本象牙红

●花期 6～7月　●果期 8～9月　●产地 美国科罗拉多州至内华达州及墨西哥

枝茎 株高60～90厘米。茎光滑，稍被白粉。

叶片 叶对生，基生叶长圆形至卵圆形，茎生叶线形至披针形。

花朵 总状花序，花瓣红色。

果实 蒴果。

习性 耐寒，喜凉爽，喜光，也耐半阴，在石灰质土壤上生长最好。

快速识别

茎光滑，稍被白粉。叶对生，基生叶长圆形至卵圆形，茎生叶线形至披针形。总状花序，花瓣红色。

园林应用

用于布置花坛、花境，也可做切花。

毛地黄钓钟柳 *Penstemon digitalis*

玄参科钓钟柳属

别名/草本象牙红、铃铛花

●花期 4～6月 ●产地 北美洲，现广泛引用栽培

枝茎 株高30～80厘米。茎直立光滑，基部常木质化，多分枝，稍被白粉。

叶片 单叶对生莲座状，叶片稍肉质，被茸毛，倒披针形，叶缘有细锯齿。

花朵 圆锥花序，小花钟状，唇形花冠，上唇2裂，下唇3裂，花朵略下垂。

果实 蒴果。

习性 喜光照充足和凉爽环境，忌夏季高温干旱，极耐寒。

快速识别

茎直立高大，单叶对生莲座状，倒披针形。圆锥花序，小花钟状，唇形花冠，花色多。

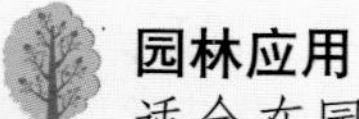

园林应用

适合在园林绿化中的花坛、花境及绿岛群植或丛植。

毛蕊花 *Verbascum thapsus*

玄参科毛蕊花属

● 花期 6～8月 ● 果期 7～10月 ● 产地 中国新疆，南欧、西伯利亚也有

枝茎 株高60～150厘米。茎直立，全株密被黄色茸毛与星状毛。全草含挥发油，芳香植物。

叶片 基生叶，倒披针状长圆形。茎生叶渐缩小呈长圆形。基部下延呈狭翅。

花朵 穗状花序顶生，雄蕊的花丝有毛。

果实 蒴果球形，熟时开裂为2枚果瓣，果瓣膜质，淡棕黄色。种子多数，细小，粗糙。

习性 喜酸性，耐干旱及石灰质土壤，耐半阴，较耐寒，喜向阳。

快速识别

茎直立，全株密被黄色茸毛与星状毛。基生叶，倒披针状长圆形。茎生叶渐缩小呈长圆形，基部下延呈狭翅。穗状花序顶生，雄蕊花丝有毛。

园林应用 在园林景观应用中可以进行大面积种植，也可在园林中作为背景材料。

婆婆纳 *Veronica spicata*

玄参科婆婆纳属　别名/穗花婆婆纳、德国虎尾草

● 花期 6～8月　● 果期 9～10月　● 产地 北欧和亚洲

枝茎 株高30～60厘米。植株直立或倾斜。

叶片 叶对生，有时轮生，披针形至卵圆形，近无柄，具锯齿，质厚。

花朵 小花形成紧密的顶生总状花序，尖部稍弯。

果实 幼果球状短圆形，上半部多细胞长腺毛。

习性 喜光，耐半阴，耐瘠薄土壤。

快速识别

叶对生，有时轮生，披针形至卵圆形，近无柄，具锯齿，质厚。花蓝色或粉色，顶生总状花序，尖部稍弯。

园林应用

布置多年生花坛的优良材料，也可做切花。

香彩雀 *Angelonia angustifolia*

玄参科香彩雀属　别名/洋彩雀、小天使

● 花期　全年可开花，以春夏尤盛　● 产地　南美

枝茎　株高30～70厘米。全株密被短柔毛。分枝性强。

叶片　叶对生，线状披针形，边缘具刺状疏锯齿。

花朵　花腋生，花冠唇形。

果实　蒴果。

习性　喜温暖，耐高温，喜光。

快速识别

全株密被短柔毛。分枝性强。叶对生，线状披针形，边缘具刺状疏锯齿。花腋生，花冠唇形。

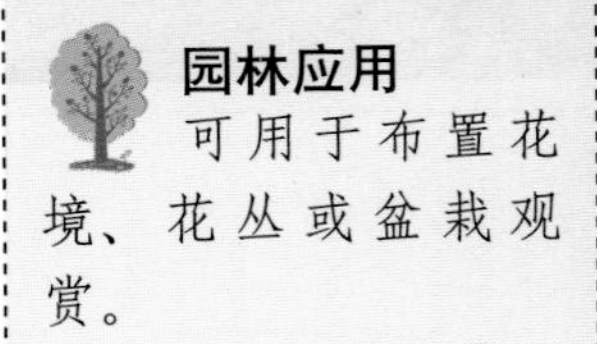

园林应用

可用于布置花境、花丛或盆栽观赏。

宿根柳穿鱼 *Linaria vulgaris*

玄参科柳穿鱼属

● 花期 6～9月 ● 果期 8～10月 ● 产地 欧亚大陆

枝茎 株高60～80厘米。全株被腺毛，茎多分枝。

叶片 叶狭披针形至线形。

花朵 总状花序近穗状，花瓣鲜黄色或紫红色，花唇橘黄色或紫色，具须毛。

果实 蒴果，卵圆形。种子多粒，暗褐色，盘状，边缘有宽翅，中间有瘤状突起。

习性 喜光，耐寒，不耐酷热，喜中等肥沃、适当湿润而又排水良好的土壤。

快速识别

茎直立，分枝性强。总状花序顶生。花瓣鲜黄色或紫红色，花唇橘黄色或紫色，花有香味。

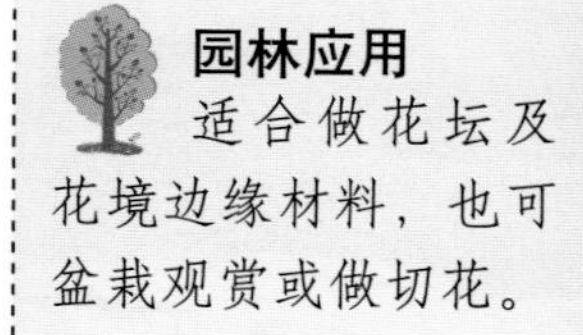

园林应用

适合做花坛及花境边缘材料，也可盆栽观赏或做切花。

马蹄金 *Dichondra argentea*

旋花科马蹄金属

● 花期 夏季 ● 产地 栽培品种

枝茎 株高5～7厘米。茎细长，匍匐地面，被灰色短柔毛，节上生不定根。

叶片 叶互生，圆形或肾形，有时微凹，基部深心形，形似马蹄，故名马蹄金。绿色或银灰色。

花朵 花小，单生于叶腋。

果实 蒴果膜质。

习性 喜温暖、湿润气候，耐阴、耐湿，稍耐旱，适应性强。

快速识别

茎细长，匍匐地面，被灰色短柔毛，节上生不定根。叶互生，圆形或肾形，有时微凹，基部深心形，绿色或银灰色。

园林应用

蔓延能力很强，为优良的地被植物，可植于花坛、岩石园或盆栽做垂吊植物。

鸭跖草 *Tradescantia albiflora*

鸭跖草科鸭跖草属　别名/蓝花草

●花期 7～9月　●果期 7～9月　●产地 浙江、四川、甘肃以东的南北各省，日本及北美洲也有分布

枝茎 株高30～50厘米。茎圆柱形，肉质，上部直立下部匍匐。

叶片 卵形至披针形，先端尖，基部宽，全缘。

花朵 聚伞花序单生于二叉状花序柄上的苞片内，花瓣上面2瓣为蓝色，下面1瓣为白色。

果实 蒴果椭圆形，压扁状。种子呈三棱状半圆形，暗褐色。

习性 喜温暖、潮湿环境，耐贫瘠，不耐寒，对土壤要求不严。

快速识别

叶卵形至披针形，全缘。聚伞花序单生苞片内，花瓣上面2瓣蓝色，下面1瓣白色。

园林应用

适合丛植用于林下、林缘、滨水的自然式地被。

大花亚麻 *Linum grandiflora*

亚麻科亚麻属　别名/花亚麻

● 花期 6～7月　● 果期 7～9月　● 产地 北非

枝茎 株高30～60厘米。茎直立，基部木质化，下部多分枝，顶部枝梢下垂。

叶片 叶细而多，螺旋状排列，线形或狭披针形，粉绿色。

花朵 圆锥花序松散，小花具纤细花柄而下垂，红色，深浅不一。

果实 蒴果球形或稍扁，顶端尖，成熟时顶端开裂。种子卵形或椭圆状卵形，扁平。

习性 喜温暖，稍耐寒，喜阳光充足，耐半阴，不耐肥，怕涝。

快速识别

茎直立，下部多分枝，顶部枝梢下垂。叶细而多，螺旋状排列，线形或狭披针形，粉绿色。圆锥花序松散，小花具纤细花柄而下垂。

园林应用

用于布置花境、岩石园观赏，亦可盆栽观赏。常见变种有红花亚麻，花鲜红色，花期6～8月。

巴西野牡丹 *Tibouchina semidecandra*

野牡丹科蒂姆花属

● 花期 周年可开花，盛花期在夏季 ● 产地 巴西

枝茎 株高0.5～1.5米。茎4棱，分枝多，枝条红褐色，株型紧凑美观。

叶片 叶革质，披针状卵形，顶端渐尖，基部楔形，全缘，叶表面光滑，无毛，5基出脉，背面被细柔毛，基出脉隆起。

花朵 伞形花序着生于分枝顶端，近头状，有花3～5朵。花瓣5枚，紫色，雄蕊白色且上曲。

果实 蒴果坛状球形。

习性 喜阳光充足、温暖、湿润的气候。喜微酸性的土壤。具有较强的耐阴及耐寒能力。

快速识别

花顶生，大型，5瓣，浓紫蓝色，中心的雄蕊白色且上曲。

园林应用

盆栽观赏或庭院、花坛、花境种植。

博落回 *Macleaya cordata*

罂粟科薄落回属

● 花期 6～8月 ● 果期 10月 ● 产地 中国和日本

枝茎 株高150～200厘米。茎圆柱形，中空，直立而强壮，浅灰绿色，具有毒的黄色汁液。

叶片 叶互生，心形，羽状裂开。

花朵 顶生圆锥花序，花小，无花瓣。

果实 蒴果扁平，狭倒卵形或倒披针形，下垂。种子成熟时棕黑色，有光泽。

习性 喜阳光充足，耐寒，适宜疏松、排水良好的土壤。

快速识别

茎圆柱形，中空，直立而强壮，浅灰绿色，具黄色汁液。叶互生，心形，羽状裂开。顶生圆锥花序，花小，白色。

园林应用

可应用于花境、林缘或盆栽观赏。

荷包牡丹 *Dicentra spectabilis*

罂粟科荷包牡丹属　别名/兔儿牡丹

● 花期 4～6月　● 产地 北美洲和亚洲

枝茎 株高30～60厘米。植株具肉质根状茎。

叶片 叶对生，三出羽状复叶似牡丹叶片，被白粉。

花朵 总状花序弯曲，花形似荷包，粉红色，花朵着生在一侧，下垂。

果实 蒴果。

习性 耐寒，忌夏季高温，喜半阴，喜湿润，不耐干旱，喜疏松、湿润的土壤。

快速识别

叶对生，三出羽状复叶似牡丹叶片，被白粉。总状花序弯曲，花形似荷包，花朵着生在一侧，下垂。

园林应用

花境和丛植的优良材料，片植具自然野趣，矮生种可用作地被或盆栽观赏。

德国鸢尾 *Iris germanica*

鸢尾科鸢尾属

● 花期 6～7月　● 产地 欧洲中部和南部

枝茎 株高40～70厘米。根状茎肥厚，略呈扁圆形，有横纹，黄褐色，生多数肉质须根。

叶片 基生叶剑形，直立或稍弯曲，无明显的中脉，淡绿色或灰绿色，常具白粉，基部鞘状，常带红褐色，先端渐尖。

花朵 花茎高60～100厘米，中下部有1～3枚茎生叶。花下具3枚苞片，革质，边缘膜质，卵圆形或宽卵形，花大，鲜艳，有香味。

果实 蒴果。

习性 耐寒性强，耐旱，宜在排水良好、阳光充足处生长，喜黏性石灰质土壤。

快速识别

基生叶剑形，淡绿色或灰绿色，常具白粉，基部鞘状，先端渐尖。花下具3枚苞片，卵圆形或宽卵形。花大，鲜艳，有香味。

园林应用

花朵硕大，色彩鲜艳，常用于花坛、花境布置，也是重要的切花材料。

蝴蝶花 *Iris japonica*

鸢尾科鸢尾属

别名/日本鸢尾、开喉箭、兰花草

● 花期 4～5月 ● 果期 6～7月 ● 产地 中国西南、华东地区，日本也有分布

枝茎 株高45～80厘米。根茎直立扁圆形或纤细匍匐状横走。

叶片 叶剑形，扁平，上面深绿色，背面淡绿色。

花朵 花垂瓣具波状锯齿，中间有橙色斑点及鸡冠状突起。旗瓣稍小，上缘有锯齿。

果实 蒴果倒卵圆形，无喙。

习性 喜阳光充足，亦耐半阴，耐旱，耐寒性强。

快速识别

叶剑形扁平，表面深绿具光泽，背面淡绿色。花色淡蓝色，垂瓣中间有橙色斑点及鸡冠状突起。

园林应用

适宜于湿地、溪流湖畔成片种植，也适合庭院荫蔽地、林间草地或林缘片植或丛植。

黄菖蒲 *Iris pseudacorus*

鸢尾科鸢尾属　别名/黄花鸢尾、水生鸢尾

● 花期 4～5月　● 果期 6～8月　● 产地 欧洲及亚洲西部

枝茎 株高60～90厘米。根状茎粗壮，斜伸，节明显，黄褐色。须根黄白色，有皱缩的横纹。

叶片 基生叶粉绿色，剑形，基部鞘状，中脉较明显，茎生叶比基生叶短而窄。

花朵 数枚花生茎顶，黄色。垂瓣卵圆形或倒卵形，有黑褐色的条纹。

果实 蒴果长形。

习性 喜光、喜水湿，亦耐半阴、耐旱。

快速识别

植株高大，叶剑形，粉绿色，中脉明显。花黄色，垂瓣卵圆形具黑褐色条纹。

园林应用

适合于水湿地、湖畔、池边丛植或片植，常用于水景园。常见具有花叶和重瓣特征的品种。

马 蔺 *Iris lactea* var. *chinensis*

鸢尾科鸢尾属　别名/马莲、马兰

●花期 5月　●果期 7～8月　●产地 中国、朝鲜及中亚细亚

枝茎 株高40～70厘米。根茎粗短，须根细而坚韧。

叶片 叶丛生、狭线形，基部具纤维状老叶鞘，叶下部带紫色，质地较硬。

花朵 前期花茎与叶近等高，后期花茎高于叶，每茎着花2～3朵。花蓝色，直径约6厘米。

果实 蒴果长形，种子棕色，有角棱。

习性 耐寒性强，喜阳光充足，耐半阴，喜生于湿润土壤至浅水中，也极耐干旱，不择土壤，耐践踏。

快速识别

叶丛生、狭线形，基部具纤维状老叶鞘，叶下部带紫色，质地较硬。蒴果长形，种子棕色，有角棱。

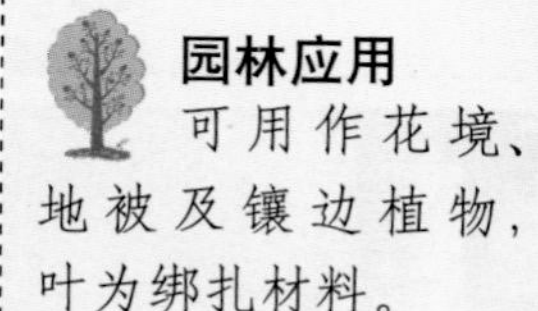

园林应用

可用作花境、地被及镶边植物，叶为绑扎材料。

射 干 *Belamcanda chinensis*

鸢尾科射干属

别名/尾蝶花、扁竹兰、蚂螂花

● 花期 6～8月 ● 果期 7～9月 ● 产地 中国，日本、朝鲜有分布

枝茎 株高60～90厘米。具粗壮根状茎。

叶片 叶剑形，互生排列，扁平如扇。

花朵 二歧状伞房花序顶生，花茎细长，花橙红色，带鲜红色斑点。花被6枚，分离，倒卵形或长椭圆形。

果实 蒴果倒卵形或长椭圆形，顶端常宿存凋萎花被。种子圆球形，黑色，有光泽。

习性 喜全光照和温暖湿润环境，耐旱、耐寒，抗逆性强，不择土壤。

快速识别

叶剑形，互生，扁平。伞状花序顶生，小花橙红色，具鲜红色斑点。花被6枚，分离。

园林应用

适合成片栽植，适合布置花境或地被。常见黄、桃红、乳白等花色变种及矮性品种。

庭菖蒲 *Sisyrinchium rosulatum*

鸢尾科庭菖蒲属

● 花期 5月 ● 果期 6～8月 ● 产地 北美洲

枝茎 株高15～25厘米。茎纤细，中下部有少数分枝，节常呈膝状弯曲，沿茎的两侧生有狭翅。

叶片 叶基生或互生，狭条形，长6～9厘米，宽2～3毫米，基部鞘状抱茎，顶端渐尖，无明显的中脉。

花朵 花序顶生，花淡紫色，花心黄色。

果实 蒴果球形，直径2.5～4毫米，黄褐色或棕褐色。种子多数，黑褐色。

习性 喜温暖、湿润和阳光充足的环境，耐半阴，喜肥沃、疏松的沙质土壤。夏季高温时要注意遮阴，以避免烈日灼伤叶片。

快速识别

叶狭条形，互生或基生。花序顶生，花小，花色有淡紫、灰白、蓝等颜色，喉部黄色。

园林应用

常用于盆栽观赏，或结合苔藓、山石制作盆栽小品，也可用于布置花坛、花境。

溪荪 *Iris sanguinea*

鸢尾科鸢尾属　别名/东方鸢尾

●花期 5～6月　●果期 7～9月　●产地 中国东北各省

枝茎 株高30～60厘米。根状茎粗壮，斜伸。

叶片 叶条形，中脉不明显，叶基红赤色，苞片晕红赤色。

花朵 花天蓝色。垂瓣圆形，基部有深褐色条纹。旗瓣长椭圆形，直立，色稍浅，爪部黄色具紫斑。

果实 蒴果三棱状圆柱形，熟时由顶部开裂。

习性 喜光，耐半阴，耐寒、耐旱、耐湿。

快速识别

叶窄条形，叶脉不明显。花天蓝色，垂瓣圆形，基部黄色具紫斑，旗瓣长椭圆形直立。

园林应用

可于水岸湿地片植，或于浅水中种植，也可丛植点缀于池边、湖畔，或布置鸢尾专类园。

燕子花 *Iris laevigata*

鸢尾科鸢尾属

● 花期 4～5月 ● 果期 7～8月 ● 产地 中国东北地区，日本及朝鲜有分布

枝茎 株高60厘米左右。根茎粗壮。

叶片 叶无中脉，较柔软光滑。

花朵 花莛与叶等高。着花3朵左右，浓紫色，基部稍带黄色，垂瓣与旗瓣等长。

果实 蒴果椭圆状柱形，长6.5～7厘米，直径2～2.5厘米，有6条纵肋，其中3条较粗。

习性 耐寒性强，喜阳光充足，喜水湿、肥沃的酸性土壤。

快速识别

叶无中脉，较柔软光滑。花莛与叶等高。着花3朵左右，浓紫色，基部稍带黄色，垂瓣与旗瓣等长。

园林应用

适合布置花坛、水景园、专类园或做切花。

玉蝉花 *Iris ensata*

鸢尾科鸢尾属

别名/花菖蒲、紫花鸢尾、东北鸢尾

● 花期 6～7月 ● 产地 中国东北、内蒙古、浙江等地，朝鲜、俄罗斯、日本也有

枝茎 株高40～90厘米。根状茎短而粗，须根多并有纤维状枯叶梢。

叶片 叶基生，叶中脉凸起，两侧脉较平整。

花朵 花深紫色，垂瓣呈椭圆形至倒卵形，中部有黄斑和紫纹，旗瓣狭倒披针形。

果实 蒴果长圆形，有棱。

习性 喜温暖、湿润环境，耐寒性强。

快速识别

叶基生，中脉凸起。花深紫色，垂瓣长椭圆广卵形，中部具彩纹，旗瓣狭倒披针形。

园林应用

适合丛植于湖畔、池旁或浅水中，或配置水生鸢尾专类园。常见斑叶、大花、重瓣等变种。

鸢尾 *Iris tectorum*

鸢尾科鸢尾属　别名/蓝蝴蝶

●花期 5月　●果期 7～8月　●产地 中国中部

枝茎 株高30～40厘米。

叶片 叶剑形，淡绿色，纸质。

花朵 花莛稍高于叶丛，有1～2分枝，着花1～3朵。花垂瓣具蓝紫色条纹，瓣基具褐色纹，瓣中央有鸡冠状突起，旗瓣较小，拱形直立，基部收缢。

果实 蒴果长椭圆形，有6棱。

习性 耐寒性强，喜阳光充足，耐半阴，喜生于湿润土壤至浅水中，也极耐干旱，不择土壤。

快速识别

根茎粗短，须根细而坚韧。叶丛生、狭线形，基部具纤维状老叶鞘，叶下部带紫色，质地较硬。蒴果长形，种子棕色，有角棱。

园林应用

可用作花境、地被及镶边植物。常见变种有白花鸢尾，花白色，外花被片基部有浅黄色斑纹。

芸 香 *Ruta graveolens*

芸香科芸香属

● 花期 5～7月 ● 果期 8～10月 ● 产地 欧洲

枝茎 株高可达1米。全株具腺点，有浓烈香味。

叶片 二至三回羽状复叶，深裂至全裂，蓝绿色。

花朵 聚伞花序顶生，花黄色。

果实 蒴果，种子有棱，种皮有瘤状凸起。

习性 喜温暖、湿润，较耐寒，喜排水良好、富含腐殖质的沙质土壤。

快速识别

全株具有浓烈香味，二至三回羽状复叶，深裂至全裂，蓝绿色。

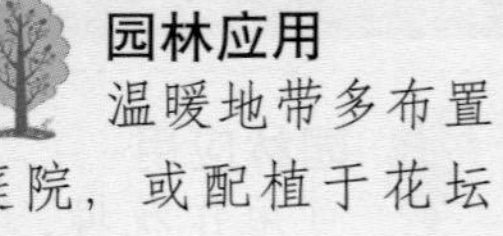

园林应用

温暖地带多布置庭院，或配植于花坛中心。

PART 3

球根花卉

大花葱 *Allium giganteum*

百合科葱属

●花期 5～7月 ●果期 6～8月 ●产地 中亚

枝茎 株高70～100厘米。具地下鳞茎。

叶片 叶狭线形至中空的圆柱形。

花朵 伞形花序，密集呈球形。

果实 蒴果室背开裂。

习性 喜光，耐寒，适宜肥沃、疏松的土壤。

快速识别

叶狭线形至中空的圆柱形。伞形花序，密集呈球形。

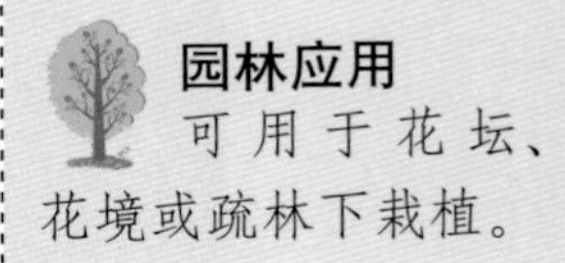

园林应用

可用于花坛、花境或疏林下栽植。

东方百合类 *Lilium* oriental Group

百合科百合属

● 花期 6～7月

枝茎 株高30～100厘米。鳞茎卵球形。

叶片 叶宽短，有光泽。

花朵 花型较大，花朵有平伸型、花瓣反卷型。具有特殊香味。花形有喇叭花形、碗花形。

果实 蒴果，种子扁平。

习性 喜温暖、湿润气候，耐半阴。要求肥沃、腐殖质丰富、排水良好的微酸性土壤。

快速识别

鳞茎卵球形。叶宽短，有光泽。花型较大，具有特殊香味，有白、粉等色。

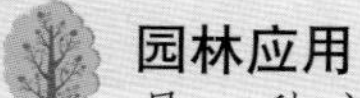

园林应用

是一种高档的切花材料，也常用作花境或盆栽观赏。

风信子 *Hyacinthus orientalis*

百合科风信子属　别名/西洋水仙、五色水仙、时样锦

● 花期 3 ~ 4月　● 产地 南欧、地中海东部沿岸和小亚细亚一带

枝茎 株高20 ~ 30厘米。鳞茎球形或扁球形，膜质外皮蓝紫、粉或白色，与花色相关。

叶片 叶4 ~ 6枚基生，带状披针形，肥厚而有光泽，上有凹沟。

花朵 总状花序顶生，花漏斗形，基部膨大，裂片端部向外反卷。花色多。

果实 蒴果。

习性 喜温凉、湿润和充足的阳光，忌过湿或黏重的土壤。

园林应用

适于布置花坛、花境，或配置疏林、草地，亦可盆栽或水养。

快速识别

鳞茎球形，叶肥厚基生，带状披针形。总状花序顶生，小花漏斗形，裂片端部向外反卷。花具香气。

花贝母 *Fritillaria imperialis*

百合科贝母属　别名/皇冠贝母

●花期 4 ~ 5月　●果期 秋季　●产地 欧洲大陆温带

枝茎 株高60 ~ 100厘米。鳞茎较大，肉质肥厚，有异味。

叶片 叶3 ~ 4枚轮状丛生，波状披针形或狭长椭圆形，上部叶呈卵形，浅绿色。

花朵 花腋生，下具轮生的叶状苞，花钟状下垂。花柱长于雄蕊，柱头三裂。

果实 蒴果。

习性 喜冷凉、湿润、阳光充足的环境条件，亦较耐阴，耐旱，忌积水。

快速识别

鳞茎肥厚肉质。叶轮状丛生。花腋生，钟状下垂，具轮生的叶状苞，花色也多。

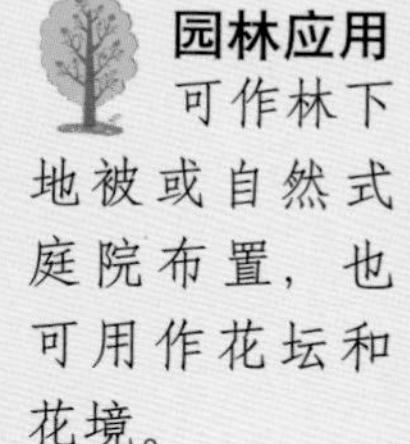

园林应用

可作林下地被或自然式庭院布置，也可用作花坛和花境。

卷丹 *Lilium lancifolium*

百合科百合属

●花期 7～8月 ●果期 9～10月 ●产地 中国东部及中部地区，朝鲜、韩国和日本也有分布

枝茎 株高100～150厘米。鳞茎近宽球形。茎直立，带紫色条纹，具白色绵毛。

叶片 叶散生，披针形，先端有白毛，5～7脉。叶腋处单叶互生，无柄，狭披针形。中上部叶腋着生紫黑色珠芽。

花朵 总状花序，花橙红色，花口向下，花被片强烈反卷，内面具紫黑色斑点，雄蕊向四面开张，花丝细长，花药暗紫红色。

果实 蒴果狭长卵形，长3～4厘米。

习性 耐寒，喜向阳和干燥环境，喜冷凉而怕高温酷热和多湿气候。

快速识别

地上茎褐色或带紫色，被白色绵毛。单叶互生，无柄，狭披针形。中上部叶腋着生紫黑色珠芽。总状花序，花橙红色，花口向下，花被片强烈反卷，内面具紫黑色斑点。

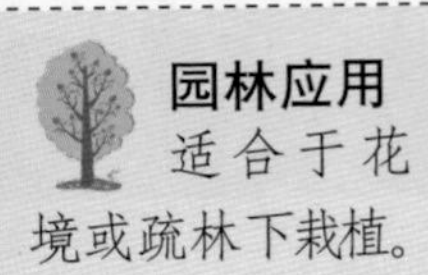

园林应用 适合于花境或疏林下栽植。

铃 兰 *Convallaria majalis*

百合科铃兰属　别名/君影草、草玉铃

●花期 4～5月　●果期 6～9月　●产地 北半球温带，亚洲、欧洲及北美

枝茎 株高18～30厘米。地下部具横行而分枝的根状茎。

叶片 叶2～3枚，基生而直立，椭圆形或长卵圆形，端急尖，具弧状脉。

花朵 总状花序偏向一侧，着花6～10朵，似小铃铛，下垂成串，乳白色，具香气。

果实 浆果直径6～12毫米，熟后红色，稍下垂。

习性 喜阴湿、凉爽的环境，耐寒性极强，不耐热。宜微酸性土壤。

快速识别

根状茎横走，叶直立，椭圆形基生，先端急尖。总状花序偏一侧，小花钟状下垂，具香气，乳白色。

园林应用

适合配植于林缘、草坪坡地，装饰花境或庭院。常见栽培品种有大花铃兰、粉红铃兰、重瓣铃兰、花叶铃兰。

葡萄风信子 *Muscari botryoides*

百合科蓝壶花属　别名/葡萄百合、蓝壶花、串铃花

● 花期 3～5月　● 产地 欧洲南部

枝茎 株高15～20厘米。小鳞茎卵圆形，外被白色皮膜。

叶片 叶基生，线状披针形，稍肉质，边缘常向内卷，暗绿色。

花朵 总状花序密生花葶上部，小花柄下垂，花小，呈钟点状下垂。

果实 蒴果。

习性 喜温暖、凉爽气候，喜光亦耐阴，需排水良好。

快速识别

小鳞茎卵圆形，叶线状披针形。总状花序，小花钟状下垂，呈葡萄粒状，花色多。

园林应用

常片植、带植于疏林草地，亦可用于花坛镶边或布置花境。常见品种有紫花系品种如‘紫葡萄’‘天蓝’，白花系品种如‘白葡萄’‘白美人’等。

秋水仙 *Colchicum autumnale*

百合科秋水仙属

● 花期 8 ~ 10月 ● 产地 欧洲和地中海沿岸

枝茎 株高约30厘米。茎短，大部分埋于地下。

叶片 叶披针形。

花朵 花蕾纺锤形，开放时漏斗形，淡粉红色。有百合品种。

果实 蒴果，种子呈不规则的球形，褐色。

习性 喜湿润，耐严寒，夏季宜干燥炎热的环境，应选用排水良好、肥沃、疏松的沙质壤土。

快速识别

茎短，埋于地下。叶披针形，秋季开花，花蕾纺锤形，开放时漏斗形，淡粉红色。

园林应用

常作为地被植物应用于秋季景观。

麝香百合 *Lilium longiflorum*

百合科百合属　别名/铁炮百合、龙牙百合

●花期 6～7月　●产地 中国台湾及日本南部诸岛

枝茎 株高45～100厘米。鳞茎球形或扁球形，黄白色，鳞茎抱合紧密。茎绿色，平滑而无斑点。

叶片 叶多数，散生。狭披针形。

花朵 花单生或2～3朵生于短花柄上，平伸或稍下垂。蜡白色，基部带绿晕。具浓香。

果实 蒴果，种子扁平。

习性 喜冷凉、湿润气候，耐半阴。要求肥沃、腐殖质丰富、排水良好的微酸性土壤。

快速识别

茎绿色，平滑而无斑点。叶狭披针形。花单生或2～3朵生于短花柄上，平伸或稍下垂。蜡白色，基部带绿晕。

园林应用

是一种高档的切花材料，也常用作花境。

亚洲百合杂种系 *Lilium Asiatic hybrida*

百合科百合属

●花期 6～8月　●产地 由分布亚洲地区的百合及其杂交种和荷兰杂种百合杂交产生

枝茎 株高30～100厘米。鳞茎卵球形。

叶片 叶宽且短，有光泽。

花朵 花朵姿态多样，有向上、单生或形成花序的，有花朵朝外的，有花朵下垂，花瓣反卷的。花色丰富，有黄、橙黄、玫瑰红、白、双色和混合多色带斑点等。

果实 蒴果。

习性 耐寒，喜向阳和干燥环境，宜冷凉而怕高温酷热和多湿气候。

快速识别

鳞茎卵球形。叶宽短，有光泽。花朵姿态多样，有向上、单生或形成花序的，有花朵朝外的，有花朵下垂，花瓣反卷的。花色丰富。

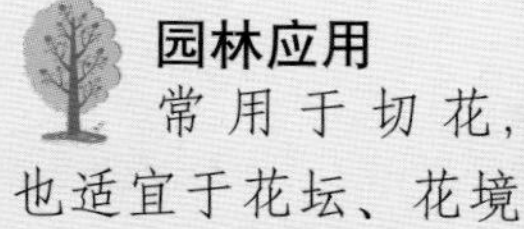

园林应用

常用于切花，也适宜于花坛、花境或疏林下栽植。

郁金香 *Tulipa gesneriana*

百合科郁金香属　别名/洋荷花、旱荷花、草麝香

● 花期 4 ~ 5月　● 产地 地中海沿岸及小亚细亚

枝茎 株高25 ~ 60厘米。茎叶光滑具白粉。鳞茎扁圆锥形或扁卵圆形，皮棕褐色纸质。

叶片 叶3 ~ 5枚，长椭圆状披针形至卵状披针形，全缘并呈波状。

花朵 花单朵顶生，直立杯状，基部常带黑紫色或黄色，花被片6枚，花色极丰富。

果实 蒴果3室，室背开裂。

习性 性喜向阳、凉爽环境，耐寒性强，喜排水良好的沙质壤土，忌酷暑。

快速识别

鳞茎球形，叶椭圆状披针形，全缘波状。单花直立杯状顶生，花被片6，花色多。

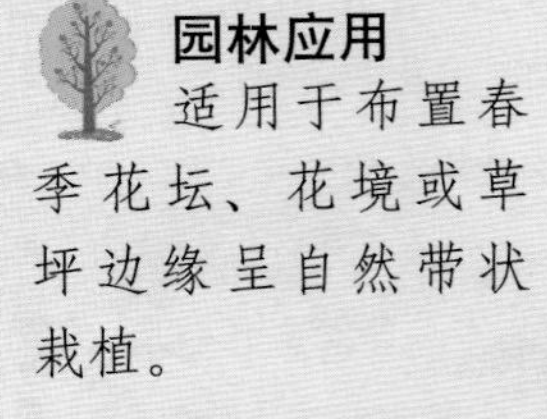

园林应用

适用于布置春季花坛、花境或草坪边缘呈自然带状栽植。

红花酢浆草 *Oxalis rubra*

酢浆草科酢浆草属
别名/三叶草、大叶酢浆草

● 花期 4～11月 ● 产地 巴西及南非好望角

枝茎 株高20～30厘米。地下块状根茎呈纺锤状。

叶片 叶丛生状，具长柄，掌状复叶，小叶3枚，无柄，倒心脏形，顶端凹陷。

花朵 伞形花序，小花12～15朵，花瓣5枚，基部连合。

果实 蒴果短角果状。

习性 喜温暖、湿润环境，耐阴，耐干旱，忌阳光直射，对土壤适应性强。

快速识别

块状根茎，掌状复叶丛生，小叶3枚，顶端凹陷。伞房花序，小花花被5片，红色。

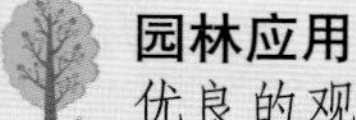

园林应用

优良的观花地被植物，也可做盆栽。常见同属种有酢浆草、大花酢浆草、紫花酢浆草、山酢浆草等。

紫叶酢浆草 *Oxalis violacea* ‘Purpule Leaves’

酢浆草科酢浆草属　别名/红叶酢浆草、三角酢浆草

● 花期 4 ～ 11月　● 果期 4 ～ 11月　● 产地 美洲热带地区

枝茎 株高15 ～ 20厘米。球根长卵形。

叶片 小叶无柄，三角形或倒宽箭形，上端凹陷。叶紫红色，被少量白毛。

花朵 伞房花序，有花5 ～ 8朵，花瓣5枚。

果实 蒴果长圆柱形。

习性 喜温暖、湿润环境，耐半阴。

快速识别

球根长卵形，叶紫红色，被白毛，小叶无柄三角形，上端凹陷。伞房花序，小花花瓣5枚，淡红色或淡紫色。

园林应用

彩叶地被植物，可布置庭院草地、城市道路或滨水绿化带。

大丽花 *Dahlia pinnata*

菊科大丽花属　别名/天竺牡丹、大理菊、西番莲

● 花期 6 ~ 12月　● 果期 9 ~ 10月　● 产地 墨西哥热带高原

枝茎 株高40 ~ 150厘米。茎中空，直立粗壮，多分枝。地下具纺锤状大块根。

叶片 叶一至二回羽状分裂，裂片卵形或长圆卵形，边缘具粗钝锯齿。

花朵 头状花序，舌状花白色、红色或紫色，常卵形。管状花黄色。

果实 瘦果长圆形，黑色，扁平。

习性 喜高燥、温凉气候，喜光，不耐旱，忌涝。

快速识别

纺锤状大块根，叶羽状分裂，裂片卵形。茎粗壮、直立而中空。头状花序，管状花黄色，舌状花多色。

园林应用

适于布置花坛、花境或于庭前丛植，矮生品种适于盆栽。

蛇鞭菊 *Liatris spicata*

菊科蛇鞭菊属　别名/麒麟菊、马尾花、舌根菊

●花期 7～8月　●果期 9～10月　●产地 美国东部地区

枝茎 株高60～150厘米。地下具块根，地上茎直立，无分枝，基部膨大呈扁球形。

叶片 基生叶线形，叶色浓绿。

花朵 花莛30～90厘米，小头状花序排列成密穗状，呈鞭形，花有紫红色、白色等。

果实 瘦果。

习性 喜光，耐半阴，较耐寒，抗旱且耐水湿。

快速识别

地下具块根，茎直立。叶基生线性，叶色浓绿。头状花序成鞭形的密穗状，花有紫红色、白色等。

园林应用

可配置花境或丛植点缀山石、带状栽植于林缘，也适合做切花。

白 芨 *Bletilla striata*

兰科白芨属　别名/凉姜、紫兰、双肾草

●花期 4～6月　●果期 11月中下旬　●产地 中国长江流域各省

枝茎 株高30～60厘米。假鳞茎呈扁球形，黄白色，具环带。

叶片 叶3～6片，广披针形，基部鞘状抱茎而生，平行脉突起使叶片形成褶皱。

花朵 总状花序，着花3～7朵。花被6片，不整齐。

果实 蒴果，圆柱状，上面6纵棱突出。

习性 喜凉爽，较耐寒，耐阴，不耐干旱、高温。

快速识别

假鳞茎扁球形，叶广披针形，平行脉突起使叶片褶皱。稀总状花序，花被6片，淡紫红色。

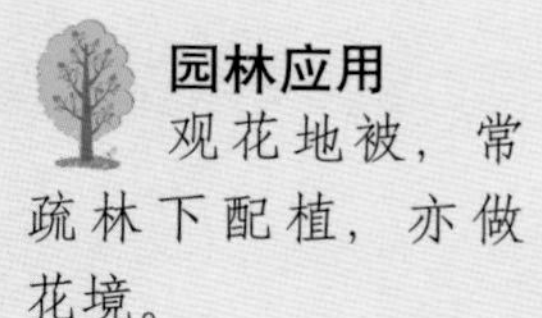

园林应用

观花地被，常疏林下配植，亦做花境。

白头翁 *Pulsatilla chinensis*

毛茛科白头翁属　别名/羊胡子花、老公花、毛姑朵花

● 花期 4 ~ 5月　● 果期 5 ~ 6月　● 产地 中国，除华南外各地均有分布

枝茎 株高20 ~ 40厘米。宿根草本，全株密被白色茸毛。

叶片 叶基生，三出复叶4 ~ 5片，具长柄，叶缘有锯齿。背面有长柔毛，叶柄也密被长柔毛。

花朵 萼片花瓣状，6片呈2轮，外被白色柔毛。花卵状长圆形或圆形，外被白色柔毛。

果实 瘦果纺锤形，聚成头状，花柱宿存，长羽毛状。

习性 性喜凉爽气候，耐寒，要求向阳、排水良好的沙质壤土。

快速识别

全株密被白色茸毛；叶基生，三全裂或三出；萼片花瓣状，蓝紫色，外被白色柔毛。

园林应用

可自然栽植，用于布置花坛、道路两旁，或点缀于林间空地。

花毛茛 *Ranunculus asiaticus*

毛茛科毛茛属　别名/波斯毛茛、芹菜花、陆莲花

●花期 2～5月　●产地 以土耳其为中心的亚洲西部和欧洲东南部

枝茎 株高20～40厘米。茎单生或稀分枝，中空有毛。地下具小块根，纺锤形，常数个聚生于根颈部。

叶片 基生叶阔卵形、椭圆形或三出状，缘有齿，具长柄。茎生叶无柄，为二回三出羽状复叶。

花朵 每个花葶具花1～4朵，萼绿色，花瓣五至数十枚。

果实 瘦果。

习性 喜凉爽、湿润和向阳环境，不耐寒，畏积水，怕干旱。

快速识别

小块根纺锤形，茎单生。基生叶阔卵形，茎生叶三出羽状复叶。花葶具小花数朵，花色多。

园林应用

可做切花、盆栽观赏或布置花坛、花带、林缘草地等。

大花美人蕉 *Canna generalis*

美人蕉科美人蕉属

别名/法国美人蕉、昙华

● 花期 8 ~ 10月 ● 产地 法国

枝茎 株高1 ~ 1.5米。地下根茎肥大，地上茎直立不分枝，茎、叶被白粉。

叶片 叶大，互生，阔椭圆形，叶缘、叶鞘紫色。

花朵 总状花序顶生，花大，径可达20厘米。4枚瓣化雄蕊直伸，另有1枚瓣化瓣向下翻卷。

果实 蒴果。

习性 喜温暖、炎热气候，不耐寒，喜光，怕强风。稍耐水湿。

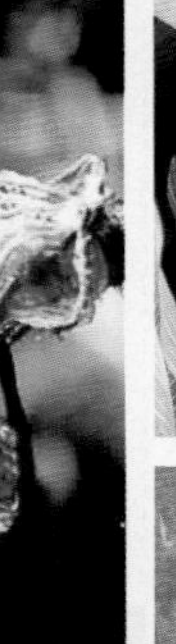

快速识别

根茎肥大，植株高大、直立，叶阔椭圆形，互生，茎叶被白粉。总状花序顶生，花大，花色多。

园林应用

适合成片栽植，也可布置花坛、花境，矮生种可盆栽观赏。

蕉 藕 *Canna edulis*

美人蕉科美人蕉属　别名/食用美人蕉

●花期 8～10月　●产地 西印度和南美洲

枝茎 株高2～3米。植株粗壮、高大，茎紫色。

叶片 叶长圆形，表面绿色，背面及叶缘有紫晕。

花朵 花序基部有宽大总苞，花瓣鲜红色，瓣化瓣橙色，直立而稍狭。

果实 蒴果。

习性 喜光，适应性强，具有一定的耐寒性，不择土壤。

快速识别

植株粗壮、高大，茎紫色。叶长圆形，叶背有紫晕。花序基部有宽大的总苞，花瓣鲜红色，瓣化瓣橙色。

园林应用

茎叶茂盛，适合大片自然栽植，或做花坛、花境应用。

美人蕉 *Canna indica*

美人蕉科美人蕉属　别名/兰蕉

●花期 6 ~ 12月　●果期 6 ~ 12月　●产地 美洲热带

枝茎 株高1.5 ~ 1.8米。地下根茎卵圆形至长圆形。

叶片 叶长椭圆形，长约50厘米，叶色深绿，带铜色。

花朵 总状或圆锥花序，花较小，花冠裂片披针形，淡红色至深红色。

果实 蒴果绿色，长卵形，有软刺。

习性 喜温暖、湿润气候，不耐寒，忌干燥。在温暖地区无休眠期，可周年生长。

快速识别

根茎长圆形，植株高大，叶长椭圆形，叶色深绿带铜色。总状或圆锥花序，花红色。

园林应用

适合片植布置，或做花境、花坛。

紫叶美人蕉 *Canna warscewiczii*

美人蕉科美人蕉属

别名/凤尾花、小芭蕉、五筋草、破血红

● 花期 8～10月 ● 产地 哥斯达黎加、南美

枝茎 株高约1.5米。根茎粗壮，紫红色，被蜡质白粉。

叶片 叶密集，卵形或卵状长圆形，顶端渐尖，基部心形。暗紫红色，叶脉染紫或古铜色。

花朵 总状花序，苞片紫色，卵形，内凹，被天蓝色粉霜。花冠裂片披针形，深红色，外稍染蓝色。

果实 果熟时黑色。

习性 喜温暖、多湿环境，需阳光充足，习性强健，适应性强。

快速识别

根茎粗壮，紫红色，叶卵状长圆形，暗紫红色。总状花序，苞片紫色，花冠深红色。

园林应用

适合丛植布置，或盆栽观赏。

百子莲 *Agapanthus africanus*

石蒜科百子莲属　别名/百子兰、非洲百合、紫君子兰

●花期 6～8月　●果期 6～8月　●产地 南非

枝茎 株高80～100厘米。具短缩根状茎和多数绳状须根。

叶片 叶线状披针形或带形，生于短根状茎上，左右排列，叶色浓绿，近革质。

花朵 花葶粗壮、直立，高于叶丛，顶生伞形花序，小花多，钟状漏斗形，尖端弯曲下垂，鲜蓝色。栽培品种及变种有不同大小的花、重瓣、花叶、白色及不同深浅蓝色的类型。

果实 蒴果球形，种子扁平。

习性 喜温暖、湿润、半阴环境，喜肥喜水，但怕积水。对土壤要求不严，较耐寒。

快速识别

叶线状披针形或带形，左右排列，叶色浓绿。花葶粗壮、直立，高于叶丛，顶生伞形花序，小花多，钟状漏斗形，尖端弯曲下垂，鲜蓝色。

园林应用

多做盆栽观赏，或植于花坛、花境、庭院等处，也可用于切花。

葱兰 *Zephyanthes candida*

石蒜科葱莲属　别名/葱莲、玉帘、白花菖蒲莲

● 花期 夏季至初秋 ● 果期 秋季 ● 产地 南美，主要分布于古巴、秘鲁

枝茎 株高15 ～ 20厘米。地下具卵形小鳞茎，颈部细长。

叶片 叶基生，线形，稍肉质，鲜绿色。

花朵 花单生，白色或外略具紫红晕，花被片6裂，椭圆状披针形。

果实 蒴果近球形，直径约1.2厘米，3瓣开裂。

习性 喜阳光充足、温暖、湿润的环境，较耐寒，亦耐半阴和低湿。

快速识别

卵形小鳞茎，叶线性基生，鲜绿色。花单生白色或外略具紫红晕，花被椭圆状披针形。

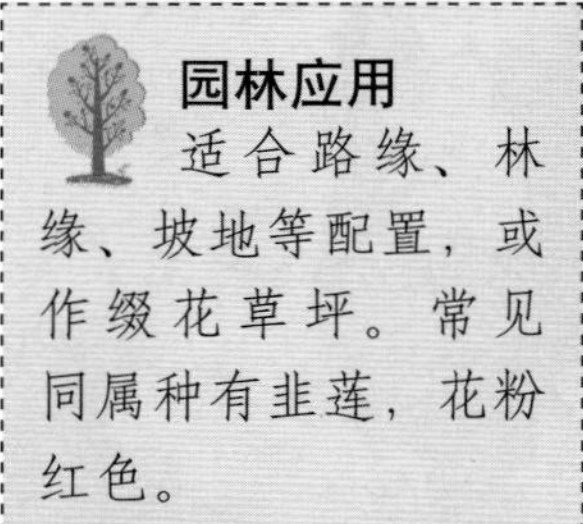

园林应用

适合路缘、林缘、坡地等配置，或作缀花草坪。常见同属种有韭莲，花粉红色。

红口水仙 *Narcissus poeticus*

石蒜科水仙属　别名/口红水仙、红水仙

● 花期 4月　● 产地 西班牙、南欧、中欧等地

枝茎 株高30～45厘米。鳞茎较细，卵形。

叶片 叶线形丛生，长30厘米左右。

花朵 花单生，花被白色，副冠呈浅杯状，有香气。

果实 蒴果室背开裂。

习性 喜冷凉，忌高温多湿，不宜水养。

快速识别

鳞茎细卵形，叶线性丛生。花被处纯白色，副冠呈浅杯状，黄色或橙红色。

园林应用

适合盆栽观赏或植于假山旁、疏林下，或用于庭院布置。

忽地笑 *Lycoris aurea*

石蒜科石蒜属　别名/黄花石蒜、铁色箭、金爪花

●花期 8～9月　●果期 10月　●产地 中国西南、东南地区以及日本和缅甸

枝茎 株高30～60米。地下鳞茎卵形，肥大。

叶片 叶阔线形，中间淡色带明显。

花朵 花葶高约60厘米，伞形花序有花4～8朵，黄色，花被裂片高度反卷和皱缩。

果实 蒴果具3棱，室背开裂。

习性 喜温暖、阴湿环境，耐寒性略差。

快速识别

鳞茎卵形肥大，叶阔线性，中间具色带。伞形花序，花被片强烈反卷和皱缩，花黄色。

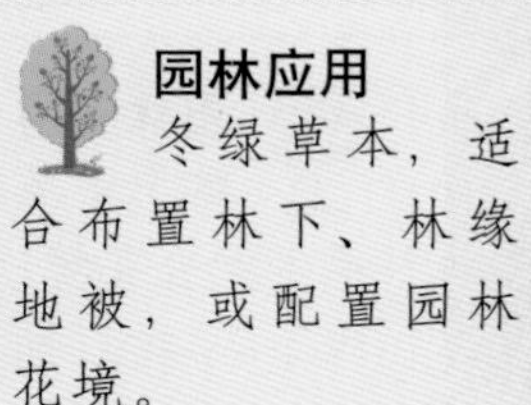

园林应用

冬绿草本，适合布置林下、林缘地被，或配置园林花境。

换锦花 *Lycoris sprengeri*

石蒜科石蒜属

●花期 8～9月 ●果期 8～9月 ●产地 中国长江下游地区

枝茎 株高30～60厘米。鳞茎卵形或近球形，直径约35厘米。

叶片 早春出叶，带状，顶端钝，绿色。

花朵 伞形花序，花4～6朵。花被裂片淡紫红色，顶端常带蓝色，倒披针形。

果实 蒴果具3棱，室背开裂。

习性 耐寒，喜阴湿环境，以排水良好、肥沃的沙壤土为宜。

快速识别

鳞茎卵形或近球形。伞形花序，花4～6朵。

园林应用

适用于多年生混合花境、林下丛栽，也可做盆栽观赏。

黄水仙 *Narcissus pseudonarcissus*

石蒜科水仙属　别名/洋水仙、喇叭水仙、普通水仙

●花期 3～4月　●产地 法国、西班牙、葡萄牙

枝茎 有皮鳞茎卵圆形，鳞茎最大者长0.45米，宽0.1米。

叶片 叶绿色，略带灰色，基生，宽线形，先端钝。

花朵 花葶挺拔，顶生1花，花朵硕大，花横向或略向上开放，外花冠呈喇叭形、花瓣淡黄色，边缘呈不规则齿状褶皱。

果实 果实为水果形，扁圆球形。

习性 喜冬季湿润、夏季干热的生长环境。耐半阴。以肥沃、疏松、排水良好、富含腐殖质的微酸性至微碱性沙质壤土为宜。

快速识别

有皮鳞茎卵圆形。叶绿色，宽线形，先端钝。花朵硕大，花横向或略向上开放，外花冠呈喇叭形、花瓣淡黄色，边缘呈不规则齿状褶皱。

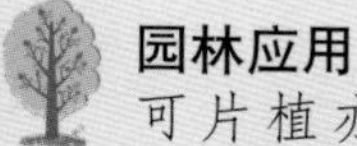

园林应用

可片植亦可置景，其花美丽，深受大众喜爱。

六出花 *Alstroemeria hybrida*

石蒜科六出花属　别名/秘鲁百合

● 花期 6～8月　● 产地 南美的智利、巴西和秘鲁等国

枝茎 株高60～120厘米。地下具块状茎，簇生，平卧，地上茎直立，不分枝。

叶片 叶多数，互生，披针形，呈螺旋状排列。

花朵 伞形花序，花小而多，喇叭形，花色丰富，花内轮具红褐色条纹斑点。

果实 蒴果室背开裂。

习性 喜温暖、半阴或阳光充足的环境，要求深厚、疏松、肥沃的土壤。

快速识别

地上茎直立，不分枝。叶多数，互生，披针形，呈螺旋状排列。伞形花序，花小而多，喇叭形。花色丰富，花内轮具红褐色条纹斑点。

园林应用

用于花坛、岩石园栽培，也可做盆栽和切花。

石蒜 *Lycoris radiata*

石蒜科石蒜属　别名/红花石蒜、蟑螂花、彼岸花

●花期 9～10月　●果期 11月　●产地 中国长江中下游及西南部分地区，日本、越南也有分布

枝茎 株高30～60厘米。具肥厚的地下鳞茎，皮膜褐色。

叶片 叶基生，线形，深绿色，于花期后自基部抽生。

花朵 花葶高30～60厘米，花5～7朵呈顶生伞形花序，鲜红色。花被片6裂，狭倒披针形，边缘波状，向外翻卷。雄蕊显著伸出于花被外。

果实 产自中国的石蒜结蒴果，产自日本的不能结实。

习性 喜温和、阴湿环境，具一定耐寒性。夏季休眠。

快速识别

鳞茎肥厚，叶线性深绿色，花后抽生。顶生伞形花序，花被片深裂并向外翻卷，花色鲜红。

园林应用

园林中不可多得的冬绿地被花卉，也是园林花境的常用材料。

晚香玉 *Polianthes tuberose*

石蒜科晚香玉属

●花期 9～10月 ●产地 墨西哥及南美

枝茎 株高80～100厘米，具粗圆锥状块茎。

叶片 叶基部簇生，呈线性或披针形，越向上越短。

花朵 穗状花序顶生。小花成对着生，着花约20朵，自下向上顺序开放。花白色，花瓣蜡质肉厚，漏斗状，芳香。

果实 蒴果球形，种子扁锥形，黑色。

习性 不耐寒，喜温暖、湿润、阳光充足、通风良好的环境条件，耐盐碱，对土壤要求不严。

快速识别

叶基部簇生，呈线性或披针形。穗状花序顶生。小花成对着生，花白色，花瓣蜡质肉厚，漏斗状，芳香。

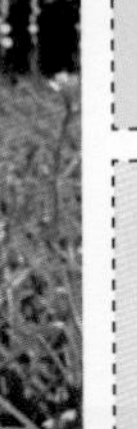

园林应用

是一种很好的切花材料，也可在园林中的空旷地成片散植或布置岩石园、花坛、花境。因开花时夜晚有浓香，又是配置夜花园的美好材料。

文殊兰 *Crinum asiaticum*

石蒜科文殊兰属　别名/白花石蒜、十八学士

● 花期 夏季　● 产地 亚洲热带

枝茎 株高80～150厘米。叶基形成假鳞茎，长圆柱状，白绿色。

叶片 叶基生，阔带形或剑形，肥厚。

花朵 伞形花序顶生，下具2枚大形苞片，开花时下垂。小花纯白色，花被筒直立细长，花被片线性，有香气。

果实 蒴果球形，直径3～5厘米。

习性 喜温暖，不耐寒，喜光线充足，耐盐碱。

快速识别

叶基形成假鳞茎，长圆柱状，白色。叶基生，阔带形或剑形，肥厚。伞形花序顶生，小花纯白色，花被筒直立细长，有香气。

园林应用

可用于花境、丛植或盆栽观赏。同属栽培种有红花文殊兰，株高60～100厘米，假鳞茎小，长圆柱状，紫色；叶鲜绿色；花有浓香；花期夏季。

雪滴花 *Leucojum vernum*

石蒜科雪滴花属　别名/雪花水仙、雪铃花、铃兰水仙

● 花期 3 ~ 4月　● 产地 中欧及地中海沿岸

枝茎 株高25 ~ 40厘米。地下具球形鳞茎。

叶片 叶丛生，带状直立，深绿色被白粉，光滑。

花朵 花白色，无筒部，呈广钟形下垂。花被片6，先端具一黄绿色斑点。

果实 蒴果。

习性 喜湿润、冷凉和阳光充足环境，适应性强，耐寒。

快速识别

鳞茎球形，叶带状丛生，直立光滑。花广钟形下垂，白色，花被片6，先端具一黄绿色斑点。

园林应用

宜配置于林缘、草坪或疏林下，亦可用于花丛、花境或岩石园点缀。常见同属种有夏雪滴花、秋雪滴花。雪花莲与雪滴花的形态颇为相似，但是不同属（雪花莲属）植物，其叶数少，花葶实心。

朱顶红 *Hippeastrum rutilum*

石蒜科朱顶红属　别名/孤挺花、朱顶兰、百枝莲

●花期 5～6月　●产地 南美秘鲁、巴西

枝茎 株高60～90厘米。地下鳞茎大，近球形，直径7～8厘米。

叶片 叶二列状着生，带状，略肉质，鲜绿色，与花同出或花后抽出。

花朵 花葶粗壮、直立而中空，自叶丛外侧抽生。花大型漏斗状，呈水平或下垂，花被裂片长圆形，顶端尖，雄蕊6枚，花丝细长。

果实 蒴果近球形，种子扁平。

习性 喜温暖、湿润环境，忌酷暑和严寒，阳光不宜过强，忌水涝。

快速识别

鳞茎大，近球形，叶二列状着生。花葶自叶丛外侧抽生，直立而中空，花大型漏斗状，花色多。

园林应用

品种多，花色丰富，多做盆栽观赏，高性品种可做切花。

长筒石蒜 *Lycoris longituba*

石蒜科石蒜属

● 花期 7 ~ 8月 ● 产地 中国江苏

枝茎 株高60 ~ 80厘米。鳞茎卵球形，直径约4厘米。

叶片 叶披针形，顶端渐狭，圆头，绿色，中间淡色带明显。

花朵 花白色，花被筒长达4 ~ 6厘米，花被裂片腹面稍有淡红色条纹，长椭圆形，顶端稍反卷。

果实 蒴果。

习性 耐寒性强，喜阴湿，在向阳地也能生长良好。

快速识别

鳞茎卵球形，叶披针形，绿色，中间有淡色带。花白色。

园林应用

适于林下或草地中丛植布置，也可做盆栽和切花。

蜘蛛兰 *Hymenocallis americana*

石蒜科蜘蛛兰属　别名/水鬼蕉、蜘蛛百合、美洲蜘蛛兰

●花期　夏末秋初　●产地　美洲热带

枝茎　株高约80厘米。鳞茎大，径7 ～ 11厘米。

叶片　叶剑形，稍肉质，顶端急尖，基部渐狭，鲜绿色。

花朵　伞形花序具花3 ～ 8朵，白色，芳香，花筒有绿条纹。花被裂片线形，与筒部等长，副冠钟形至漏斗形，具齿牙缘。

果实　蒴果卵圆形或环形，肉质，成熟时裂开。

习性　喜温暖、湿润环境，不耐寒，适合于黏质土壤栽培。

快速识别

鳞茎大，叶剑形肉质，基部渐狭。伞形花序，花被裂片线性，副冠漏斗状，具齿牙缘。

园林应用

宜片植或丛植于林下、水岸湿地。常见同属种有美丽蜘蛛兰，伞形花序具花9 ～ 15朵，纯白色，裂片线形，为筒部的2倍。

中国水仙 *Narcissus tazetta* var. *chinensis*

石蒜科水仙属　别名/水仙、雅蒜、凌波仙子

● 花期 12月至翌年3月　● 产地 中国浙江、福建沿海岛屿

枝茎 株高20～80厘米。鳞茎卵球形，棕褐色皮膜易脱落。

叶片 叶狭带形，二列状互生，钝头，全缘，灰绿色。

花朵 伞房花序生于茎顶，小花5～10朵。花被裂片6枚，卵圆形至阔卵圆形，白色。副冠淡黄色浅杯状，长不及花被的一半。

果实 蒴果，室背开裂。

习性 喜凉爽、阳光充足环境，喜湿润、肥沃的沙质壤土。

快速识别

鳞茎卵球形，叶狭带状互生，钝头全缘。伞房花序顶生，花被卵形白色，副冠淡黄色浅杯状。

园林应用

多盆栽水养观赏，常雕刻造型，亦可点缀于石旁、溪边。常见品种有‘金盏银台’‘玉玲珑’，单瓣花品种。

紫娇花 *Tulbaghia violacea*

石蒜科紫娇花属　别名/野蒜、非洲小百合

● 花期 4 ~ 11月　● 产地 南非

枝茎 株高30 ~ 50厘米。地下具圆柱形小鳞茎，成株丛生状，含韭味。

叶片 叶狭长线形，灰绿色。

花朵 顶生聚伞形花序，淡紫色小花。花冠裂片6枚，中部有一纵向深色条纹。

果实 蒴果。

习性 喜全光照，亦稍耐半阴，耐热性较强，不耐寒，较耐贫瘠。

快速识别

圆柱形小鳞茎，株丛含韭味。叶狭长线形。聚伞花序顶生，小花淡紫色，裂片6枚。

园林应用

优良的花境材料，适合疏林下、林缘或路缘配置，或点缀庭院、公园隙地。

唐菖蒲 *Gladiolus hybridus*

鸢尾科唐菖蒲属　别名/剑兰、菖兰、十三太保

● 花期 7～9月　● 果期 8～10月　● 产地 南非好望角、地中海沿岸及小亚细亚

枝茎 株高50～80米。地下球茎扁圆球形，有黄棕色的膜质包被。

叶片 叶基生剑形，嵌叠为二列状。基部鞘状，顶端渐尖，中脉突出，灰绿色。

花朵 顶生穗状花序，着花8～20朵。小花花冠漏斗状，色彩丰富，花被裂片6枚，2轮排列。

果实 蒴果椭圆形或倒卵形，成熟时室背开裂。

习性 喜光，忌严寒和酷暑，忌积水和黏重土壤。

快速识别

球茎扁圆球形。叶基生剑形，中脉突出，灰绿色。顶生穗状花序，花冠漏斗状，花色丰富。

园林应用

常用切花，多用于花束、花篮，矮生品种可盆栽。常见品种繁多，主要色系包括红、粉、黄、橙、紫、白和复色等。

PART 4

水生花卉

菱 *Trapa bispinosa*

菱科菱属　别名/水菱、风菱、乌菱

● 花期 夏秋　● 果期 夏秋　● 产地 中国、日本、朝鲜、印度、巴基斯坦

枝茎 一年生浮水草本。根生于水下泥中，茎细长。

叶片 叶2型，生于水中茎上的沉水叶对生，羽状分裂，裂片如细丝，像须根。近水面茎的节间较短，漂浮于水面上的叶呈聚生状，上部的叶柄短，下部的叶柄长，各叶片镶嵌展开于水面上，呈莲座状，叶片菱状三角形，边缘牙齿状，背面脉上有毛，叶柄中部膨胀成宽约1厘米的海绵质气囊。

花朵 花两性，单生于叶腋，伸出水面。

果实 坚果两侧各具一角刺，角刺直，长约1厘米。

习性 喜温暖、湿润、阳光充足环境，不耐寒。

快速识别

叶2型，生于水中茎上的沉水叶对生，羽状分裂，裂片如细丝；近水面茎的节间较短，漂浮于水面上的叶呈聚生状，各叶片镶嵌展开于水面上，呈莲座状，叶片菱状三角形，边缘牙齿状，叶柄中部膨胀成气囊。

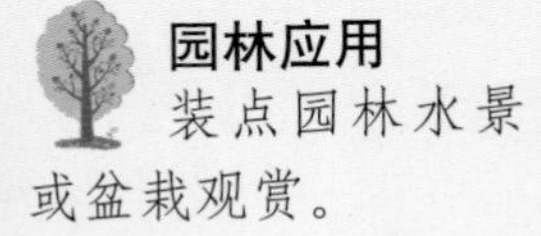

园林应用

装点园林水景或盆栽观赏。

荇菜 *Nymphoides peltata*

龙胆科荇菜属　别名/ 水葵、莕菜、金莲子

● 花期 5～10月　● 果期 5～10月　● 产地 中国、日本及俄罗斯

枝茎 多年生漂浮植物。茎细长柔弱，多分枝，节处生根扎入泥中。

叶片 叶互生，叶片近圆形或心状椭圆形，近革质，稍厚，叶端圆形，基部深裂至叶柄着生处，叶缘呈波浪状，叶面光亮润滑，叶背略呈紫色，有腺点。叶柄长短变化大。叶背紫色，漂浮于水面。

花朵 伞形花序簇生于叶腋处，萼片和花冠5裂，裂片边缘具睫状毛，花冠喉部有细毛。

果实 蒴果长卵形，种子小，多数，圆形。

习性 常野生于静水的池塘、湖泊中，耐寒、强健，对环境适应性很强。

快速识别

漂浮植物。叶互生，近圆形或心状椭圆形，光亮润滑，近革质，稍厚，叶端圆形，基部深裂至叶柄着生处，叶缘呈波浪状，叶柄长短变化大。叶背紫色，漂浮于水面。伞形花序，黄色。

园林应用

用作水面绿化材料，常在公园、风景区中点缀水面。常见变种有流苏荇菜，其特征在于花冠裂片边缘呈流苏状。

水生美人蕉 *Canna glauca*

美人蕉科美人蕉属

● 花期 7～10月 ● 产地 美洲

枝茎 株高1～1.5米。

叶片 叶色灰绿，狭披针形叶面有一层白粉。

花朵 花瓣直立，花冠筒极短，花黄色、红色或有斑点，萼片、花瓣和假雄蕊等各部分与常见美人蕉极相似。

果实 蒴果长圆形。

习性 喜光，耐水湿，不耐寒。

快速识别

叶色灰绿，狭披针形，叶面有白粉。花瓣直立，花冠筒极短，花黄色、红色或有斑点，萼片、花瓣和假雄蕊等各部分与常见美人蕉极相似。

园林应用

布置园林水景，多在水边栽植。

千屈菜 *Lythrum salicaria*

千屈菜科千屈菜属

别名/对叶莲、水芝锦、水芝柳

●花期 6～10月 ●果期 9～11月 ●产地 欧亚两洲的温带，中国南北各省均有野生

枝茎 株高30～100厘米。地下根茎粗硬横卧于地下，木质化。地上茎直立，4棱，多分枝，具木质化基部，幼时有白色柔毛，后脱落。

叶片 单叶对生或轮生，披针形或宽披针形，顶端钝或短尖，基部圆形或心形，有时略抱茎，全缘，无柄。

花朵 穗状花序顶生，小花多数密生，花两性，萼筒长管状，花瓣6枚，紫红色。

果实 蒴果椭圆形，全包于宿存萼内。

习性 喜温暖、水湿、光照充足、通风良好的环境，耐寒性强，对土壤要求不严，以土层深厚、含有大量腐殖质的土壤中生长最佳。

园林应用

布置园林水景，色泽艳丽，景色秀美，也可作为花境背景材料和盆栽观赏。

快速识别

茎直立，4棱，多分枝，具木质化基部。单叶对生或轮生，披针形或宽披针形，顶端钝或短尖，基部圆形或心形，有时略抱茎，全缘，无柄。穗状花序顶生，小花多数密生，紫红色。

旱伞草 *Cyperus alternifolius*

莎草科莎草属　别名/水棕竹、伞草、风车草

● 花期 7月　● 产地 非洲马达加斯加

枝茎 株高40～150厘米。多年生湿生或挺水型草本植物。茎丛生，茎秆粗壮，三棱形，无分枝。

叶片 叶退化成鞘状，包裹在茎的基部。总苞片叶状，长而窄，约20枚，近于等长，成螺旋状排列在茎秆的顶部，向四面开展如伞状。

花朵 聚伞花序，花小，淡紫色。

果实 坚果，倒卵形、扁三棱形，长2～2.5毫米。

习性 喜温暖、湿润、通风良好、光照充足的环境，耐半阴，耐寒，对土壤要求不严，以肥沃、稍黏的土质为宜。

快速识别

挺水型草本植物。茎丛生，茎秆粗壮，三棱形，无分枝。总苞片叶状，长而窄，近等长，呈螺旋状排列在茎秆的顶部，向四面开展如伞状。

园林应用

适合布置于河边水旁的浅水之中，或与山石相配，亦可盆栽观赏。

醉铜钱 *Hydrocotyle sibthorpioides*

伞形科天胡荽属　别名/香菇草、铜钱草

● 花期 4～9月　● 果期 4～9月　● 产地 中国、朝鲜、日本、东南亚至印度等地

枝茎 株高10～20厘米。多年生草本，有气味。茎细长而匍匐，平铺地上成片，节上生根。

叶片 叶柄长，叶圆伞形，直径2～4厘米，边缘有圆钝锯齿，叶色翠绿，有光泽。

花朵 伞形花序与叶对生，小花黄绿色。

果实 果实略呈心形，幼时表面草黄色，成熟时有紫色斑点。

习性 喜光，耐水湿，耐寒。

园林应用

可做滨水地被，配置于花境中，亦可盆栽观赏。

快速识别

叶片圆伞形，表面光亮，叶柄较长。

水葱 *Scirups tabernaemontani*

莎草科藨草属　别名/翠管草、冲天草、莞

●花期 6～8月　●果期 8～9月　●产地 全世界均有分布

枝茎 株高1～2米。地下具粗壮而横走的根茎，地上茎直立，圆柱形，中空，粉绿色。

叶片 叶片褐色，鞘状，生于茎的基部。

花朵 聚伞花序顶生，稍下垂，由许多卵圆形小穗组成。小花淡黄褐色，下具苞叶。

果实 坚果小，倒卵形或椭圆形，褐色。

习性 喜温暖、潮湿的环境，耐阴，较耐寒，不择土壤。

快速识别

地上茎直立，圆柱形，中空，粉绿色。叶片褐色，鞘状，生于茎的基部。聚伞花序顶生，稍下垂，由许多卵圆形小穗组成。小花淡黄褐色，下具苞叶。

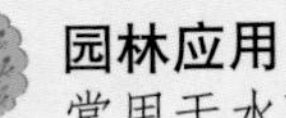

园林应用

常用于水面绿化或做岸边池旁点缀，也做盆栽欣赏和插花材料。常见变种有花叶水葱、南水葱。

杉叶藻 *Hippuris vulgaris*

杉叶藻科杉叶藻属

●花期 4～9月 ●果期 5～10月 ●产地 全世界均有分布

枝茎 株高达150厘米。茎直立，常带紫红色。

叶片 叶条形，轮生，两形，无柄，沉水中的根茎粗大，圆柱形。

果实 小坚果状卵状椭圆形。

习性 喜光，喜湿，有一定的抗旱性，耐寒性强。

快速识别

果实卵状椭圆形，具4条浅槽，顶端具残存的萼片及花柱。

园林应用

净化水体，观叶水草。

水 鳖 *Hydrocharis dubia*

水鳖科水鳖属　别名/马尿花、芣菜

● 花期 8～10月　● 果期 8～10月　● 产地 大洋洲和亚洲

枝茎 漂浮草本。株高20厘米。匍匐茎发达，节间长3～15厘米，直径约4毫米，顶端生芽，并可产生越冬芽。

叶片 叶簇生，多漂浮，有时伸出水面。叶片心形或圆形，先端圆，基部心形，全缘，远轴面有蜂窝状贮气组织并具气孔。叶脉5条，稀7条，中脉明显。

花朵 雌雄同株，雌花白色、蓝色。

果实 浆果，球形至倒卵形，长0.8～1厘米，直径约7毫米，具数条沟纹。

习性 喜温暖、湿润的环境，常生活在河溪、沟渠中。

快速识别

叶簇生，多漂浮，有时伸出水面。叶片心形或圆形，先端圆，基部心形，全缘，远轴面有蜂窝状贮气组织并具气孔。雌雄同株，雌花白色、蓝色。

园林应用

水面绿化，也可供水簇箱中栽培观赏。

荷花 *Nelumbo nucifera*

睡莲科莲属　别名/莲、芙蓉、芙蕖、藕

● 花期 6～9月　● 果期 9～10月　● 产地 亚洲热带地区及大洋洲

枝茎 多年生挺水花卉，叶片挺出水面10～150厘米。地下茎膨大横生于泥中，称藕。藕分节，节周围环生不定根并抽生叶、花，同时萌发侧芽。

叶片 叶盾状近圆形，具辐射状叶脉，全缘。叶面深绿色，被蜡质白粉，叶被淡绿，光滑，叶柄两侧生刚刺。

花朵 花单生，两性。花蕾瘦桃形、桃形或圆桃形，暗紫或灰绿色。

果实 花后膨大的花托称莲蓬，发育正常时，每个心皮形成一个小坚果，称莲子，成熟时果皮青绿色，老熟时变为深蓝色，干时坚固。

习性 喜湿怕干，一般水深以0.3～1.2米为宜。喜热喜光，对土壤要求不严，喜肥沃、富含有机质的黏土。

快速识别

挺水花卉。叶盾状近圆形，具辐射状叶脉，全缘。叶面深绿色，被蜡质白粉。花蕾瘦桃形、桃形或圆桃形，暗紫或灰绿色。

园林应用

良好的水面绿化美化植物，可大面积池栽，形成“接天莲叶无穷碧”的壮丽景观，可与睡莲、王莲等搭配种植，也是插花的好材料。荷花中的小型品种碗莲，可装点美化居室环境。

萍蓬莲 *Nupahar pumilum*

睡莲科萍蓬草属　别名/黄金莲、萍蓬草

●花期 5～7月　●果期 7～9月　●产地 中国、日本、俄罗斯的西伯利亚地区和欧洲等

枝茎 多年生浮水草本。根状茎肥厚块状，横卧泥中。

叶片 叶基生，二型。浮水叶纸质或近革质，圆形至卵形，全缘，基部开裂呈深心形，叶面绿而光亮，叶背隆凸，紫红色，有茸毛；沉水叶薄而柔软，无茸毛。

花朵 花单生叶腋，圆柱状花茎挺出水面，花蕾球形，绿色。萼片5枚，黄色，花瓣状。花瓣10～20枚，狭楔形。

果实 浆果卵形，具宿存萼片，不规则开裂。

习性 喜温暖、湿润、阳光充足的环境，对土壤要求不严，土壤肥沃、略带黏性为好。

快速识别

叶基生，二型。浮水叶纸质或近革质，圆形至卵形，全缘，基部开裂呈深心形，叶面绿而光亮，叶背隆凸，紫红色，有茸毛。花单生叶腋，圆柱状花茎挺出水面，花蕾球形，绿色。

园林应用

多用于池塘水景布置，又可盆栽于庭院、建筑物、假石前，或在居室前向阳处摆放。根具净化水体的功能。

芡 *Euryale ferox*

睡莲科芡实属 别名/鸡头米、鸡头荷、刺莲藕

●花期 7～8月 ●果期 8～9月 ●产地 南亚及日本、印度、朝鲜、中国

枝茎 一年生浮水草本。花茎多刺，根茎短肥。

叶片 叶丛生，浮于水面，初生幼叶呈箭形或下部开裂的椭圆形，常呈紫红色，沉于水中。成叶圆状盾形或圆状心脏形，直径可达130厘米。未完全展开时边缘呈盘状，表面皱曲，绿色，背面紫色，叶脉隆起，两面具刺。

花朵 单生叶腋，具长柄，挺出水面。花托多刺，状如鸡头，故称“鸡头”。花萼4枚，外面绿色，内面紫色。花瓣多数，紫色。

果实 浆果球形，紫红色，外面密生硬刺。

习性 喜温暖，喜光，喜泥土肥沃。

园林应用

叶形、花托奇特，用于水面绿化有野趣。

快速识别

浮水草本。叶丛生，浮于水面，初生幼叶呈箭形或下部开裂的椭圆形，常呈紫红色，沉于水中。成叶圆状盾形或圆状心脏形，未完全展开时边缘呈盘状，表面皱曲，绿色，有刺。花托多刺，状如鸡头。

睡 莲 *Nymphaea tetragona*

睡莲科睡莲属　别名/子午莲、水芹花

●花期 6~9月　●果期 7~9月　●产地 北非和东南亚热带地区，欧洲和亚洲的寒温带地区有产

枝茎 多年生浮水草本。根状茎粗短，直立或匍匐。

叶片 叶二型，浮水叶丛生并浮于水面，全缘，近圆形或卵状椭圆形，先端钝圆，基部深裂呈马蹄形或心脏形。叶缘波状全缘或有齿，纸质或革质，叶面浓绿，背面暗紫色。沉水叶薄膜质，柔弱。

花朵 花单生，花径有大小之分，浮水或挺水开放。萼片4，阔披针形或窄卵形，花瓣、雄蕊多数。

果实 聚合果球形，内含多数椭圆形的黑色小坚果。

习性 喜强光、通风良好、水质清洁的环境。

快速识别

浮水草本。叶二型，浮水叶丛生浮于水面，全缘，近圆形或卵状椭圆形，先端钝圆，基部深裂呈马蹄形或心脏形。叶缘波状全缘或有齿，纸质或革质，叶面浓绿，背面暗紫色。

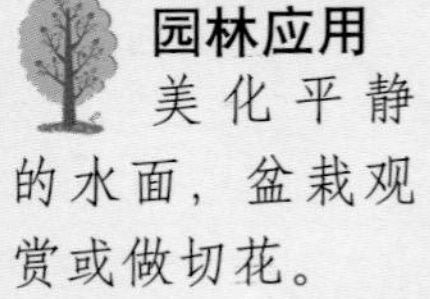

园林应用

美化平静的水面，盆栽观赏或做切花。

王 莲 *Victoria amazonica*

睡莲科王莲属　别名/亚马孙王莲

● 花期 夏秋季　● 产地 南美洲

枝茎 大型浮叶草本，具白色的不定根。茎短缩，呈梭状，下部半木质化。

叶片 叶片有规律的变化，初生第1片叶呈针状，第2～3片叶呈矛状，第4～5片叶呈戟状，第6～8片叶椭圆形，第9～10片叶近圆形，第11片叶以后的叶，叶缘上翘呈盘状，高约10厘米。叶面微红有褶皱。叶背紫红色，具刺，叶脉为放射状网状脉。叶柄绿色有刺。

花朵 花单生，两性，花径25～30厘米，常伸出水面开放，萼片4枚，卵状三角形，绿褐色。花瓣多数，倒卵形，初开为白色，第2天变淡红至深红色，第3天闭合，沉入水中。

果实 果实球形，外种皮具刺，有宿存花萼，果成熟后变为绿色，内有种子多数，形似玉米。

习性 喜温暖、空气湿度大、阳光充足和水体清洁的环境，喜肥。通常要求水温30～35℃，若低于20℃便停止生长。

园林应用

王莲叶奇花大，漂浮水面，十分壮观，常用于美化水体。种子含丰富淀粉，可供食用。同属常见栽培种有克鲁兹王莲叶径小于亚马孙王莲，叶缘直立且高于亚马孙王莲，花色也较淡。

快速识别

大型浮叶草本，叶缘上翘呈盘状，叶面微红有褶皱。叶背紫红色，具刺，叶脉为放射状网状脉。

菖蒲 *Acorus calamus*

天南星科菖蒲属 别名/水菖蒲、泥菖蒲、臭菖蒲

● 花期 6～9月 ● 果期 8～10月 ● 产地 温带及亚热带地区，中国及日本均有分布

枝茎 株高30～50厘米。根状茎横走，粗壮，稍扁，有多数不定根（须根），有香气。

叶片 叶二列状着生，叶片呈剑状线形，顶端渐尖，基部呈鞘状，对折抱茎，中部以下渐尖，中肋明显且隆起，每侧有3～5条平行脉。叶基部两侧有膜质的叶鞘，后脱落。叶片揉碎后具香味。

花朵 花茎基生，扁三棱形，叶状佛焰苞，内具肉穗花序直立或斜上，圆柱状长锥形，花两性，黄绿色。

果实 浆果长圆形，红色。

习性 喜温暖、水湿的环境，对环境适应性强，耐寒性不强。

快速识别

叶二列状着生，叶片呈剑状线形，顶端渐尖，基部呈鞘状，对折抱茎，中部以下渐尖，中肋明显且隆起。叶片揉碎后具香味。花茎基生，扁三棱形，叶状佛焰苞，内具肉穗花序直立或斜上，圆柱状长锥形。

园林应用

常遍植于桥边亭旁的浅水处或石隙间，景观效果好，也可盆栽观赏。常见品种或变种有花叶菖蒲、金线菖蒲。

大薸 *Pistia stratiotes*

天南星科大漂属 别名/天浮萍、水浮萍、水莲

●花期 夏秋 ●果期 夏秋 ●产地 热带及亚热带地区，中国长江流域也有分布

枝茎 水生漂浮草本，高10～20厘米。主茎短缩，从叶腋间向四周分出匍匐茎，茎顶端发出新植株，有白色成束的须根。

叶片 叶簇生或呈莲座状，叶片常因发育阶段不同而形异，如倒三角形、倒卵形、扇形，以至倒卵状长楔形。先端截头状或浑圆，基部厚，两面被毛，基部尤为浓密。叶色草绿，叶脉明显，使叶呈折扇状。

花朵 花序生叶腋间，有短的总花柄，佛焰苞长约1.2厘米，白色，背面生毛。

果实 浆果。

习性 喜高温多雨气候，不耐严寒。

快速识别

叶呈莲座状，从叶腋间向四周分出匍匐茎，茎顶端发出新植株。叶先端截头状或浑圆，基部厚，两面被毛，基部尤为浓密。叶色草绿，叶脉明显，使叶呈折扇状。

园林应用

多用于绿化池塘，也可盆栽观赏。

石菖蒲 *Acorus gramineus*

天南星科菖蒲属　别名/金钱蒲、钱蒲、菖蒲

● 花期 5～6月　● 果期 7～8月　● 产地 中国、日本，越南或印度也有分布

枝茎 株高20～30厘米，全株具香气。根茎较短，横走或斜伸，芳香，外皮淡黄色，根肉质，多数，须根密集。根茎上部多分枝，呈丛生状。分枝基部常具宿存叶基。

叶片 叶基生，叶片质地较厚，剑形，绿色，先端长渐尖，无中肋，平行脉多数。

花朵 花序柄长2.5～15厘米。叶状佛焰苞短，为肉穗花序长的1～2倍，稀短于肉穗花序，狭窄。肉穗花序黄绿色，圆柱形。

果实 果序较花序增粗，果黄绿色。

习性 喜温暖、阴湿环境，忌旱，不耐强光暴晒。稍耐寒。

快速识别

根茎上部多分枝，呈丛生状。叶基生，质地较厚，剑形，绿色，先端长渐尖，无中肋，平行脉多数。肉穗花序黄绿色，圆柱形，果黄绿色。

园林应用

常点缀于池岸边沿与石相伴处，具较好的景观效果。也可盆栽或栽于假山石隙，或做花坛、花境镶边材料。常见变种有金线石菖蒲、钱蒲。

莲子草 *Alternanthera sessilis*

苋科莲子草属　别名/满天星、虾钳菜、白花仔

●花期 5～7月　●果期 7～9月　●产地 中国、印度、缅甸、越南、马来西亚、菲律宾等地

枝茎 株高10～45厘米。茎上升或匍匐，绿色或稍带紫色，有条纹及纵沟，沟内有柔毛，在节处有一行横生柔毛。

叶片 叶片形状及大小有变化，条状披针形、矩圆形、倒卵形、卵状矩圆形，全缘或有不明显锯齿，两面无毛或疏生柔毛，叶柄无毛或有柔毛。

花朵 头状花序1～4个，腋生，无总花柄，初为球形，后渐成圆柱形，花密生，花轴密生白色柔毛。苞片及小苞片白色。

果实 果倒心形，侧扁，翅状，深棕色，包在宿存花被片内。

习性 喜高温高湿、阳光充足。

园林应用

植于浅水处，也可盆栽。常见种类有红莲子草、空心莲子草。

快速识别

茎上升或匍匐，绿色或稍带紫色，有条纹及纵沟。叶片形状及大小有变化，全缘或有不明显锯齿。头状花序1～4个，腋生，无总花柄，初为球形，后渐成圆柱形。

香蒲 *Typha angustata*

香蒲科香蒲属　别名/长包香蒲、水烛

●花期 6～8月　●产地 中国及欧、亚北部其他国家

枝茎 株高1.5～3.5米。地上茎直立，细长圆柱状，不分枝。

叶片 叶由茎基部抽出，二列状着生，叶片上部扁平，中部以下背面逐渐隆起，下部横切面呈半圆形，细胞间隙大，海绵状。叶鞘很长，抱茎。

花朵 花单性，同株。穗状花序呈蜡烛状，浅褐色。雄花序生于花轴上部，雌花序生于下部，两者之间相隔3～7厘米的裸露花序轴。

果实 小坚果纺锤形，果皮具褐色斑点。

习性 耐寒，喜阳光，喜深厚肥沃的泥土，适应性强，对土壤要求不严。

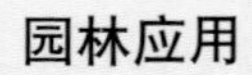

园林应用

最宜水边栽植，也可盆栽，花序经干制后为良好的切花材料。常见栽培种有宽叶香蒲、小香蒲、花叶香蒲。

快速识别

地上茎直立，细长圆柱状，不分枝。叶由茎基部抽出，二列状着生，叶片上部扁平，中部以下背面逐渐隆起，下部横切面呈半圆形。花单性，同株。穗状花序呈蜡烛状，浅褐色。

凤眼莲 *Eichhornia crassipes*

雨久花科凤眼莲属　别名/凤眼莲、水浮莲、水葫芦

●花期 7～10月　●果期 8～11月　●产地 南美

枝茎 株高30～50厘米。茎极短，具长匍匐枝，匍匐枝淡绿色或带紫色，与母株分离后长成新植物。

叶片 叶片丛生于短缩茎的基部，卵圆形，叶面光滑。叶柄中下部有膨胀如葫芦的气囊，基部具鞘状苞片。

花朵 花茎单生，穗状花序，花被蓝紫色，6裂，上方一片裂片较大，在蓝色花被的中央有一黄色圆斑，似孔雀羽翎，另5片近相等。

果实 蒴果，卵形。

习性 喜温暖、湿润、阳光充足的环境，喜浅水、静水、流速不大的水体。

快速识别

叶片丛生于短缩茎的基部，卵圆形，叶面光滑。叶柄中下部有膨胀如葫芦的气囊。花茎单生，穗状花序，花被蓝紫色。

园林应用

片植或丛植于水面，也可用于鱼缸装饰。

梭鱼草 *Pontederia cordata*

雨久花科海寿花属　别名/北美梭鱼草

●花期 5～10月　●果期 5～10月　●产地 美洲热带至温带地区

枝茎 株高80～250厘米。具根状茎。

叶片 叶片长卵形或箭头形，顶端渐尖且钝，基部心形，全缘。

花朵 穗状花序，花瓣筒状，花蓝紫色。

果实 胞果椭圆形，果皮硬，种子椭圆形，长1～2厘米。

习性 喜温暖、水湿的环境，不耐严寒和干旱。

快速识别

叶片长卵形或箭头形，顶端渐尖且钝，基部心形，全缘。穗状花序，花瓣筒状，花蓝紫色。

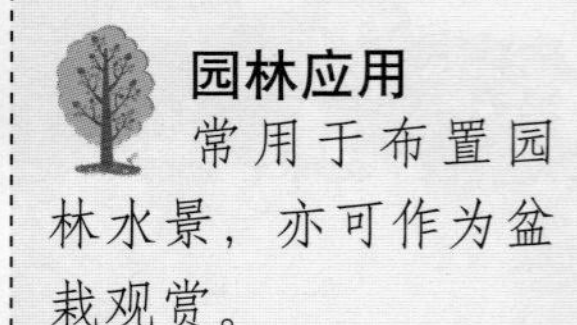

园林应用

常用于布置园林水景，亦可作为盆栽观赏。

雨久花 *Monochoria korsakowii*

雨久花科雨久花属　别名/水白菜、浮蔷

●花期 7～8月　●果期 9～10月　●产地 中国、朝鲜、日本及东南亚等地

枝茎 株高0.5～0.9米。根状茎粗壮，茎直立，全株光滑无毛，基部有时带紫红色。

叶片 叶单生，叶片呈广心形或卵状心形，先端渐尖，基部心形，全缘，叶柄基部扩大成鞘，抱茎。

花朵 由总状花序再聚成圆锥花序，花茎高于叶丛，花浅蓝至蓝色。

果实 蒴果，卵形。

习性 喜温暖、水湿的环境，耐半阴，喜通风良好。

快速识别

茎直立，全株光滑无毛，基部有时带紫红色。叶单生，叶片呈广心形或卵状心形，全缘。由总状花序再聚成圆锥花序，花茎高于叶丛，花浅蓝至蓝色。

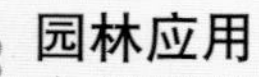

园林应用

点缀园林水景，或盆栽观赏，也可做切花。常见变种有箭叶雨久花，具匍匐茎，花蓝紫色，秋季开放。

慈姑 *Sagttaria sagittifolia*

泽泻科慈姑属 别名/茨菰、燕尾草、剪刀草

● 花期 7～9月 ● 果期 9～11月 ● 产地 中国，其他热带温带地区也有分布

枝茎 株高20～120厘米。地下具根茎，其先端形成球茎。

叶片 叶基生，柄长。沉水叶条形或叶柄状；浮水叶长圆状披针形或卵状圆形，基部深裂；挺水叶箭形，顶端裂片三角状披针形，下部裂片披针形或带状披针形。叶全缘，具平行主脉，羽状网脉明显。

花朵 花茎直立，单生或疏分枝，上部着生三出轮生状圆锥花序。小花单性同株或杂性株。白色。

果实 瘦果组成聚合果。

习性 喜温暖、水湿、阳光充足的环境，不耐霜冻和干旱。生长水位宜浅，土壤要求软烂肥沃，含有机质多。

快速识别

叶基生，柄长。挺水叶箭形，顶端裂片三角状披针形，下部裂片披针形或带状披针形。叶全缘，具平行主脉，羽状网脉明显。花茎直立，单生或疏分枝，上部着生三出轮生状圆锥花序。

园林应用

植物园作为水生植物池栽或盆栽欣赏。常见变种有矮慈姑、美洲大慈菇。

泽 泻 *Alisma orientale*

泽泻科泽泻属

● 花期 7～8月 ● 产地 北温带及大洋洲，中国北部野生

枝茎 挺水植株。株高0.5～1.0米。

叶片 叶基生，叶片椭圆形，有明显弧形脉5～7条。

花朵 顶生复总状花序，小花稠密，白色，带红晕。

果实 果环状排列，扁平倒卵形，褐色。

习性 喜温暖、通风良好的环境，喜浅水。

快速识别

多年生草本，叶基生，叶片椭圆形，有明显弧形脉5～7条。顶生复总状花序，小花稠密，白色，带红晕。

园林应用

布置于水边或盆栽。

再力花 *Thalia dealbata*

竹芋科塔利亚属　别名/水竹芋

● 花期 夏秋　● 产地 美国南部和墨西哥，中国也有栽培

枝茎 株高1～2米。植株被白粉，地下根茎发达。

叶片 叶卵状披针形，浅灰蓝色，边缘紫色，长50厘米，宽25厘米。叶鞘极长，大部分闭合。

花朵 复总状花序，花小，紫堇色，花柄可高达2米以上。

果实 蒴果近圆球形成倒卵球形。

习性 喜温暖、水湿、阳光充足的环境，不耐寒，在微碱性的土壤中生长良好 。

快速识别

植株被白粉，叶卵状披针形，浅灰蓝色，边缘紫色。叶鞘极长，大部分闭合。复总状花序，花小，紫堇色，花柄可高达2米以上。

园林应用

株形美观洒脱，叶色翠绿可爱，是水景绿化的上品花卉。或作为盆栽观赏。

PART 5

室内观花花卉

金花虎眼万年青

Ornithogalum dubium

百合科虎眼万年青属

别名/橙花虎眼万年青、杜宾虎眼万年青

● 花期 7～8月　● 产地 南非

枝茎 株高60～80厘米。多年生球根花卉，鳞茎卵球形，表面光滑，绿色，具膜质鳞茎皮。

叶片 叶基生，长条状披针形，叶具长尾尖，常扭转，近革质。

花朵 总状花序或伞房花序，花葶较粗壮，常稍弯曲。小花多数且密集，苞片狭披针形，绿色，花被6片，矩圆形，离生，宿存，花黄色至深橙色。

果实 蒴果倒卵状球形。

习性 喜光，温暖，湿润。

快速识别

叶基生，长条状披针形，叶具长尾尖，常扭转，近革质。总状花序或伞房花序，小花多数且密集，黄色至深橙色。

园林应用

开花后成为冬季里最亮的一抹颜色，可室内盆栽观赏。温暖地区可用于布置自然式园林和岩石园。

多花报春 *Primula × polyantha*

报春花科报春花属　别名/西洋报春

● 花期 春季　● 产地 杂交种

枝茎 株高15～30厘米。

叶片 叶倒卵形，基部渐狭呈有翼的叶柄形。

花朵 伞形花序多数丛生。

果实 蒴果。

习性 喜温暖、湿润、通风良好的环境，喜疏松、肥沃、排水良好的微酸性土壤。

快速识别

叶倒卵形，基部渐狭呈有翼的叶柄形。伞形花序多数丛生。

园林应用

盆栽观赏，温暖地区可布置春季花坛或岩石园。

仙客来 *Cyclamen persicum*

报春花科仙客来属

别名/兔耳花、萝卜海棠、一品冠

●花期 10月至翌年5月上旬 ●产地 地中海东部沿岸、希腊、土耳其南部、叙利亚等地

枝茎 株高20～30厘米。块茎紫红色，肉质，外被木栓质层，初为球形，随年龄增长呈扁圆球形。

叶片 叶心状卵圆形，丛生于块茎上方，边缘有细锯齿，叶面深绿色，具白色斑纹。叶柄红褐色，肉质。

花朵 花单生，肉质、褐红色长柄。花瓣基部联合呈筒状，花蕾期先端下垂，花开后花瓣向上翻卷、扭曲形似兔耳。

果实 蒴果球形，种子褐色。

习性 喜凉爽、湿润及阳光充足的环境，不耐寒，也不喜高温，要求排水良好、富含腐殖质的微酸性土壤。

快速识别

叶心脏状卵圆形，叶面深绿色，具白色斑纹。花蕾期先端下垂，花开后花瓣向上翻卷、扭曲形似兔耳。

园林应用

主要用作盆花，用于室内装饰。

杜 鹃 *Rhododendron simsii*

杜鹃花科杜鹃属 别名/映山红、山石榴

●花期 春季开花 ●产地 中国中南及西南

枝茎 株高2米，分枝多而纤细，密被亮棕褐色扁平糙伏毛。

叶片 叶革质，常集生枝端，卵形，先端短渐尖，基部楔形或宽楔形，边缘微反卷，具细齿。

花朵 花2～3朵簇生枝顶。花柄长8毫米，密被亮棕褐色糙伏毛。花萼5深裂，裂片三角状长卵形，花冠阔漏斗形。

果实 蒴果卵球形。

习性 喜凉爽、湿润、通风的半阴环境，既怕酷热又怕严寒。喜欢酸性土壤，在钙质土中生长得不好，甚至不生长。

快速识别

叶革质，常集生枝端，卵形。花2～3朵簇生枝顶。花冠阔漏斗形，玫瑰色、鲜红色或暗红色。

园林应用

优良的盆景材料。温暖地区适合成丛成片栽植，也可散植。可做花篱或在庭院中做矮墙或屏障。

高山杜鹃 *Rhododendron lapponicum*

杜鹃花科杜鹃属

● 花期 5～7月 ● 果期 9～10月 ● 产地 中国东北大兴安岭、长白山及内蒙古

枝茎 常绿小灌木，高可达1米，分枝繁密。

叶片 叶常散生于枝条顶部，革质，上面浅灰至暗灰绿色，下面淡黄褐色至红褐色，叶柄被鳞片。

花朵 花序顶生，伞形，有花数朵。花萼小，带红色或紫色。花冠宽漏斗状，淡紫蔷薇色至紫色，少见白色，花丝基部被绵毛。

果实 蒴果长圆状卵形。

习性 喜凉爽、湿润，半阴，既怕酷热又怕严寒。喜欢酸性土壤。

快速识别

叶常散生于枝条顶部，革质。花序顶生，伞形，有花数朵。花冠宽漏斗状，淡紫蔷薇色至紫色，罕为白色。

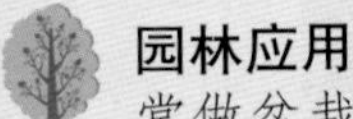

园林应用

常做盆栽观赏。也可在林缘、溪边、池畔及岩石旁成丛成片栽植。

花蔓草 *Aptenia cordifolia*

番杏科露草属　别名/露草、露花、心叶冰花

● 花期 7～9月　● 产地 南非

枝茎 株高30～60厘米。多年生常绿亚灌木状肉质草本，枝平卧，有棱角，多分枝，伸长后呈半匍匐状。

叶片 叶对生，肥厚多肉。

花朵 枝条顶端开花，花深玫瑰红色，中心淡黄，形似菊花，瓣狭小，具有光泽。

果实 蒴果肉质，星状4瓣裂。

习性 喜温暖、阳光充足的环境，忌高温多湿，喜疏松、肥沃、排水良好的沙质壤土。

快速识别

枝平卧，有棱角，多分枝，伸长后呈半匍匐状。叶对生，肥厚多肉。枝条顶端开花，花形似菊花。

园林应用

适合做盆栽或垂吊花卉栽培，供家庭阳台和室内向阳处布置。

新几内亚凤仙 *Impatiens platypatala*

凤仙花科凤仙花属

● 花期 温度适宜可周年开花 ● 产地 非洲南部

枝茎 株高15～60厘米。株丛紧密矮生，茎含水量高而稍肉质。

叶片 叶互生，披针形，叶表有光泽，叶脉清晰，叶缘有尖齿。

花朵 花大，簇生于叶腋。

果实 蒴果，卵形。种子多数，球形，黑色。

习性 喜温暖、湿润、半阴的环境，不耐寒。喜疏松、肥沃、排水良好的微酸性土壤。

快速识别

株丛紧密矮生，茎含水量高而稍肉质。叶互生，披针形，叶表有光泽，叶脉清晰，叶缘有尖齿。

园林应用

是优良的室内盆栽花卉，温暖地区可露地栽于花坛中。

绣 球 *Hydrangea macrophylla*

虎耳草科绣球属

花期 6～8月　产地 北半球的温带地区

枝茎 灌木，高1～4米。茎常于基部发出多数放射枝而形成一圆形灌丛。枝圆柱形。

叶片 叶纸质或近革质，倒卵形或阔椭圆形。

花朵 伞房状聚伞花序近球形，花密集，粉红色、淡蓝色或白色。花瓣长圆形。

果实 蒴果。

习性 喜半阴及湿润环境，不耐寒。

快速识别

灌木，高1～4米。伞房状聚伞花序近球形，花密集，粉红色、淡蓝色或白色。

园林应用

常做盆栽观赏。园林中可配置于稀疏的树荫下及林荫道旁，片植于阴向山坡。

姜荷花 *Curcuma alismatifolia*

姜科姜黄属　别名/热带郁金香、泰国郁金香

● 花期 6～10月　● 产地 泰国

枝茎 株高30～80厘米。多年生球根花卉，球茎圆球形或圆锥形，有两排对生的芽。

叶片 叶片为长椭圆形，中肋紫红色。

花朵 花茎由叶腋间抽出，穗状花序，花柄上端有7～9片半圆状绿色苞片和9～12片阔卵形粉红色苞片，粉红色苞片形状似荷花。每片苞片着生4朵小花，唇状花冠，花瓣6枚。

果实 蒴果球形，藏于苞片内，3瓣裂，果皮膜质。

习性 喜光，喜温暖、湿润的环境。不耐寒。

快速识别

叶长椭圆形，中肋紫红色。花茎由叶腋间抽出，穗状花序，粉红色苞片形状似荷花。

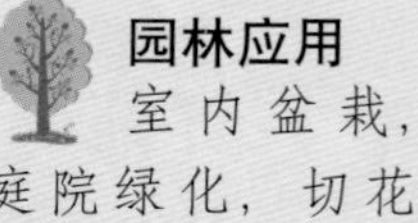

园林应用

室内盆栽，庭院绿化，切花应用。

宫灯长寿花 *Kalanchoe manginii*

景天科伽蓝菜属

● 花期 春秋 ● 产地 马达加斯加

枝茎 株高20～30厘米。茎木质化，多分枝，新生分枝柔软常下垂。

叶片 叶对生，长卵形，稍具肉质。

花朵 花红色，管状，先端4瓣稍分开，其外形酷似小提灯。

果实 蓇葖果。

习性 喜光、耐旱怕涝，最适生长温度是15～25℃，高于30℃生长迟缓，进入休眠状态。

快速识别

叶对生，长卵形，稍具肉质。花管状下垂，外形酷似小提灯。

园林应用

多用于盆栽观赏。

非洲菊 *Gerbera jamesonii*

菊科大丁草属　别名/扶郎花、灯盏花

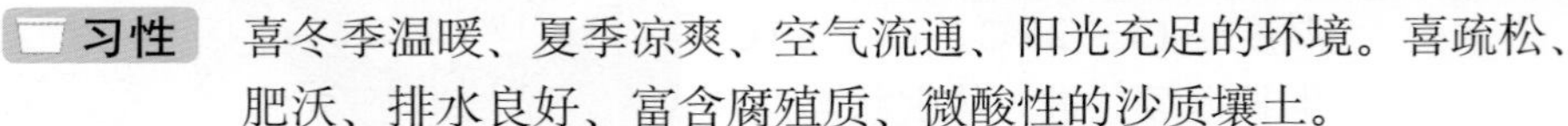

● 花期　温度适宜可周年开花　● 产地　非洲南部的德兰士瓦

枝茎　株高20～60厘米。

叶片　叶基生，具长柄，长椭圆状披针形，具羽状浅裂或深裂，全株有茸毛。

花朵　头状花序顶生，舌状花条状披针形，多轮。

果实　种子小，宜干燥，应随采随播。

习性　喜冬季温暖、夏季凉爽、空气流通、阳光充足的环境。喜疏松、肥沃、排水良好、富含腐殖质、微酸性的沙质壤土。

快速识别

叶基生，具长柄，长椭圆状披针形，具羽状浅裂或深裂，全株有茸毛。

园林应用

重要的切花花卉，在温暖地区，可露地栽植于庭院，也可盆栽观赏。

瓜叶菊 *Senecio cruentus*

菊科千里光属　别名/千日莲

●花期 12月至翌年4月　●果期 5月　●产地 地中海加那利群岛

枝茎 株高20～50厘米。全株被柔毛，茎直立，草本。

叶片 叶大，具长柄，单叶互生，心脏状卵形，具不规则缺刻或浅裂，形似瓜叶。

花朵 头状花序簇生，呈伞房状。

果实 瘦果黑色，纺锤形。

习性 喜温暖、湿润气候，不耐寒冷、酷暑与干燥，喜疏松、肥沃、排水良好的沙质壤土。

快速识别

全株被柔毛，茎直立，草本。叶大，具长柄，单叶互生，心脏状卵形，具不规则缺刻或浅裂，形似瓜叶。

园林应用

冬春季节常见的盆栽花卉，常用于布置会场，温暖地区可布置春季花坛。

金苞花 *Pachystachys lutea*

爵床科单药花属　别名/黄虾花、珊瑚爵床、金苞银

● 花期 7～9月　● 产地 秘鲁和墨西哥

枝茎 株高50～80厘米。茎分枝直立，基部逐渐木质化。

叶片 叶对生，披针形，叶脉明显，叶面褶皱有光泽，叶缘波浪形。

花朵 穗状花序顶生，由重叠整齐的金黄色心形苞片组成，呈四棱形。花乳白色、唇形，从花序基部陆续向上绽开。

果实 蒴果。

习性 喜温暖、湿润、阳光充足环境，比较耐阴。

快速识别

茎分枝直立，叶对生，披针形，叶脉明显，叶面褶皱有光泽，叶缘波浪形。苞片金黄色，花序直立。

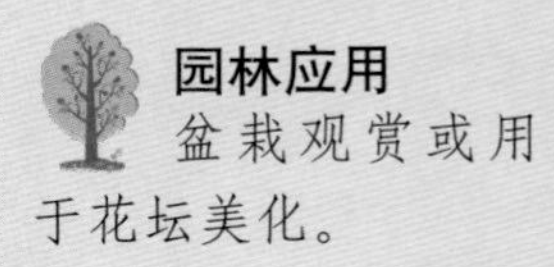

园林应用

盆栽观赏或用于花坛美化。

虾衣花 *Callispidia guttata*

爵床科虾衣花属　别名/麒麟吐珠、狐尾木

● 花期 冬春季节　● 产地 美洲热带

枝茎 株高1～2米。常绿灌木，全株具毛，枝柔弱，多分枝。

叶片 叶对生，卵圆形至椭圆形，质软，先端尖，全缘。

花朵 穗状花序，顶端常下垂，被重叠苞片，苞片棕红色，心形，为主要观赏部位。花小，白色，伸出苞片外，二唇形，上唇全缘稍2裂，下唇3裂，上有3行紫色斑花纹。

果实 蒴果。

习性 喜温暖，喜光，也耐阴，喜湿润，不耐寒，宜排水良好的土壤。

快速识别

叶对生，卵圆形至椭圆形，质软，先端尖，全缘。穗状花序，顶端常下垂，苞片棕红色。

园林应用

室内盆栽观赏或暖地庭院种植。

大岩桐 *Sinningia speciosa*

苦苣苔科大岩桐属　别名/六雪泥、紫蓝大岩桐

● 花期 7～8月　● 果期 在花后1个月　● 产地 巴西热带高原

枝茎 株高15～25厘米。全株被茸毛，地下块茎扁球形，地上茎极短。

叶片 叶对生，长椭圆状卵形，叶缘有钝锯齿，叶背稍带红色。

花朵 花顶生或腋生，花柄比叶长，每柄一花。花冠阔钟形，裂片矩圆形。

果实 蒴果，种子褐色，细小。

习性 喜冬季温暖、夏季凉爽的环境，忌阳光直射，喜肥。

快速识别

全株被茸毛，地下块茎扁球形，地上茎极短。叶对生，长椭圆状卵形，叶缘有钝锯齿，叶背稍带红色。花冠阔钟形，裂片矩圆形，花色丰富。

园林应用

室内小型盆花，适宜窗台、几案等室内美化布置。

袋鼠花 *Anigozanthos flavidus*

苦苣苔科袋鼠花属　别名/河豚花

●花期 春夏　●产地 中南美洲

枝茎 株高20～40厘米。茎基部木质化，分枝多，茎枝红褐色，向下弯曲生长。

叶片 叶互生，椭圆形，革质，有光泽，浓绿色，叶背叶脉处有紫红色斑块。

花朵 花橘黄色，花冠中部膨大，两端缩小尖细，形似口袋，故名袋鼠花、河豚花。

果实 果稀见。

习性 喜半阴，喜湿，对土壤要求不严。

快速识别

茎枝红褐色，向下弯曲生长。叶互生，椭圆形，革质，有光泽，浓绿色，叶背叶脉处有紫红色斑块。

园林应用

常室内盆栽或作吊盆栽植观赏。

非洲紫罗兰 *Saintpaulia ionantha*

苦苣苔科非洲紫罗兰属

别名/非洲紫苣苔、非洲堇

● 花期 夏秋 ● 产地 热带非洲南部

枝茎 株高10～30厘米。茎极短。

叶片 叶基生，肉质，近圆形或卵圆状心脏形，表面暗绿色且有柔毛，背面常带红晕，叶缘有浅锯齿。

花朵 总状花序着花1～8朵。

果实 蒴果，种子极小。

习性 喜温暖、湿润、半阴的环境，宜通风良好，夏季忌强光和高温，喜疏松、肥沃、排水良好、富含腐殖质的土壤。

快速识别

茎极短。叶基生，肉质，近圆形或卵圆状心脏形，表面暗绿色且有柔毛，背面常带红晕，叶缘有浅锯齿。

园林应用

优良的室内小型盆花，适宜点缀窗台、案头等。

小叶金鱼花 *Columnea microphylla*

苦苣苔科鲸鱼花属　别名/可伦花、小叶鲸鱼花

● 花期 冬春　● 产地 马达加斯加

枝茎 茎匍匐，密集丛生状。匍匐茎长达90厘米。

叶片 叶对生，节间短，肥厚，具红色柔毛。

花朵 花腋生，花冠筒状，基部有距，先端明显呈唇形，外形似金鱼，红色，喉部黄色。

果实 蒴果。

习性 喜温暖、湿润的环境，不耐寒。喜光照充足，但忌强光直射。喜疏松、肥沃、排水良好的腐殖质土壤。

快速识别

茎匍匐，叶对生，节间短，肥厚，具红色柔毛。花腋生，花冠筒状，基部有距，先端明显呈唇形。

园林应用

优良的盆栽悬吊植物。

倒挂金钟 *Fuchsia hybrida*

柳叶菜科倒挂金钟属

别名/吊钟海棠、吊钟花、灯笼海棠

● 花期 6～10月 ● 果期 11月 ● 产地 南美秘鲁及智利南部

枝茎 株高30～90厘米。株丛直立光滑，茎细长，嫩枝晕粉红色或紫色，老枝木质化。

叶片 叶对生，卵形至卵状披针形，先端尖，缘有疏齿。

花朵 单花腋生，花柄长而柔软，花朵下垂。花萼长于萼筒，裂片平展或反卷，盛开时犹如一个个悬垂倒挂的彩色灯笼。园艺品种极多，有单瓣、重瓣之分。

果实 成熟果实紫色，短柱状。

习性 喜温暖、湿润、半阴、夏季凉爽、潮湿和通风的环境。

快速识别

茎细长，嫩枝晕粉红色或紫色，老枝木质化。叶对生，卵形至卵状披针形，先端尖，缘有疏齿。花萼长于萼筒，裂片平展或反卷，盛开时如一个悬垂倒挂的彩色灯笼。

园林应用

优良的盆栽花卉，在夏季凉爽地区可设支架露地丛植。

鹤望兰 *Strelitzia reginae*

旅人蕉科鹤望兰属　别名/极乐鸟花、天堂鸟花

● 花期 冬季至翌年春季　● 产地 南非

枝茎 株高100～200厘米。茎短，不明显。

叶片 叶近基生，两侧排列，叶大，有长柄，全缘，革质。

花朵 总状花序着花3～9朵。花茎与叶近等长，小花花萼橙黄色，花瓣蓝紫色，花形奇特，开放有序，有如仙鹤翘首远望。佛焰苞横生似船形，绿色。

果实 蒴果，球形，先为绿色，成熟后为黑色。种子黑色。种脐处有一束亮橙色羽状附属物。

习性 喜温暖、湿润、光照充足，不耐寒，耐旱，不耐水湿，喜疏松、肥沃、排水良好的沙质壤土和腐叶土。

快速识别

叶近基生，两侧排列，叶大，有长柄，全缘，革质。花茎与叶近等长，小花花萼橙黄色，花瓣蓝紫色，花形奇特，开放有序，有如仙鹤翘首远望。

园林应用

常做切花，也可盆栽点缀于厅堂，华南地区可露地栽培。

龙吐珠 *Clerodendrum thomsoniae*

马鞭草科赪桐属

● 花期 4～6月或9～11月 ● 产地 热带西非

枝茎 株高200～500厘米。攀缘性常绿灌木，茎4棱。

叶片 单叶对生，卵圆形，先端渐尖，全缘，侧脉明显。

花朵 聚伞花序顶生或腋生呈疏散状，花萼裂片白色，花冠深红色，顶生的白色花萼中吐出鲜红色花冠，红白相嵌，形如游龙吐珠，异常美丽。

果实 果实肉质球形，蓝色。种子较大，长椭圆形，黑色。

习性 喜温暖、湿润的环境，喜疏松、肥沃、排水良好的微酸性沙壤土，不耐寒，较喜肥，不耐水湿，忌强光直射。

快速识别

单叶对生，卵圆形全缘，侧脉明显。聚伞花序顶生或腋生，呈疏散状，顶生的白色花萼中吐出鲜红色花冠。

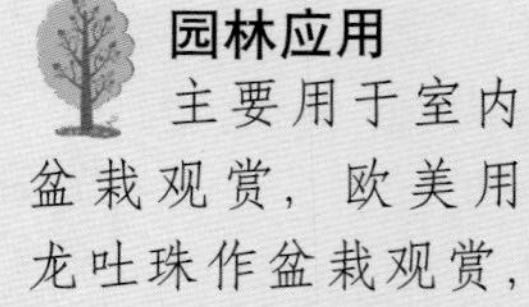

园林应用

主要用于室内盆栽观赏，欧美用龙吐珠作盆栽观赏，点缀窗台和庭院。

茉莉 *Jasminum sambac*

木樨科茉莉花属

● 花期 6～8月 ● 果期 7～9月 ● 产地 印度、伊朗及阿拉伯半岛

枝茎 常绿灌木，小枝细长有棱，略呈藤本状，绿色具柔毛，老枝灰色。

叶片 叶对生，椭圆形或广卵形，基部圆形或楔形，全缘，质薄有光泽。

花朵 顶生聚伞花序，花萼深细裂，花冠白色，单瓣或重瓣，浓香。

果实 球形，紫黑色。

习性 喜温暖、湿润、半阴，不耐寒，不耐干旱及湿涝，要求肥沃、排水好的微酸性土壤。

快速识别

叶对生，椭圆形或广卵形，基部圆形或楔形，全缘，质薄，有光泽。花冠白色，单瓣或重瓣，浓香。

园林应用

温暖地区做绿篱或基础种植，也可盆栽观赏或做切花。

萼距花 *Cuphea hookeriana*

千屈菜科萼距花属　别名/虎氏萼距花、紫花满天星、雪茄花

● 花期 7～9月　● 产地 墨西哥

枝茎 株高30～60厘米。茎具黏质柔毛或硬毛。

叶片 叶对生，披针形或线状披针形，中脉在下面凸起，有叶柄。

花朵 花顶生或腋生，花萼被黏质柔毛或粗毛，基部有距。花瓣6枚，明显不等大，2枚特大，另4枚极小，紫红色。

果实 蒴果，稀见。

习性 喜温暖，不耐寒，耐半阴，耐贫瘠土壤。

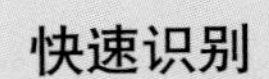

快速识别

茎具黏质柔毛或硬毛。叶对生，披针形或线状披针形，中脉在下面凸起，有叶柄。花瓣6枚，明显不等大，紫红色。

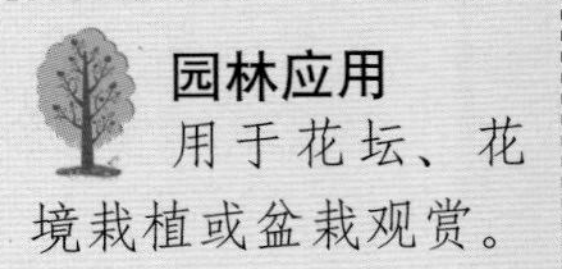

园林应用

用于花坛、花境栽植或盆栽观赏。

鸳鸯茉莉 *Brunfelsia latifolia*

茄科鸳鸯茉莉属　别名/二色茉莉

●花期 5～6月和10～11月　●产地 美洲热带地区

枝茎 株高约100厘米。多年生常绿灌木，多分枝。

叶片 叶互生，长椭圆形，全缘。

花朵 花单生或2～3朵簇生于叶腋，高脚碟状，花冠五裂，初开时蓝色，后转为白色，同一株上可同时见到白色与淡紫色花。

果实 小坚果卵形，褐色。

习性 喜温暖、湿润、光照充足的环境条件，喜疏松、肥沃、排水良好的酸性土壤，耐半阴、干旱和瘠薄。忌涝，畏寒冷。

快速识别

叶互生，长椭圆形，全缘。花单生或2～3朵簇生于叶腋，高脚碟状，花冠5裂，初开时蓝色，后转为白色，同一株上可同时见到白色与淡紫色花。

园林应用

室内盆栽观赏，华南地区可露地栽植于庭院。

微型月季 *Rosachinensis minima*

蔷薇科蔷薇属

● 花期 全年开放 ● 产地 英国和德国

枝茎 株型较为矮小紧凑，呈球状。茎秆及其枝条上常有钩状皮刺。

叶片 奇数羽状复叶，轮生，小叶3～5片，对生或顶生，广卵至卵状椭圆形。叶柄短基部常着生有皮刺和腺毛。

花朵 花朵娇小，簇生且密集，常排列成聚伞状。花型多样但以单瓣和重瓣较为常见。花色丰富多样。

果实 卵形至球形，橙色或红色。

习性 喜温暖、喜肥、喜光，要求空气流通、排水良好的环境条件。

快速识别

株型较为矮小紧凑，呈球状。奇数羽状复叶，轮生，小叶3～5片，对生或顶生，广卵至卵状椭圆形。花朵娇小，簇生且密集。

园林应用

适于盆栽、点缀草坪和布置花色图案。

玻利维亚秋海棠 *Begonia boliviensis*

秋海棠科秋海棠属　别名/瀑布秋海棠

●花期 5～10月　●产地 玻利维亚安第斯山脉

枝茎 株高可达60厘米。多年生草本植物，块茎呈扁球形，茎分枝性比较强，下垂，为绿褐色。

叶片 叶较长，卵状披针形，叶缘有锯齿，先端渐尖。

花朵 苞片长圆形，先端钝，早落，花有橙红色、粉色等。

果实 蒴果。

习性 喜光，温暖，湿润，不耐寒。

快速识别

叶较长，卵状披针形，叶缘有锯齿，先端渐尖。苞片长圆形，花有橙红色、粉色等。

园林应用

室内垂吊盆栽。

丽格秋海棠 *Begonia × hiemalis*

秋海棠科秋海棠属　别名/玫瑰秋海棠

● 花期 冬春　● 产地 德国

枝茎 株高20～30厘米。根茎肉质，须根系。

叶片 单叶互生，叶心形或近圆形，有光泽，绿色或古铜色，边缘有锯齿。

花朵 聚伞花序腋生，有花2～10朵。

果实 果稀见。

习性 喜温暖、湿润、半阴的环境，忌高温、多湿，忌强光直射，越夏困难。

快速识别

根茎肉质，须根系。单叶互生，叶心形或近圆形，有光泽，绿色或古铜色，边缘有锯齿。聚伞花序腋生。

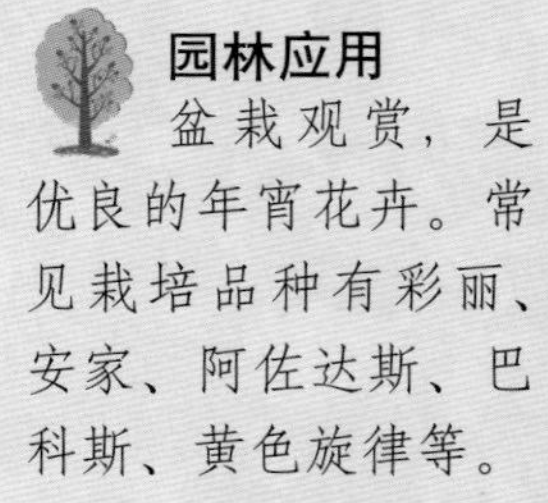

园林应用

盆栽观赏，是优良的年宵花卉。常见栽培品种有彩丽、安家、阿佐达斯、巴科斯、黄色旋律等。

垂笑君子兰 *Clivia nobilis*

石蒜科君子兰属

● 花期 冬春 ● 产地 非洲南部

枝茎 株高30～50厘米。根肉质，无茎，叶基二列交互叠生成假鳞茎。

叶片 叶剑形，革质，狭而长，呈拱状下垂，深绿色。

花朵 花茎自叶丛中抽出，伞形花序顶生，着花10～14朵，花橙红色。花冠狭漏斗状，开放时下垂。

果实 浆果。

习性 喜温暖、湿润，宜半阴环境，喜散射光，忌夏季阳光直射。略耐旱、但忌积水，喜疏松、透气且富含腐殖质的沙壤土，忌盐碱。

快速识别

根肉质，无茎，叶基二列交互叠生成假鳞茎。叶剑形，革质，狭而长，呈拱状下垂，深绿色。花茎自叶丛中抽出，伞形花序顶生，花冠狭漏斗状，开放时下垂。

园林应用 观叶、观花、观果的优良盆花，适宜装饰居室、会场。

大花君子兰 *Clivia miniata*

石蒜科君子兰属　别名/剑叶石蒜、达木兰

● 花期 11月至翌年3月　● 产地 南非

枝茎 株高30～50厘米。假鳞茎短粗，肉质根。

叶片 叶宽大，剑形，先端钝圆，常绿而有光泽，革质，全缘，二列状交互叠生于假鳞茎上。

花朵 伞形花序顶生，花茎直立、扁平，高出叶面，着花7～50朵。花漏斗状。

果实 浆果球形，成熟时红色。

习性 喜温暖、湿润，宜半阴的环境。不耐寒，忌炎热，略耐旱，但忌积水。喜散射光，忌夏季阳光直射。喜疏松、透气并富含腐殖质的沙壤土。

快速识别

叶宽大，剑形，先端钝圆，常绿而有光泽，革质，全缘，二列状交互叠生于假鳞茎上。伞形花序顶生，花茎直立、扁平，高出叶面，花漏斗状。

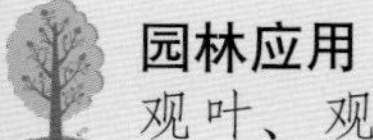

园林应用

观叶、观花的优良盆花，适于装饰居室、会场。

彩色马蹄莲 *Zantedeschia hybrida*

天南星科马蹄莲属

● 花期 冬春 ● 产地 园艺种，我国南北均有栽培

枝茎 株高40～60厘米。多年生粗壮草本植物，具块茎。

叶片 叶基生，叶片亮绿色，全缘，有的品种叶片具斑点。

花朵 肉穗花序鲜黄色，直立于佛焰中央，佛焰苞似马蹄状，品种很多。

果实 浆果。

习性 喜温暖、潮湿、光线充足。要求疏松、排水良好、肥沃或略带黏性的土壤。

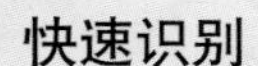

快速识别

佛焰苞似马蹄状。

园林应用

主要用于切花，可制作花饰、花篮、花束等，也可盆栽观赏。

红 掌 *Anthurium andreanum*

天南星科花烛属

别名/红鹤芋、哥伦比亚花烛、哥伦比亚安祖花

● 花期 全年开花 ● 产地 南美洲哥伦比亚西南部热带雨林地区

枝茎 株高40～50厘米。茎极短，直立。

叶片 叶鲜绿，长椭圆状心脏形，叶柄四棱形。

花朵 花茎高出叶面，佛焰苞阔心脏形，表面波皱，有蜡质光泽。肉穗花序圆柱形，直立，黄色。

果实 浆果，种子粉红色。

习性 喜温暖、湿润、半阴的环境，栽培基质要疏松、透气、排水良好。

快速识别

叶鲜绿，长椭圆状心脏形，叶柄四棱形。佛焰苞阔心脏形，表面波皱，有蜡质光泽。肉穗花序圆柱形，直立，黄色。

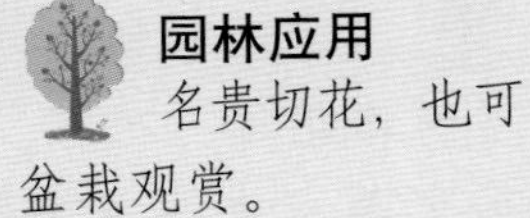

园林应用

名贵切花，也可盆栽观赏。

火 鹤 *Anthurium scherzerianum*

天南星科花烛属　别名/安祖花、花烛

● 花期 全年开花　● 产地 中美洲的哥斯达黎加、危地马拉

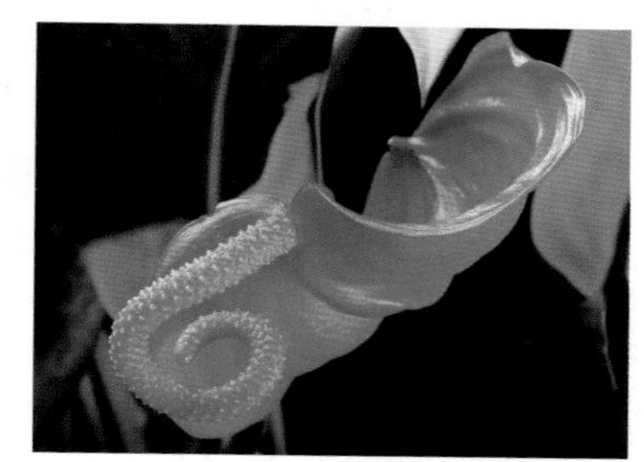

枝茎 株高30～50厘米。植株直立。

叶片 叶披针形，革质，深绿色。

花朵 佛焰苞宽卵圆形，多呈火红色。肉穗花常螺旋状。品种不同，苞片颜色也不同。

果实 浆果，内有2～4粒种子，粉红色。

习性 喜温暖环境，稍喜光，忌夏季强光。

快速识别

叶披针形，革质，深绿色。佛焰苞宽卵圆形，多呈火红色。肉穗花常螺旋状。

园林应用

主要用于盆栽。

马蹄莲 *Zantedeschia aethiopica*

天南星科马蹄莲属　别名/水芋、观音莲、海芋

● 花期 12月至翌年6月　● 产地 南非和埃及

枝茎 株高60～100厘米。地下块茎肥厚肉质。

叶片 叶基生，箭形或戟形，全缘，鲜绿色。

花朵 肉穗花序，黄色，佛焰苞大，白色，开张呈马蹄形。

果实 浆果。

习性 喜温暖、湿润的环境，不耐寒，不耐旱，喜冬季光照充足。喜水、喜肥。

快速识别

地下块茎肥厚肉质。叶基生，箭形或戟形，全缘，鲜绿色。肉穗花序，黄色，佛焰苞大，白色，开张呈马蹄形。

园林应用

重要的切花，也可用于盆花观赏。

西番莲 *Passiflora coerulea*

西番莲科西番莲属

● 花期 5～7月 ● 产地 巴西

枝茎 草质藤本。茎圆柱形并微有棱角，无毛，略被白粉。

叶片 叶纸质，基部心形，掌状5深裂。

花朵 聚伞花序退化仅存1花，与卷须对生，萼片及花瓣都是5枚，副花冠丝状，顶端天蓝色，中部白色、下部紫红色。

果实 浆果卵圆球形至近圆球形，长约6厘米，熟时橙黄色或黄色。

习性 喜温暖、湿润的环境，喜水分充足、排水良好的生长环境。

快速识别

叶片掌状5裂。聚伞花序退化仅存1花，与卷须对生，萼片及花瓣都是5枚。花形奇特。

园林应用

花大而美丽，可做庭院观赏植物，用于垂直绿化。

澳洲狐尾 *Ptilotus exaltatus*

苋科狐尾属　别名/澳洲狐尾花

● 花期 春夏秋　● 产地 大洋洲

枝茎 株高30～50厘米。株型更为紧凑。茎直立或斜伸，嫩茎有毛。

叶片 叶匙状倒披针形，波浪状，互生，质地硬。

花朵 圆锥花序，花穗7～10厘米，花粉红色，边沿带银色茸毛。花形似狐尾。近些年来流行其栽培种澳洲狐尾幼兽。

果实 胞果或小坚果。

习性 喜光，不耐寒，喜欢偏酸性或中性土质，耐热，耐旱。

园林应用

可用于盆栽观赏或布置花境、花丛等。

快速识别

叶匙状倒披针形，波浪状，互生，质地硬。花粉红色，边沿带银色茸毛。圆锥花序似狐尾。

蒲包花 *Calceolaria herbeohybrida*

玄参科蒲包花属　别名/荷包花

● 花期 2～6月　● 果期 6～7月　● 产地 墨西哥、秘鲁、智利

枝茎 株高20～40厘米。全株疏生茸毛，茎上部分枝。

叶片 叶卵圆形，对生或轮生，叶脉下凹。

花朵 花形奇特，形成两个囊状物，上小下大，形似荷包。花色丰富，有红、黄、紫等花色，复色品种则在各种颜色的底色上，具有粉、橙、红、褐等色斑或色点。

果实 蒴果，种子细小多数。

习性 喜温暖、湿润而又通风良好的环境。不耐寒、忌高温高湿。好肥喜光，喜土壤肥沃，要求排水良好、微酸性、含腐殖质丰富的沙质壤土。

快速识别

全株疏生茸毛，茎上部分枝。叶卵圆形，对生或轮生，叶脉下凹。花形奇特，形成两个囊状物，上小下大，形似荷包。

园林应用

优良的春季室内盆花。

宝莲灯 *Medinilla magnifica*

野牡丹科酸脚杆属　别名/粉苞酸脚杆

● 花期 2～8月　● 产地 菲律宾、马来西亚和印度尼西亚的热带森林

枝茎 株高0.5～1米。常绿小灌木，茎4棱形，分枝多。

叶片 叶片亮绿色，椭圆形，抱茎对生。

花朵 大型吊灯状圆锥花序长约35厘米，从枝顶下垂，卵形红色苞片，形如莲花花瓣。

果实 浆果，稀见。

习性 喜高温多湿和半阴环境，不耐寒，忌烈日暴晒，要求肥沃、疏松的腐叶土或泥炭土，冬季温度不低于16℃。

快速识别

叶片深绿色大而长，开花时花瓣类似倒开的荷花，花茎顶端和花瓣处挂满类似珍珠宝石的小球。

园林应用

适合宾馆、厅堂、商场橱窗、别墅客室中摆设。

小苍兰 *Freesia refracta*

鸢尾科小苍兰属

别名/香雪兰、小菖兰、洋晚香玉

● 花期 12月至翌年2月 ● 产地 南非好望角一带

枝茎 株高30～45厘米。球茎长卵形或圆锥形。

叶片 叶基生，全缘，二列互生，约6枚，线状剑形，质较厚。

花朵 穗状花序，花序轴水平生长或稍倾斜。花漏斗状，花偏生一侧，6～7朵，花色丰富，有白、粉、桃红、大红、紫红、淡紫、黄等色，花具香味。

果实 蒴果，种子在初夏成熟。

习性 喜凉爽、湿润环境，要求阳光充足。要求肥沃、湿润、排水良好的沙质壤土。

快速识别

叶基生，全缘，二列互生，约6枚，线状剑形，质较厚。穗状花序，花序轴水平生长或稍倾斜。花漏斗状，花偏生一侧。

园林应用

重要的盆花，也是优良的香气切花材料。在温暖地区，可作为花坛和花境边缘花卉，或自然式片植。常见栽培品种有'曙光''芭蕾舞女''蓝色天堂''奥贝朗''潘多娜'等。

三角花 *Bougainvillea glabra*

紫茉莉科叶子花属　别名/叶子花、宝巾

● 花期 4～11月　● 产地 巴西

枝茎 攀缘性灌木，株高30厘米以上，热带地区能攀缓生长10米以上。无毛或稍有柔毛，茎木质化，有强刺。

叶片 单叶互生，卵圆形。

花朵 花3朵聚生，每朵花有3枚大型的苞片，主要观赏部分为苞片，苞片大，卵圆形，呈紫、红、橙、白色等。

果实 小坚果卵形，褐色。

习性 喜温暖、湿润、光照充足的环境，生长势较强，不耐寒，较耐热，喜疏松、肥沃的沙质壤土，喜肥水。

快速识别

攀缓性灌木，无毛或稍有柔毛，茎木质化，有强刺。单叶互生，卵圆形。花3朵聚生，每朵花有3枚大型的苞片。

园林应用

北方主要温室盆栽观赏，在华南、西南地区是垂直绿化的良好材料，可用于花架、拱门、墙面覆盖等，也可作为地被植于河边、坡地。

PART 6

室内观叶花卉

巴西木 *Dracaena fragrans*

百合科龙血树属

别名/巴西铁树、巴西千年木、金边香龙血树

● 产地 热带地区

枝茎 株高可达6米以上。株型整齐，茎干挺拔，灰褐色，幼枝有环状叶痕。

叶片 叶簇生于茎顶，长剑状，尖稍钝，弯曲成弓形，有亮黄色或乳白色的条纹。叶缘鲜绿色，且具波浪状起伏，有光泽。

花朵 花小黄绿色，圆锥花序，芳香。

果实 浆果球形。

习性 喜光照充足、高温、高湿的环境，亦耐阴、耐干燥。喜疏松、排水良好的土壤。

快速识别

茎干挺拔，灰褐色，幼枝有环状叶痕。叶簇生于茎顶，长剑状，尖稍钝，弯曲成弓形，有亮黄色或乳白色的条纹。叶缘鲜绿色，且具波浪状起伏，有光泽。

园林应用

室内盆栽观叶植物。

棒叶虎尾兰 *Sansevieria cylindrica*

百合科虎尾兰属

别名/筒叶虎尾兰、筒千岁兰、圆叶虎尾兰

● 产地 非洲西部

枝茎 株高80～100厘米。茎短或无。

叶片 肉质叶呈细圆棒状，顶端尖细，质硬，直立生长，有时稍弯曲，叶长，直径3厘米，表面暗绿色，有横向的灰绿色虎纹斑。

花朵 总状花序，小花白色或淡粉色。

果实 浆果较小，有1～3枚种子。

习性 适应性强，性喜温暖、湿润，耐干旱，喜光又耐阴。

快速识别

叶片呈圆棒状，表面有横向虎纹斑。

园林应用

常用作室内盆栽观叶植物。适合布置装饰书房、客厅、办公室等场所。

吊 兰 *Chlorophytum comosum*

百合科吊兰属 别名/盆草、钩兰、桂兰

● 花期 5～8月 ● 果期 8月 ● 产地 非洲南部

枝茎 株高10～15厘米。具短的根状茎。

叶片 叶基生，细长，条形或条状披针形，长20～45厘米，基部抱茎，有时具黄色纵条纹或边为黄色。

花朵 花葶细长，有时可达50厘米，弯垂。总状花序单一或分枝，有时还在花序上部节上簇生条形叶丛。花白色，数朵1簇。

果实 蒴果，三圆棱状扁球形。

习性 喜温暖、湿润、半阴的环境。适应性强，较耐旱，不耐寒。不择土壤。

快速识别

叶基生，细长，条形或条状披针形，基部抱茎，有时具黄色纵条纹或边为黄色。花葶细长弯垂，花白色。

园林应用

可做室内吊盆栽培，温暖地区可做林下地被，或点植于假山、怪石上，亦可作花境材料。常见变种有金边吊兰、银心吊兰、银边吊兰；同属常见栽培种有宽叶吊兰、金心宽叶吊兰、金边宽叶吊兰、银边宽叶吊兰。

富贵竹 *Dracaena sanderiana*

百合科龙血树属　别名/白边龙血树、丝带树

● 产地　热带地区

枝茎　株高达4米，盆栽多为0.4～0.6米。茎直立，不分枝。

叶片　叶卵状披针形，绿色，常具白色、黄色及银灰色宽窄不一的纵纹。

花朵　花冠钟状，紫色，罕见。

果实　浆果近球形，黑色，罕见。

习性　喜光照充足、高温、高湿的环境，亦耐阴、耐干燥。喜疏松、排水良好的土壤。

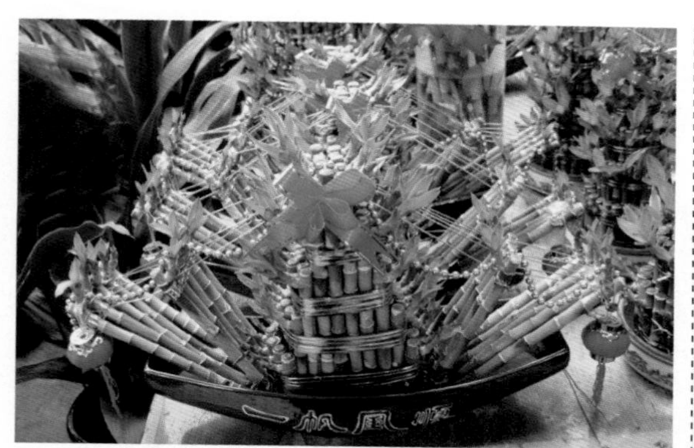

快速识别

叶卵状披针形，绿色，常具白色、黄色及银灰色宽窄不一的纵纹。

园林应用

常用作盆栽花卉和切枝栽培。常见园艺品种有金边富贵竹、富贵竹。

虎尾兰 *Sansevieria trifasciata*

百合科虎尾兰属　别名/虎皮兰、千岁兰、虎尾掌

● 花期 11～12月　● 产地 非洲热带地区和印度及中国广东、云南等地

枝茎 株高30～120厘米。具横走的根状茎。

叶片 叶簇生，肉质线状披针形，硬革质，直立，基部稍呈沟状。暗绿色，两面有浅绿色和深绿相间的横带状斑纹，稍被白粉。

花朵 总状花序，花葶自地下茎抽出，高60～80厘米。

果实 浆果。

习性 适应性强，喜温暖、湿润，耐干旱，喜光又耐阴。对土壤要求不严，以排水性较好的沙质壤土较好。

快速识别

叶簇生，肉质线状披针形，硬革质，直立，基部稍呈沟状。暗绿色，两面有浅绿色和深绿相间的横带状斑纹，稍被白粉。

园林应用

室内盆栽观叶植物，适合布置装饰书房、客厅、商场等办公场所。还可地栽布置温室中的沙漠植物景观。常见变种有金边虎尾兰、短叶虎尾兰。

酒瓶兰 *Nolina recurvata*

百合科酒瓶兰属　别名/象腿树

● 花期 春夏，正常开花一般需60年　● 产地 墨西哥西北部干旱地区

枝茎 株高在原产地可高达2～3米，盆栽种植的一般0.5～1.0米。茎干直立，下部肥大，状似酒瓶。膨大茎干具有厚木栓层的树皮，呈灰白色或褐色，老株表皮会龟裂，状似龟甲，颇具特色。

叶片 叶着生于茎干顶端，细长线状，革质而下垂，叶缘具细锯齿。叶色蓝绿，酷似幽兰，故名酒瓶兰。

花朵 花色乳白，花径较小，观赏价值不高。

果实 果实稍扁平，含有1～3个种子。

习性 喜温暖、湿润及阳光充足环境，较耐旱、不耐寒。喜肥沃土壤，在排水通气良好、富含腐殖质的沙质壤土上生长较佳。

快速识别

茎干直立，下部肥大，状似酒瓶。叶着生于茎干顶端，细长线状，革质而下垂，叶缘具细锯齿，叶色蓝绿。

园林应用

庭院中单株栽植做花坛中心或于草地一隅栽植。也常用于室内装饰。

天门冬 *Asparagus cochinchinensis*

百合科天门冬属 别名/武竹、郁金山草、天冬草

● 花期 5～8月 ● 果期 9～10月 ● 产地 南美洲

枝茎 株高80～200厘米，攀缘状亚灌木。茎圆柱状，具条纹，分枝极多，基部具倒生弯刺。小枝具沟槽，无刺，有狭翅。叶状枝通常2～4片，簇生，线形而具三棱，稍弯曲，边缘有细锯齿。

叶片 叶退化成鳞片状，基部刺状。

花朵 花白色或淡红色，两性或杂性，1～2(8)朵簇生。

果实 浆果鲜红色。

习性 喜温暖、湿润的环境，喜光，也较耐阴，不耐旱。适生于疏松、肥沃、排水良好的沙质壤土中。

快速识别

茎圆柱状，分枝极多，小枝具沟槽，有狭翅。叶状枝常2～4片，簇生，线形而具3棱，稍弯曲，叶退化成鳞片状，基部刺状。浆果鲜红色。

园林应用

除了作为室内盆栽外，还是布置会场、花坛边缘镶边的材料，同时也是切花瓶插的理想材料。

文 竹 *Asparagus plumosus*

百合科天门冬属　别名/云片松、刺天冬、云竹

●花期 7～8月　●果期 12月至翌年2月　●产地 非洲南部

枝茎 攀缘植物，可高达数米。茎细柔，伸长呈攀缘状。叶状枝刚毛状，略具3棱。

叶片 叶鳞片状，基部稍具刺状锯或锯不明显。

花朵 花白色有短柄。

果实 浆果，成熟时呈紫黑色。

习性 喜温暖、潮湿的环境，怕强光和低温，不耐干旱，忌积水，土壤以疏松、肥沃的腐殖质土为最佳。

快速识别

茎细柔，叶状枝刚毛状，略具3棱。叶鳞片状，紫黑色浆果。

园林应用

常作为温室盆栽观叶植物，摆设盆花时用于陪衬，也可用于室内观叶植物布置，或作为切叶材料。

一叶兰 *Aspidistra elatior*

百合科蜘蛛抱蛋属　别名/蜘蛛抱蛋、箬兰

● 花期 4～5月，不常开花　● 产地 中国海南和台湾

枝茎 株高可达70厘米。根状茎粗壮、横走，具节和鳞片。

叶片 叶基生，叶鞘3～4枚，生于叶的基部，带绿褐色，具紫色细点。叶单生，从地下茎发出，一叶一柄(故名一叶兰)，叶柄粗壮而长，坚硬挺直。叶长椭圆形，革质，深绿色而有光泽，边缘皱波状。

花朵 花葶自地下根茎生出，贴近土面，顶生1花，花被钟状，外面紫色、内面深紫色，常隐于叶间，花朵犹如蜘蛛卵巢。

果实 蒴果球形，含种子1粒。

习性 喜温暖潮湿，耐-9℃低温，5℃室温即可安全越冬。极耐阴，耐贫瘠土壤。喜疏松肥沃、排水良好的沙质壤土。

快速识别

叶单生，从地下茎发出，一叶一柄，叶柄粗壮而长，坚硬挺直。叶长椭圆形，革质，深绿色而有光泽，边缘皱波状。

园林应用

是室内盆栽和插花艺术中极好的观叶和造型材料，南方地区还可做地被材料。常见变种有洒金蜘蛛抱蛋、白纹蜘蛛抱蛋。

朱 蕉 *Cordyline terminalis*

百合科朱蕉属　别名/铁树、红叶铁树

● 花期 春夏　● 产地 热带地区

枝茎 株高30～120厘米（盆栽）。常绿灌木，茎直立，细长，一般不分枝，上部有环状叶痕。

叶片 叶聚生茎枝上部或顶端，叶片矩圆形至矩圆状披针形，绿色或带紫红色。主脉明显，侧脉密生。叶柄长10～16厘米，具槽，基部抱茎。幼叶在开花时呈深红色。

花朵 圆锥花序生于上部叶腋，花小，白色至青紫色。

果实 浆果。

习性 喜半阴，高温，高湿，微酸性沙壤土，不耐寒，忌强光。

快速识别

直立，细长，一般不分枝，上部有环状叶痕。叶聚生茎枝上部或顶端。叶片矩圆形至矩圆状披针形，绿色或带紫红色。

园林应用

中小型盆栽观叶，暖地庭院绿化，也可作为切叶材料。常见栽培品种有三色朱蕉、库氏朱蕉、圆叶朱蕉。

变叶木 *Codiaeum variegatum* var. *pictum*

大戟科变叶木属　别名/洒金榕

● 花期 6～8月　● 果期 7～10月　● 产地 大洋洲、亚洲热带及亚热带地区

枝茎 灌木或小乔木，株高50～200厘米。茎直立，多分枝，光滑无毛。全株具乳汁。

叶片 单叶互生，具短柄，叶片革质，具蜡质和光泽，因品种不同，其叶形、大小、色彩有很大不同。

花朵 总状花序腋生。花小，单性同株。雄花白色，簇生于苞腋内，雌花单生于花序轴上。

果实 蒴果球形，白色。

习性 喜阳光，但忌暴晒，不耐寒。

快速识别

单叶互生，有柄，革质。叶片的大小、形状和颜色变化较大，有黄、红、粉、绿、橙、紫红和褐等色，聚生于顶部。

园林应用

室内盆栽、花坛、花境、绿篱，亦可做切叶。常见变种有宽叶变叶木、细叶变叶木、角叶变叶木、戟叶变叶木、长叶变叶木、扭叶变叶木、飞叶变叶木。

红背桂 *Excoecaria cochinchensis*

大戟科土沉香属　别名/紫背桂、青紫木、红背桂花

●花期 6～8月　●产地 中南半岛

枝茎 株高约1米。常绿小灌木，多分枝，水平伸展，老枝干皮黑褐色，有不明显小瘤点，较粗糙，嫩枝翠绿色，光滑有光泽，洁净膨大，柔软下垂。

叶片 单叶对生，偶有互生或3叶轮生，叶片宽披针形，先端渐尖，叶缘有锯齿，叶面绿色，叶背紫红色。

花朵 穗状花序，花小，腋生。

果实 蒴果球形。

习性 喜光，喜温暖及湿润的环境。忌强光，耐半阴。

快速识别

常绿小灌木，多分枝，水平伸展。单叶对生，偶有互生或3叶轮生，叶片宽披针形，先端渐尖，叶缘有锯齿，叶面绿色，叶背紫红色。

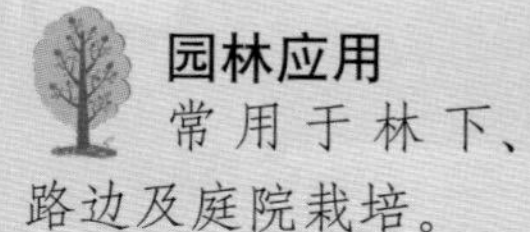

园林应用

常用于林下、路边及庭院栽培。

一品红 *Euphorbia pulcherrima*

大戟科大戟属　别名/圣诞树、象牙红、老来娇

●花期 12月至翌年2月　●产地 墨西哥和中美洲

枝茎 株高35～250厘米。茎光滑，含乳汁。

叶片 叶互生，卵状椭圆形至披针形，具较大的缺刻，背面有软毛。茎顶部花序下的叶较狭，苞片状，通常全缘，开花时呈朱红色，为主要观赏部分。

花朵 顶生杯状花序，聚伞状排列。苞片形似叶，一般为红色，也有白色及粉红色的变种。

果实 蒴果。

习性 喜温暖、湿润及阳光充足的环境。怕低温，更怕霜冻。对土壤要求不严，以微酸性的肥沃、沙质壤土最好。

快速识别

茎光滑，含乳汁。叶互生，卵状椭圆形至披针形，具较大的缺刻，背面有软毛。茎顶部花序下的叶较狭，苞片状，通常全缘，开花时呈朱红色。

园林应用

常用于盆花观赏或室外花坛布置。

光萼荷 *Aechmea chantinsii*

风梨科萼凤梨属　别名/萼凤梨、斑马凤梨

● 花期 4～5月　● 产地 巴西、秘鲁、委内瑞拉

枝茎 多年生草本植物。

叶片 叶丛莲座状，绿色或灰绿色，有的叶面有横向银灰色条斑，叶背有白粉，叶缘有小锯齿。

花朵 复穗状花序从叶丛中伸出，小花序扁平。

果实 蒴果。

习性 喜光，忌强光直射，要求空气湿度较大。

快速识别

莲座状叶丛橄榄绿色。叶面有横向银灰色条斑，叶背有白粉，叶缘有小锯齿。

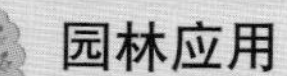

园林应用

室内盆栽观赏。同属种有齿斑光萼荷、异色光萼荷。

果子蔓类 *Guzmania*

凤梨科果子蔓属

● 花期 春季开花 ● 产地 南美洲热带地区

枝茎 株高30厘米左右。茎短缩。

叶片 莲座状叶丛生于短茎上，叶片多为带状，叶缘无刺，叶薄而柔软，呈淡绿色，有光泽。

花朵 花密集，呈伞房形，由莲座状叶丛杯中抽生，总花茎不分枝，花浅黄色，每朵花开2～3天，周围为鲜红色、黄色、粉色或紫色的苞片，可观赏数月之久。

果实 蒴果。

习性 喜温暖、高湿的环境。喜疏松、肥沃、排水良好的土壤。弱光性，喜半阴。

快速识别

莲座状叶丛生于短茎上，叶片多为带状，叶缘无刺，叶薄而柔软，呈淡绿色，有光泽。花密集呈伞房形由莲座状叶丛杯中抽生，总花茎不分枝。花浅黄色，周围为鲜红色、黄色、粉色或紫色的苞片。

园林应用

室内盆栽观赏或专类园。常见栽培种类较多，有圆锥擎天、黄苞果子蔓、橙红星果子蔓、常见杂交品种如‘丹尼星’‘车厘星’‘黄玉星’‘火炬星’。

丽穗凤梨类 *Vriesea*

凤梨科丽穗凤梨属 别名/斑氏凤梨属、花叶凤梨属

● 花期 冬春 ● 产地 中南美洲和西印度群岛

枝茎 株高20～50厘米。茎极短。

叶片 叶丛呈疏松的莲座状，可以贮水。叶长条形，平滑，多具斑纹，全缘。

花朵 复穗状花序高出叶丛，时有分枝，顶端长出扁平的多枚红色苞片组成的剑形花序。小花多呈黄色，从苞片中生出。小花花期短，苞片颜色艳丽，可维持数月。

果实 蒴果。

习性 喜温暖、湿润，不耐寒。较耐阴，怕强光直射，喜疏松、肥沃、排水良好的土壤。

快速识别

叶丛呈疏松的莲座状，叶长条形，平滑，多具斑纹，全缘。复穗状花序高出叶丛，时有分枝，顶端长出扁平的多枚红色苞片组成的剑形花序，小花多呈黄色。

园林应用

盆栽、切花，也可用于专类园。常见栽培种有虎纹凤梨、彩苞凤梨、莺歌凤梨、斑纹莺哥。

水塔花 *Billbergia pyramidalis*

凤梨科水塔花属　别名/红笔凤梨、水槽凤梨

●花期 3～4月　●产地 巴西、秘鲁、委内瑞拉

枝茎 株高30～50厘米。

叶片 莲座叶丛基部抱合，呈杯状。叶阔披针形，上端急尖，边缘有细锯齿，肥厚宽大，表面有较厚的角质层和鳞片。穗状花序直立，高出叶面。

花朵 苞片披针形，粉红色。花冠鲜红色，花瓣反卷，边缘带紫色。

果实 蒴果。

习性 喜光，忌强光直射，要求空气湿度较大。

快速识别

莲座叶丛基部抱合，呈杯状。叶阔披针形，上端急尖，边缘有细锯齿，肥厚宽大，表面有较厚的角质层和鳞片。穗状花序直立，高出叶面。花冠鲜红色，花瓣反卷，边缘带紫色。

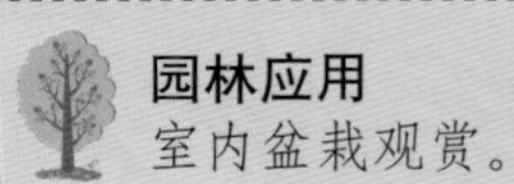

园林应用

室内盆栽观赏。

铁兰类 *Tillandsia*

凤梨科铁兰属

● 花期 冬春，花后植株逐渐枯死 ● 产地 西印度群岛与中美洲

枝茎 株高15～25厘米。茎短缩。

叶片 叶基生呈莲座状，叶窄长，向外弯曲，开展，几乎无叶筒。

花朵 花序椭圆形，呈羽毛状，苞片2列，对生重叠，色彩各异。苞片间开出各色小花。

果实 蒴果。

习性 喜温暖、高湿的环境。喜光，忌夏季暴晒。不耐寒。

快速识别

叶基生呈莲座状，叶窄长，向外弯曲，开展，几乎无叶筒。花序椭圆形，呈羽毛状，苞片2列，对生重叠，苞片间开出各色小花。

园林应用

室内盆栽观赏或用于专类园。常见栽培种有粉掌铁兰、长苞凤梨、铁兰、黄苞铁兰。

豆瓣绿 *Peperomia magnoliifolia*

胡椒科豆瓣绿属　别名/翡翠椒草、青叶碧玉

● 花期 2～4月及9～12月　● 产地 巴拿马、南美洲

枝茎 株高20～25厘米。多年生常绿草本。茎圆，分枝，淡绿色带紫红色斑纹。

叶片 叶互生，近肉质，长椭圆形，先端钝圆，基部楔形，翠绿色，有光泽。叶柄短，无毛或被短柔毛。

花朵 穗状花序，小花绿白色。

果实 浆果近卵形。

习性 喜温暖、湿润环境，耐半阴，喜水，不耐旱。

快速识别

茎圆，分枝，淡绿色带紫红色斑纹。叶互生，近肉质，长椭圆形，先端钝圆，翠绿色，有光泽。穗状花序，小花绿白色。

园林应用

小型观叶盆栽。

花叶椒草 *Peperomia tetraphylla* 'Variegata'

胡椒科胡椒属　别名/花叶豆瓣绿、乳纹椒草

● 花期 2～4月及9～12月　● 产地 西印度群岛、巴拿马、南美洲北部

枝茎 株高15～20厘米。多年生草本。茎蔓生，茶褐色，肉质，分枝。

叶片 叶簇生，近肉质较肥厚，倒卵形，叶绿色，中央有绿白色或黄白色的斑纹。

花朵 穗状花序，小花黄绿色。

果实 小坚果近卵圆形。

习性 喜光，温暖，湿润，不耐高温。

快速识别

茎蔓生，茶褐色，肉质，分枝。叶簇生，近肉质较肥厚，倒卵形，叶绿色，中央有绿白色或黄白色的斑纹。穗状花序，小花黄绿色。

园林应用

小型观叶盆栽。

西瓜皮椒草 *Peperomia sandersii*

胡椒科草胡椒属　别名/西瓜皮、豆瓣绿椒草

● 花期 7～10月　● 果期 7～10月　● 产地 南美北部

枝茎 株高20～30厘米，茎短，丛生状。

叶片 叶倒卵形，厚而有光泽，半革质。叶面绿色，有银白色的条纹，似西瓜皮，叶背红色。叶柄红褐色。

花朵 穗状花序，白色或淡绿色。

果实 浆果小，不开裂。

习性 喜半阴，温暖，湿润。不耐高温，不耐寒。

快速识别

茎短，丛生状。叶倒卵形，厚而有光泽，半革质。叶面绿色，有银白色的条纹，似西瓜皮，叶背红色。穗状花序，白色或淡绿色。

园林应用

小型观叶盆栽。

皱叶椒草 *Peperomia caperata*

胡椒科草胡椒属　别名/四棱椒草、皱叶豆瓣绿

● 花期 2～4月及9～12月　● 产地 美洲热带地区

枝茎 株高20厘米左右。多年生常绿草本，小型丛生状，茎短，肉质。

叶片 叶心形，褶皱，整个叶片呈波浪起伏。叶面暗褐绿色，背面灰绿色，有天鹅绒光泽。叶脉凹陷，叶柄长，灰褐色。

花朵 穗状花序，白色或淡绿色，花柄长，红褐色。

果实 浆果小。

习性 喜半阴，温暖，湿润。不耐高温，不耐寒。

快速识别

小型丛生状，茎短，肉质。叶心形，褶皱，整个叶片呈波浪起伏，叶面暗褐绿色，背面灰绿色，叶脉凹陷。穗状花序，白色或淡绿色。

园林应用

小型观叶盆栽。

虎耳草 *Saxifraga stolonifera*

虎耳草科虎耳草属　别名/石荷叶、金丝荷叶、耳朵红

● 花期 5～8月　● 果期 7～11月　● 产地 中国及日本、朝鲜

枝茎 蔓生植物。全株被疏毛，有细长的匍匐茎，红紫色，先端常长出幼株。

叶片 叶数片基生，肉质。叶片广卵形或肾形，边缘有不规则钝锯齿，两面有长柔毛，叶面绿色，具白色网状脉纹，背面及叶柄紫红色。

花朵 圆锥花序，稀疏，花小。

果实 蒴果卵圆形，有2喙。

习性 喜凉爽、半阴和空气湿度高的环境，不耐高温干燥。喜富含腐殖质、中性至微酸性沙壤土。

快速识别

全株被疏毛，有细长的匍匐茎，红紫色，先端常长出幼株。叶肉质，广卵形或肾形，边缘有不规则钝锯齿，两面有长柔毛，叶面绿色，具白色网状脉纹，背面及叶柄紫红色。

园林应用

适合室内悬吊观赏，也可布置于山石、墙壁、水池等处，或用于地被。栽培品种有三色虎耳草。

蔓长春 *Vinca major*

夹竹桃科蔓长春花属　别名/长春蔓

● 花期 3～6月　● 果期 3～6月　● 产地 地中海沿岸、印度、美洲热带地区

枝茎 蔓性常绿半灌木，蔓长50～80厘米。茎偃卧，花茎直立。

叶片 叶缘、叶柄、花槽及花冠喉部有毛。叶椭圆形，先端急尖，基部下延。侧脉约4对。

花朵 花单朵腋生。花萼裂片狭披针形，花冠蓝色，冠筒漏斗状。

果实 蓇葖果双生，直立，长约5厘米。种子顶端无毛。

习性 喜温暖、湿润、半阴和通风良好环境，稍耐寒，喜欢生长在深厚、肥沃、湿润的土壤中。

快速识别

茎偃卧，花茎直立。叶椭圆形，先端急尖，基部下延。花单朵腋生，花冠蓝色，冠筒漏斗状。蓇葖果双生，直立。

园林应用

常盆栽或吊盆布置于室内或窗前、阳台，是一种良好的垂直绿化植物和地被植物。常见同属栽培品种花叶蔓长春。

紫鹅绒 *Gynura aurantiaca*

菊科土三七属

● 产地 印度尼西亚的爪哇岛

枝茎 株高60～100厘米。茎肉质，多汁。全株密被紫红色茸毛。

叶片 叶卵形，形大而柔软，叶缘具齿，两面密布软毛，叶面呈赤堇色至青紫色，具光泽。为观叶花卉。

花朵 头状花序，稀疏，花色金黄或橙黄。

果实 瘦果圆柱形。

习性 喜温暖、湿润、半阴的环境。

快速识别

全株密被紫红色茸毛。叶卵形，形大而柔软，缘具齿，两面密布软毛。

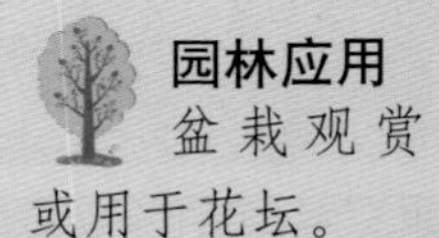

园林应用

盆栽观赏或用于花坛。

枪刀药 *Hypoestes sanguinolenta*

爵床科枪刀药属　别名/鹃泪草、红点草、红斑枪刀药

● 花期 春季　● 产地 马达加斯加群岛

枝茎 株高50厘米。茎直立，多分枝，当枝条长长时容易向下弯曲，呈蔓生状。

叶片 叶对生，卵形至长卵形，先端短尖或渐尖，全缘，稍呈波状。叶面橄榄绿，有火红色的脉纹和斑点，十分密集。

花朵 花冠浅紫色，冠筒狭窄、弯曲、喉白色，具深红色的斑纹。

果实 蒴果。

习性 喜温暖湿润和半阴环境，喜疏松、腐殖质丰富和排水良好的微酸性土壤或沙质土壤。

快速识别

茎直立，多分枝，叶对生，卵形至长卵形，先端短尖或渐尖，全缘，稍呈波状，叶面橄榄绿，有火红色的脉纹和斑点，十分密集。花冠浅紫色，蒴果。

园林应用

优良的小型盆栽观叶植物，也可作为庭院中的小景点缀。

网纹草 *Fittonia verschaffeltii*

爵床科网纹草属　别名/费通草

● 花期 春季　● 产地 秘鲁和南美洲

枝茎 株高5～20厘米。茎呈匍匐状，落地茎节易生根，茎枝密被茸毛。

叶片 叶十字对生，卵形或椭圆形，长7～12厘米，全缘。叶深绿色，叶脉网状清晰，白色至深红色，因种类不同而异。叶柄具茸毛。

花朵 顶生穗状花序，层层苞片呈“十”字形对称排列，小花黄色。

果实 蒴果。

习性 喜高温、多湿和半阴环境。怕寒冷，忌干燥。怕强光，以散射光为好。要求疏松、肥沃、透气良好的沙质土壤。

快速识别

茎呈匍匐状，叶“十”字形对生，卵形或椭圆形，深绿色，叶脉网状清晰，白色至深红色，因种类不同而异。叶柄具茸毛。

园林应用

多用于微小型盆花，也可做室内吊盆和瓶景观赏。常见栽培种有白网纹草、小叶白网纹草、红网纹草。

米 兰 *Aglaia odorata*

楝科米兰属　别名/米仔兰

● 花期 夏秋　● 产地 中国南部及东南亚

枝茎 株高可达7米。常绿灌木，分枝多而密。

叶片 奇数羽状复叶，互生，由3～5片小叶组成，小叶长卵状倒披针形，亮绿。

花朵 腋生圆锥花序，花小形似米粒，黄色，具芳香。

果实 浆果，卵形或近球形。

习性 喜温暖、湿润，要求土壤肥沃微酸性，喜阳，耐半阴。

快速识别

常绿灌木，分枝多而密。奇数羽状复叶，互生，由3～5片小叶组成，小叶长卵状倒披针形，亮绿。腋生圆锥花序，花小似米粒，黄色，具香气。

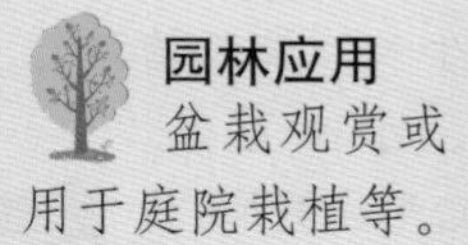

园林应用

盆栽观赏或用于庭院栽植等。

千叶兰 *Muehlewbeckia complera*

蓼科千叶兰属

别名/千叶草、千叶吊兰、铁线兰

●产地 新西兰

枝茎 植株匍匐丛生或呈悬垂状生长，细长的茎红褐色。

叶片 小叶互生，叶片心形或圆形。

花朵 花小，黄绿色。

果实 种子黑色。

习性 喜温暖、湿润的环境，对光照要求不严，具有较强的耐寒性。

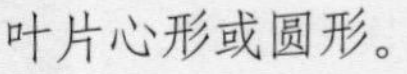

快速识别

植株匍匐丛生或呈悬垂状生长，细长的茎红褐色。小叶互生，叶片心形或圆形。

园林应用

室内盆栽观赏，也可用于岩石园或花境的绿化。

露兜树 *Pandanus tectorius*

露兜树科露兜树属　别名/假菠萝、时来运转

●花期 1～5月　●果期 1～5月　●产地 热带亚洲

枝茎 株高2～4米。常绿灌木或小乔木，干分枝，常具气生根。

叶片 叶革质，带状，长约1.5米，宽3～5厘米，边缘和下面中脉有锐刺，叶质厚而坚硬。叶片聚生于枝条末端，呈浓密的螺旋状排列。

花朵 花无花被，雌雄异株，穗状花序。

果实 聚花果头状，直径达20厘米，小核果50～80枚，幼果绿色，成熟时橘红色。

习性 喜高温、高湿，湿润沙质土壤。

快速识别

常绿灌木或小乔木，干分枝，常具气生根。叶革质，带状，边缘和下面中脉有锐刺，叶质厚而坚硬。叶片聚生于枝条末端，呈浓密的螺旋状排列。

园林应用

室内盆栽观赏，温暖地区多作为河边、溪边堤岸的水土保护材料，也常引种做绿篱，也可在温室及庭院栽培。

爱元果 *Dischidia pectinoides*

萝藦科眼树莲属

别名/玉荷包、囊元果、青蛙藤

● 花期 夏秋 ● 产地 菲律宾

枝茎 多年生附生肉质草本，株高20～30厘米，茎节易生根。

叶片 单叶对生，肥厚多肉，卵形，先端急尖，全缘。具变态叶，膨大中空，状若元宝，外部翠绿色，内部紫红色，且具根群。

花朵 小花数朵，簇生叶腋，鲜红色。

果实 蓇葖果针状圆柱形。

习性 喜半阴，温暖。耐阴，耐寒。

快速识别

单叶对生，肥厚多肉，卵形，先端急尖，全缘。具变态叶，膨大中空，状若元宝，外部翠绿色，内部紫红色，且具根群。

园林应用

小型盆栽观叶，室内常做支架或图腾柱式栽培。

百万心 *Dischidia nummularia*

萝藦科眼树莲属　别名/串钱藤、纽扣玉

● 花期 4～5月　● 果期 5～6月　● 产地 大洋洲

枝茎 藤本。常绿草质藤本，茎节常具气生根。

叶片 叶绿色，稍肉质，对生，阔椭圆形或卵形，先端突尖。

花朵 花小，白色。

果实 蓇葖果披针形或圆柱形。

习性 喜湿润、半阴环境，较耐旱，栽培基质一般选用通气性良好的材料。

快速识别

常绿草质藤本，茎节常具气生根。叶片近心形，无柄。

园林应用

可用作小型盆栽、吊篮栽培，也可运用于花艺设计，或用作垂直绿化。

吊金钱 *Cerepegia woodii*

萝藦科吊灯花属　别名/泉花、心心相印、可爱藤

●花期 7～9月　●产地 南非

枝茎 株高1.5米（藤长）。多年生常绿蔓性草本，茎肉质蔓性，细长下垂。节间常生块状肉质珠芽。

叶片 单叶对生，肉质，心形。叶脉内凹。叶面暗绿色，具白纹；叶背淡紫红色。

花朵 聚伞花序，小花2～3朵，粉红色或淡紫色。

果实 蓇葖果。

习性 喜半阴，温暖，湿润，沙砾土。忌炎热，水涝。

快速识别

茎肉质蔓性，细长下垂。节间常生块状肉质珠芽。单叶对生，肉质，心形。叶脉内凹。叶面暗绿色，具白纹；叶背淡紫红色。

园林应用

吊盆观叶。

球 兰 *Hoya carnosa*

萝藦科球兰属　别名/腊兰、腊花、腊泉花

● 花期 4～6月　● 果期 5～8月　● 产地 东南亚、澳大利亚

枝茎 肉质茎，茎节上有气生根，可附着于其他物体上生长。

叶片 叶对生，肉质，卵形或卵状长圆形，侧脉不明显，全缘。叶面浓绿色，叶背浅绿带白色。

花朵 花为具有短柄的伞形花序腋生，微有香气，花白色，心部淡红色，花冠星状，5裂，有副花冠，常12～15朵聚集成球形，故名球兰。

果实 蓇葖果长圆形。

习性 喜高温多湿的半阴环境及稍干土壤。喜肥沃、透气、排水良好的土壤，生长期间要求充足水分，但忌过湿。

快速识别

藤本，肉质茎，茎节上有气生根。叶对生，肉质，卵形或卵状长圆形。花为具有短柄的伞形花序腋生，微有香气，花白色，心部淡红色，花冠星状，5裂，有副花冠。

园林应用

适于攀附与吊挂栽培，可攀缘支持物、树干、墙壁、绿篱等。常见变种及栽培品种有花叶球兰（var. *marmorata*）、卷叶球兰（'Compacta'）。

心叶球兰 *Hoya kerrii*

萝藦科球兰属　别名/腊兰、腊花、腊泉花

花期 5～10月　产地 印度、中国、泰国等

枝茎 株高可长达3米。多年生攀缘植物，茎肉质，黄灰色，节间有气生根，可附于其他物体上生长。

叶片 单叶对生，心形，叶厚近革质，无毛，叶基近心形，叶尖钝圆。叶深绿色，叶柄短粗。

花朵 腋生伞状花序，半球状，花开30～50朵。花冠白色，辐射状，具香气。

果实 蓇葖果长圆形。

习性 喜光或半阴、温暖、湿润的环境，不耐寒。

快速识别

藤本，茎肉质，黄灰色，节间有气生根。单叶对生，心形，叶厚近革质，叶尖钝圆。腋生伞状花序，半球状，花冠白色，具香气。

园林应用

室内盆栽。

白粉藤 *Cissus rhombifolia*

葡萄科白粉藤属　别名/葡萄吊兰、假提、菱叶葡萄

● 花期 夏秋　● 产地 热带地区

枝茎 株高3米（藤长）。多年生常绿蔓性草本，枝条蔓生。茎节较大，具卷须。卷须先端分叉弯曲。

叶片 三出复叶，中间叶较大，叶片菱形，具短柄。新叶常被银色茸毛，成熟叶面深绿色，有光泽，叶背具棕色茸毛。

花朵 淡绿色小花组成聚伞花序，花萼小截头状。

果实 浆果肉质，有种子一粒。

习性 喜明亮、半阴环境，忌日光直射，喜温暖。

快速识别

三出复叶，中间叶较大，叶片菱形，具短柄。新叶常被银色茸毛，成熟叶面深绿色，有光泽，叶背具棕色茸毛。

园林应用

可做吊盆栽植，也可立支架造型。

蟆叶秋海棠 *Begonia rex*

秋海棠科秋海棠属　别名/虾蟆秋海棠

● 花期 夏冬　● 果期 8月　● 产地 喜马拉雅山南麓，印度较多

枝茎 株高20～30厘米。植株低矮，具根茎。

叶片 基生叶斜卵圆形，表面紫绿色有银灰色斑纹。叶背红色，叶脉上多毛。

花朵 夏季开粉红色的花。园艺品种多，叶色丰富。

果实 蒴果3翅，翅宽披针形。

习性 喜温暖、湿润、半阴的环境，多在温室栽培。

快速识别

基生叶斜卵圆形，表面紫绿色有银灰色斑纹。叶背红色，叶脉上多毛。园艺品种多，叶色丰富。

园林应用

多行盆栽，用于观叶。常见栽培品种有‘安诺德’‘银叶皇后’‘快乐’。

铁十字秋海棠 *Begonia masoniana*

秋海棠科秋海棠属

别名/刺毛秋海棠、铁甲秋海棠、毛叶秋海棠

● 花期 5～7月 ● 产地 中国广西

枝茎 株高20～30厘米。根茎在地面匍匐生长，节短而密。

叶片 叶基生，叶缘有细毛，叶面密被锥状长硬毛，叶脉紫褐色，呈十字形掌状斑纹，叶背灰绿色。

花朵 花茎自叶腋内抽生，二歧聚伞花序，花小而密，黄绿色。

果实 蒴果具3窄翅。

习性 喜温暖、湿润、半阴的环境，多在温室栽培。

快速识别

叶基生，叶缘有细毛，叶面密被锥状长硬毛，叶脉紫褐色，呈十字形掌状斑纹，叶背灰绿色。二歧聚伞花序。

园林应用

盆栽观赏，用于观叶。

垂叶榕 *Ficus benjamina*

桑科榕属　别名/垂榕、细叶榕

●花期 8～11月　●产地 中国、马来西亚、印度等地

枝茎 株高可高达20米左右。常绿小乔木，树干直立，树皮灰色，小枝下垂。枝干易生气生根，全株光滑。

叶片 单叶互生，叶椭圆形，先端有尾尖，薄革质，叶缘微波状。

花朵 榕果单生叶腋或成对，基部缩成柄，球形或扁球形，光滑，雌花、雄花同生于一榕果内。成熟时红色至黄色。

果实 瘦果卵状肾形。

习性 喜光、温暖、湿润的环境。较耐旱，不耐寒。

快速识别

分枝多，小枝柔软下垂。叶小，椭圆形，互生，叶缘微波状，先端尖，基部圆形或钝形。

园林应用

室内观叶盆栽或公园、庭院绿化。常见品种有花叶垂榕。

琴叶榕 *Ficus pandurata*

桑科榕属　别名/扇叶榕、琴叶橡皮树

●花期 6～8月　●产地 美洲热带地区

枝茎 株高10～12米。常绿乔木，茎干直立，极少分枝。

叶片 单叶互生，叶大，呈提琴状，厚革质，有光泽，叶柄及叶背有灰白色茸毛，叶脉粗大凹陷，叶缘波状起伏。

花朵 单生叶腋，鲜红色，椭圆形或球形，顶部脐状突起，基生苞片3，卵形。

果实 瘦果。

习性 喜光、高温及湿润环境。较耐阴，较耐旱。

快速识别

常绿乔木，单叶互生，叶大，呈提琴状，厚革质，有光泽，叶脉粗大凹陷，叶缘波状起伏。花单生叶腋，鲜红色，椭圆形或球形。

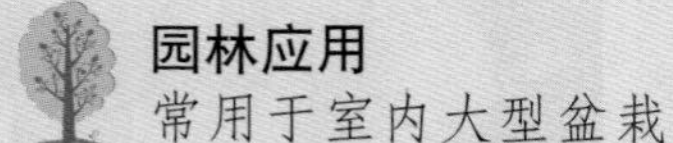

园林应用

常用于室内大型盆栽或公园、庭院绿化观赏。

榕 树 *Ficus microcarpa*

桑科榕属　别名/细叶榕、小叶榕

● 花期 5～6月　● 果期 10～11月　● 产地 热带和亚热带地区

枝茎 株高20～30米。枝条扩展，多分枝。有气生根，多细弱、悬垂，入土生根，形成杆形支柱。

叶片 叶通常互生，革质，椭圆形，全缘或线波状，托叶合生，包被于顶芽外，脱落后留有环形的痕迹。

花朵 花雌雄同株，生于球形中空的花托内。

果实 隐花果，近球形，初时乳白色，熟时黄色或淡红色、紫色。

习性 喜暖热多雨气候，不怕烈日暴晒，耐阴，不耐寒，冬季气温不能低于0℃。耐水湿，喜疏松、肥沃的酸性土壤，在瘠薄的沙质土中也能正常生长，在碱性土壤中叶片黄化。

快速识别

有气生根，多细弱悬垂，入土生根，形成杆形支柱。

园林应用

可用于制作盆景，修剪造型。在温暖地区做庭院绿化和行道树使用。

印度橡皮树 *Ficus elastica*

桑科榕属　别名/橡皮树、印度胶榕、橡胶榕

产地　印度、马来西亚

枝茎　盆栽株高一般不超过2米。常绿乔木，全株无毛，有乳汁，茎上有气生根。

叶片　叶片椭圆形或长椭圆形，先端渐尖，长10～30厘米，叶面暗绿色，叶背淡黄绿色，全缘，革质。托叶红色，早落，并在枝条上留下托叶痕。

花朵　花单性，雌雄同株。

果实　瘦果卵圆形。

习性　喜温暖、湿润环境，喜光照充足，耐阴，耐旱，不耐寒。

快速识别

常绿乔木，全株无毛，有乳汁，茎上有气生根。叶片椭圆形或长椭圆形，先端渐尖，叶面暗绿色，叶背淡黄绿色，全缘，革质。托叶红色，早落，并在枝条上留下托叶痕。

园林应用

室内盆栽，温暖地区可做庭院绿化及行道树。常见变种有黑叶橡皮树、锦叶橡皮树、金边橡皮树、花叶橡皮树。

龙舌兰 *Agave americana*

石蒜科龙舌兰属

● 花期 5～6月 ● 产地 南美

枝茎 株高可达90厘米。

叶片 叶片肉质，长带形，于植株基部簇生，叶缘具钩刺，先端部有硬刺尖。

花朵 圆锥花序高达5～15米，着花多数，淡黄色。

果实 蒴果长椭圆形。种子黑色，扁平。

习性 性强健，耐旱，喜阳，较耐寒。

快速识别

叶肉质，长带形，于植株基部簇生，叶缘具钩刺，先端部有硬刺尖。圆锥花序淡黄色。

园林应用

可点缀于草坪或在岩石园栽植。栽培种有金边龙舌兰、舌兰、金心龙舌兰。

白柄亮丝草 *Aglaonema commutatum* 'Pseudo Bracteatum'

天南星科广东万年青属　别名/金皇后

● 产地　热带非洲及菲律宾、马来西亚、印度、泰国等地

枝茎　株高45～65厘米。

叶片　叶柄白色，叶浓绿，叶面上有黄白色斑纹，叶中脉及附近多为乳白色，并有不规则的灰绿色至白色斑纹及小斑点。

花朵　佛焰苞花序，白色。

果实　浆果，红色。

习性　耐阴，耐湿，也较耐旱。

快速识别

叶柄白色，叶浓绿，叶面上有黄白色斑纹，叶中脉及附近多为乳白色，并有不规则的灰绿色至白色斑纹及小斑点。

园林应用

盆栽观叶。

白鹤芋 *Spathiphyllum floribundum* 'Clevelandii'

天南星科苞叶芋属　别名/白掌、多花苞叶芋

●花期 5～8月　●产地 哥伦比亚，生于热带雨林中

枝茎 株高30～60厘米。具短根茎，多为丛生状，分蘖力强。

叶片 叶丛生，革质，长椭圆形或阔披针形，端长尖，叶面深绿色有光泽。

花朵 佛焰肉穗花序，苞片黄绿色或白色，微香，呈叶状。

果实 稀结果。

习性 喜高温、高湿环境。忌直射阳光，极耐阴，能在室内光线较暗处生长。较耐寒。

快速识别

叶丛生，革质，长椭圆形或阔披针形，端长尖，叶面深绿色有光泽。花为佛焰苞白色，佛焰花序黄绿色或白色，微香，呈叶状。

园林应用

盆栽或在花台、庭院的荫蔽地点丛植、列植，也可在石组或水池边缘绿化。同属常见栽培种有大银苞芋、匙状白鹤芋、佩蒂尼白鹤芋、白鹤掌、绿巨人。

春芋 *Philodendron selloum*

天南星科喜林芋属　别名/裂叶喜林芋

● 产地　南美巴西的热带雨林中

枝茎　株高可达1.5米。茎拇指状，节间短。

叶片　叶片排列紧密整齐，水平伸展，呈丛状。叶片宽心脏形，呈粗大的羽毛状，深裂。叶色浓绿，有光泽。叶柄坚挺细长。

花朵　花单性，佛焰苞肉质，白色或黄色，肉穗花序直立，稍短于佛焰苞。

果实　浆果密接，室壁纸质。

习性　喜温暖、湿润的环境，适合选用疏松、含腐殖质的土壤。耐阴。

快速识别

叶片排列紧密整齐，水平伸展，呈丛状。叶片宽心脏形，呈粗大的羽毛状，深裂。叶色浓绿，有光泽。叶柄坚挺细长。

园林应用

盆栽观赏，温暖地区也可附生于树上生长或做地被。

广东万年青 *Aglaonema modestum*

天南星科亮丝草属　别名/亮丝草

● 花期　秋季　● 产地　印度、马来西亚，中国及菲律宾也有少量分布

枝茎 株高60～70厘米。茎直立不分枝，节间明显。

叶片 叶互生，叶柄较长，茎部扩大呈鞘状，叶椭圆状卵形，先端渐尖至尾状渐尖，叶绿色。

花朵 肉穗状花序腋生，短于叶柄。花色白而带绿。

果实 浆果绿至黄红色。

习性 喜温暖、湿润的环境，耐阴，忌阳光直射，不耐寒，喜疏松、肥沃、排水良好的微酸性壤土。

快速识别

茎直立不分枝，节间明显。叶绿色，互生，叶柄较长，茎部扩大呈鞘状，叶椭圆状卵形，先端渐尖至尾状渐尖。

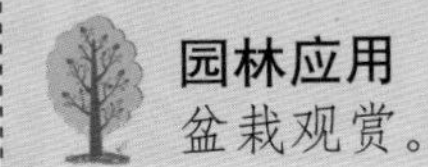

园林应用

盆栽观赏。

龟背竹 *Monstera deliciosa*

天南星科龟背竹属

别名/蓬莱蕉、铁丝兰、龟背蕉

● 花期 4～6月 ● 产地 墨西哥热带雨林中

枝茎 多年生常绿攀缘藤本植物。株高能达3米。茎粗，节明显，长可达10米以上，其上生有细柱状的气生根，褐色，形如电线。

叶片 叶厚革质，互生，暗绿色或绿色。幼叶心脏形，没有穿孔，长大后叶呈矩圆形，具不规则羽状深裂，自叶缘至叶脉附近孔裂，如龟甲图案。叶柄长30～50厘米，深绿色，有叶痕。

花朵 花苞片革质，黄白色。佛焰苞淡黄色，肉穗花序白色，后变成绿色。

果实 浆果成熟时暗蓝色被白霜，有香蕉的香味。

习性 喜温暖、湿润的环境，忌阳光直射和干燥，喜半阴，较耐寒。对土壤要求不严格，在肥沃、富含腐殖质的沙质壤土中生长良好。

快速识别

多年生常绿攀援藤本植物。茎粗，节明显，其上生有细柱状的气生根，褐色，形如电线。叶厚革质，互生。幼叶心脏形，没有穿孔，长大后叶呈矩圆形，具不规则羽状深裂，自叶缘至叶脉附近孔裂，如龟甲图案。

园林应用

大中型盆栽或垂直绿化，也是很好的切叶材料。

合果芋 *Syngonium podophyllum*

天南星科合果芋属

别名/长柄合果芋、剪叶芋、紫梗芋

● 花期 秋季 ● 产地 中美、南美热带雨林中

枝茎 株高10～45厘米。茎蔓性、粗壮，含乳汁，节具气生根，可攀附他物生长。

叶片 叶互生，二型，幼叶箭形或戟形，淡绿色；老叶呈5～9裂的掌状叶，中间一片叶大型，叶基裂片两侧常着生小型耳状叶片，深绿色，且叶质加厚。叶面有斑纹、斑块或全缘。

花朵 花佛焰苞状，生于茎端叶腋里，白或红色，背面绿色。

果实 稀结果。

习性 适应性强，生长健壮，能适应不同光照。喜高温多湿和半阴环境，不耐寒。喜疏松、肥沃、排水良好的微酸性土壤。

快速识别

茎蔓性、粗壮，含乳汁，节具气生根。叶互生，二型，幼叶箭形或戟形，淡绿色；老叶呈5～9裂的掌状叶，中间一片叶大型，叶基裂片两侧常着生小型耳状叶片，深绿色，且叶质加厚。叶面有斑纹、斑块或全缘。

园林应用

适合家庭阳台、居室养护，既可吊盆悬挂观赏，又可柱状造型点缀。常见栽培品种与变种有白蝶合果芋、粉蝶合果芋、银叶合果芋、翠玉合果芋。

黑叶芋 *Alocasia* 'Amazonica'

天南星科海芋属　别名/观音莲、黑叶观音莲

● 产地　亚洲热带地区

枝茎　株高30～50厘米。地下部分具肉质块茎，易分蘖形成丛生植物。

叶片　叶为箭形盾状，先端尖锐。叶柄较长，侧脉直达缺刻。叶浓绿色，富有金属光泽，叶脉银白色明显，叶背紫褐色。叶柄淡绿色，近茎端呈紫褐色，在茎部形成明显的叶鞘。

花朵　花为佛焰花序，从茎端抽生，白色。

果实　浆果红色。

习性　喜温暖、湿润、半阴的生长环境。

快速识别

叶为箭形盾状，先端尖锐。叶柄较长，侧脉直达缺刻。叶浓绿色，富有金属光泽，叶脉银白色明显，叶背紫褐色。

园林应用

室内观叶植物。

红宝石喜林芋 *Philodendron erubescens* cv.Red Emerald

天南星科喜林芋属　别名/红宝石

● 产地　中美洲和南美洲热带雨林

枝茎　多年生常绿藤本。茎粗壮，节部有气生根。

叶片　单叶互生。叶戟形，全缘，盾状着生，革质，暗绿色。嫩梢及嫩叶的叶鞘玫红色。叶柄、叶背为紫红色。

花朵　花单生于上部的叶腋，由紫红色的佛焰苞及白色的肉穗花序组成。

果实　浆果聚合。

习性　喜半阴、温暖、湿润的环境。不耐旱，畏强光。

快速识别

茎粗壮，节部有气生根。单叶互生。叶戟形，全缘，盾状着生，革质，暗绿色。嫩梢及嫩叶的叶鞘玫红色。叶柄、叶背为紫红色。

园林应用

大中型盆栽观叶，也可做室内垂直绿化。

花叶万年青 *Dieffenbachia picta*

天南星科花叶万年青属 别名/黛粉叶

● 产地 美洲热带地区

枝茎 株高达1米。茎干粗壮，多肉质。

叶片 叶片大而光亮，着生于茎干上部，椭圆状卵圆形或宽披针形，先端渐尖，全缘，叶片两面深绿色，其上镶嵌密集、不规则的白、乳白、淡黄等色斑点、斑纹、斑块；叶鞘近中部下具叶柄，叶柄粗。

花朵 花柄由叶梢中抽出，短于叶柄，花单性，佛焰花序，佛焰苞呈椭圆形，下部呈筒状。

果实 浆果橙黄绿色。

习性 喜高温高湿、半阴或荫蔽环境。

快速识别

茎干粗壮，多肉质。叶片大而光亮，着生于茎上部，椭圆状卵圆形或宽披针形，先端渐尖，全缘，叶片两面深绿色，其上镶嵌密集、不规则的白、乳白、淡黄等色斑点、斑纹、斑块。叶鞘近中部下具叶柄，叶柄粗。

园林应用

盆栽观赏。常见栽培种类有黛粉叶、大王黛粉叶、白玉黛粉叶、绿玉黛粉叶、乳斑黛粉叶、喷雪黛粉叶。

花叶芋 *Caladium bicolor*

天南星科花叶芋属　别名/彩叶芋、五彩芋

● 花期　夏秋　● 产地　南美洲热带地区

枝茎　株高30～75厘米。地下具扁圆形黄色的块茎。

叶片　叶卵状三角形至心状卵形，呈盾状着生，绿色叶具白色或红色斑点或斑纹。叶柄长，基部鞘状。

花朵　佛焰苞具筒，外面绿色，内部白绿，肉穗花序黄至橙黄色。

果实　浆果白色。

习性　喜高温、高湿和半阴的环境，忌强光暴晒。不耐寒。

快速识别

叶卵状三角形至心状卵形，呈盾状着生，绿色叶具白色或红色斑点或斑纹；叶柄长，基部鞘状。

园林应用

室内盆栽，在热带地区可室外栽培观赏，点缀花坛、花境。常见栽培种类繁多，按叶脉颜色可分为绿脉、白脉、红脉三大类。绿脉类有‘白鹭’‘白雪公主’‘洛德’‘德比’‘克里斯夫人’，白脉类有‘穆菲特小姐’‘主题’‘荣誉’‘乔戴’，红脉类有‘雪后’‘冠石’‘阿塔拉’‘血心’‘红美’‘红色火焰’。

绿宝石喜林芋 *Philodendron erubescens* 'Green Emerald'

天南星科喜林芋属

别名/绿宝石、长心形蔓绿绒

● 产地 美洲热带和亚热带地区

枝茎 茎粗壮，蔓性，节上有气根。

叶片 叶长心形，顶端突尖，基部深心形，绿色，全缘，有光泽。嫩梢和叶鞘均为绿色。

花朵 花单生于上部的叶腋，由黄绿色的佛焰苞及白色的肉穗花序组成，具茶香。

果实 浆果聚合果。

习性 喜半阴、温暖、湿润的环境，极耐阴，不耐旱。

快速识别

茎粗壮，蔓性，节上有气根。叶长心形，顶端突尖，基部深心形，绿色，全缘，有光泽。嫩梢和叶鞘均为绿色。

园林应用

大中型盆栽观叶，也可做室内垂直绿化。

绿 萝 *Scindapsus aureum*

天南星科绿萝属　别名/黄金葛、魔鬼藤

● 产地　马来西亚、印度、新几内亚岛

枝茎　多年生蔓性常绿草本，茎长可达10余米，茎节间具有沟槽，节间有气生根。

叶片　叶互生，叶片长椭圆形或长卵心形。叶面亮绿色，全缘，有光泽，少数叶面上有不规则的黄色斑点或斑块，幼苗期叶片较小，色较淡。随着植株生长而长大，叶色变浓绿，叶片增大，因肥水条件及生长方式差异，其叶片大小有别，叶色有淡绿或深绿。

习性　喜温暖、湿润的气候，耐半阴，适合选用肥沃、疏松的土壤。

快速识别

茎长可达10余米，茎节间具有沟槽，节间有气生根。叶互生，叶片长椭圆形或长卵心形。叶面亮绿色，全缘，有光泽，少数叶面上有不规则的黄色斑点或斑块。

园林应用

垂吊盆栽或做柱式栽培，温暖地区也可做垂直绿化材料。常见栽培种类有花叶绿萝、白金绿萝、三色绿萝。

迷你龟背竹 *Monstera obliqua*

天南星科龟背竹属　别名/斜叶龟背竹

● 花期 8～9月　● 产地 中美洲热带

枝茎 株高30～60厘米左右。多年生常绿草本。根系肉质，茎绿色，粗壮。

叶片 叶椭圆形，鲜绿色，薄革质，叶面有大小不等的圆孔，形似龟背。

花朵 肉穗花序近圆柱形，淡黄色。佛焰苞，宽卵形，近直立。

果实 浆果。

习性 喜高温高湿的环境，不耐寒。

快速识别

茎绿色，粗壮。叶椭圆形，鲜绿色，薄革质，叶面有大小不等的圆孔，形似龟背。肉穗花序近圆柱形，淡黄色。佛焰苞，宽卵形。

园林应用

室内观叶盆栽。

琴叶喜林芋

Philodendron pandurifor

天南星科喜林芋属　别名/琴叶蔓绿绒、琴叶树藤

●产地　南美巴西

枝茎　多年生常绿草本。茎蔓性，木质状。具气生根。

叶片　单叶互生。叶片基部扩展，中部细窄，形似提琴，革质。叶面暗绿色，有光泽。

花朵　花单生于上部的叶腋，由黄绿色佛焰苞及白色的肉穗花序组成。

果实　浆果密接。

习性　喜半阴、高温高湿的环境，微酸性土壤。不耐寒。

快速识别

单叶互生。叶片基部扩展，中部细窄，形似提琴，革质。叶面暗绿色，有光泽。

园林应用

大中型盆栽观叶，适于室内、厅堂摆设。

水晶花烛 *Anthurium crystallinum*

天南星科花烛属　别名/晶状安祖花

● 产地　南美哥伦比亚的新格林纳达

枝茎 茎短。

叶片 叶密生于茎上。叶阔心脏形，暗绿色，有天鹅绒般光泽。叶脉粗，银白色，叶背淡紫色。

花朵 花茎高出叶面，佛焰苞窄，带有褐色。肉穗花序圆柱形，带绿色。

果实 浆果肉质。

习性 喜高湿环境，对水分变化敏感，不易栽培。

快速识别

叶密生于茎上。叶阔心脏形，暗绿色，有天鹅绒般光泽。叶脉粗，银白色，叶背淡紫色。

园林应用

优良的中小型观叶花卉，可盆栽观赏。

心叶喜林芋 *Philodendron scanaens*

天南星科喜林芋属　别名/圆叶蔓绿绒、心叶喜树蕉

● 产地　美洲热带地区

枝茎　常绿攀缘亚灌木，茎稍木质。

叶片　叶心状长圆形，分裂，基部裂片长达10厘米，近长圆形，光滑，绿色。

花朵　花单生于上部的叶腋，由黄绿色佛焰苞及白色的肉穗花序组成。

果实　浆果密接。

习性　喜半阴、高温高湿的环境，不耐寒。

快速识别

叶心状长圆形，分裂，基部裂片长达10厘米，近长圆形，光滑，绿色。

园林应用

大中型盆栽观叶，也可做室内垂直绿化。

银后粗肋草 *Aglaonema*×'Silver King'

天南星科广东万年青属

别名/银王万年青、银王亮丝草

● 产地 非洲热带地区

枝茎 株高30～45厘米。

叶片 叶片茂密，披针形，叶面大部分为银灰色，有金属光泽，其余部分散生墨绿色斑点或斑块，叶背灰绿，叶柄绿色。

花朵 花小，不明显。花序为佛焰花序，白色或绿白色。

果实 浆果，红色。

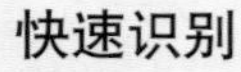

习性 喜高温、高湿的环境，耐湿又耐旱，喜散射光，较耐阴，对土壤要求不严。

快速识别

叶片茂密，披针形，叶面大部分为银灰色，有金属光泽，其余部分散生墨绿色斑点或斑块，叶背灰绿，叶柄绿色。

园林应用

室内盆栽观赏。

八角金盘 *Fatsia japonica*

五加科八角金盘属　别名/八金盘、八手、手树

花期 10～11月　果期 翌年5月　产地 日本

枝茎 株高2～5米。常绿灌木，干丛生，幼枝和嫩枝密被褐色毛。

叶片 叶大，掌状，5～7深裂，质厚有光泽，边缘有锯齿或呈波状，叶柄长，基部肥厚。新发幼叶呈棕色毛毡状，而后逐渐平滑似革质，中心叶脉清晰，叶色浓绿，叶片直径20～40厘米。

花朵 圆锥状聚伞花序顶生，花两性，苞片白色。

果实 浆果球形，熟时黑紫色，外被白粉。

习性 喜湿暖、湿润的气候，耐阴，不耐干旱，稍耐寒。适合种植在排水良好、湿润的沙质壤土中。

快速识别

常绿灌木，干丛生，幼枝和嫩枝密被褐色毛。叶大，掌状，5～7深裂，质厚有光泽，边缘有锯齿或呈波状，叶柄长，基部肥厚。圆锥状聚伞花序顶生，白色。

园林应用

地被、室内盆栽观赏。

鹅掌藤 *Scheffera arboricola*

五加科鸭脚木属　别名/狗脚蹄、七叶莲、七加皮

● 花期 7月　● 果期 8月　● 产地 热带和亚热带地区

枝茎 株高2～3米。茎直立柔韧，分枝多，茎节处易生细长气生根。茎圆形，有纵向细条纹，全株有特殊气味。

叶片 掌状复叶互生，小叶5～9片，革质富光泽，倒卵形或长椭圆形，亦有不规则歪斜，叶色浓绿或散布深浅不一的黄色斑纹。叶柄纤细，长12～18厘米，无毛。

花朵 伞形花序，花淡绿色或青白色。

果实 核果圆球形，熟时橙黄色。

习性 喜温暖、湿润、半阴的环境，不耐寒。对土壤要求不严，喜疏松、肥沃、湿润而排水良好的微酸性土壤。

快速识别

茎直立柔韧，分枝多。全株有特殊气味。掌状复叶互生，小叶5～9片，革质富光泽，倒卵形或长椭圆形，亦有不规则歪斜，叶色浓绿或散布深浅不一的黄色斑纹。叶柄纤细，无毛。

园林应用

庭院美化或盆栽，亦可配置于花境中。常见栽培种有澳洲鸭脚木。

孔雀木 *Dizygoyheca elegantissima*

五加科孔雀木属　别名/手树

● 产地　澳大利亚、太平洋群岛

枝茎　株高1.5～1.8米。

叶片　叶革质，互生，掌状复叶，小叶5～9枚。小叶叶柄短，线形，边缘为整齐的锯齿，中脉明显，色浅。叶片初生时呈铜红色，后变成深绿色，有金属光泽。茎干和叶柄具有白色斑点。

花朵　穗状花序，灰白色。

习性　喜温暖、湿润的环境，不耐寒。喜光，但不耐强光直射。土壤以疏松、肥沃的壤土为好。

快速识别

叶革质，互生，掌状复叶，小叶5～9枚。小叶叶柄短，线形，边缘为整齐的锯齿，中脉明显，色浅。叶片初生时呈铜红色，后变成深绿色，有金属光泽。茎和叶柄具有白色斑点。

园林应用

盆栽观赏。

西洋常春藤 *Hedera helix*

五加科常春藤属　别名/洋常春藤、欧洲常春藤

●花期 9～10月　●果期 翌年4～5月　●产地 欧洲、西亚和北非

枝茎 常绿藤本，茎长可达30厘米。茎红褐色，幼枝具褐色星状毛。

叶片 叶二型，营养枝上的叶片3～5裂，叶面深绿，背面浅绿，叶脉白色。花枝上的叶片狭卵形，基部楔形至截形，全缘。

花朵 伞形花序通常数个排成总状花丛，花小，黄色。

果实 果实圆球形，熟时黑色。

习性 喜温暖、湿润的气候，能耐短暂低温，忌高温高湿。喜疏松、肥沃而排水良好的土壤，不耐盐碱和干旱。

快速识别

常绿藤本，茎红褐色，幼枝具褐色星状毛。叶二型，营养枝上的叶片3～5裂，叶面深绿，背面浅绿，叶脉白色。花枝上的叶片狭卵形，基部楔形至截形，全缘。

园林应用

垂直绿化材料、地被、盆栽观赏。同属常见栽培种有中华常春藤、加那利常春藤。

熊掌木 *Fatshedera lizei*

五加科熊掌木属　别名/五角金盘

● 花期 9～11月　● 产地 墨西哥

枝茎 藤蔓植物，高可达1米以上。初生时茎呈草质，后渐转木质化。

叶片 单叶互生，掌状5裂，叶端渐尖，叶基心形，全缘，波状有扭曲，新叶密被毛，老叶浓绿而光滑。叶柄基部呈鞘状与茎枝连接。

花朵 花小，淡绿色。

果实 核果。

习性 喜温暖、湿润、半阴环境。

快速识别

单叶互生，掌状5裂，叶端渐尖，叶基心形，全缘，波状有扭曲，新叶密被毛，老叶浓绿而光滑。

园林应用

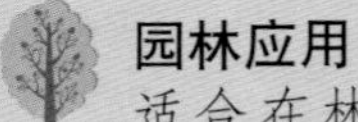

适合在林下群植或盆栽观赏。

南天竹 *Nandina domestic*

小檗科南天竹属　别名/天竹

● 花期 5～7月　● 产地 中国江苏、浙江、安徽、江西等地

枝茎 常绿灌木，枝干丛生，褐色，少分枝，幼枝呈红色。

叶片 叶互生，二至三回羽状复叶，小叶革质，椭圆状披针形，端长尖，基部楔形，全缘。深绿色，冬季常变红色。

花朵 顶生圆锥花序，小花白色。

果实 浆果球形，成熟时为鲜红色。

习性 喜温暖、湿润的环境，较耐阴，也耐寒，对土壤要求不严。

快速识别

枝干丛生，褐色，少分枝，幼枝呈红色。叶互生，二至三回羽状复叶，小叶革质，椭圆状披针形，端长尖，基部楔形，全缘。深绿色，冬季常变红色。

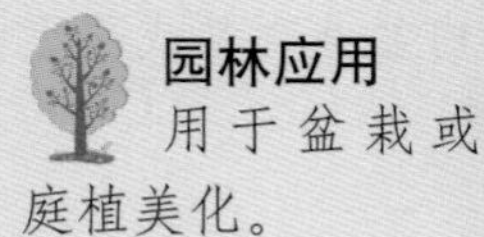

园林应用

用于盆栽或庭植美化。

镜面草 *Pilea peperomidoides*

荨麻科冷水花属

别名/镜面掌、金钱草、翠屏草

花期 4～7月 果期 7～9月 产地 中国云南西北部

枝茎 株高35～40厘米。茎粗壮，肉质，棕褐色，老茎常木质化，节上有深褐色的托叶和叶痕。

叶片 绿色，近圆形，肉质，有光泽，幼叶稍内卷，渐平展。叶柄呈盾状着生于叶片中央偏上部，形若举着一面面小镜，密集着生于茎上，全株外观丰满圆整。

花朵 花柄从靠近茎顶部的叶腋处抽出，小花黄色，无香味。

果实 瘦果卵形。

习性 喜温暖、湿润、半阴的环境，在光线充足的室内也能生长良好。较耐寒，但低于0℃即受冻害。要求富含腐殖质、疏松、肥沃、排水良好的土壤。

快速识别

叶绿色，近圆形，肉质，叶柄呈盾状着生于叶片中央偏上部，形若举着一面面小镜子。

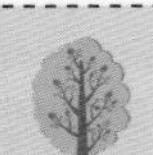

园林应用

室内盆栽观赏或用于制作盆景。

冷水花 *Pilea cadierei*

荨麻科冷水花属　别名/花叶荨麻、白雪草

● 花期 10月　● 产地 越南等热带地区

枝茎 株高15～40厘米。地上茎丛生，细弱、肉质，半透明，上面有棱，节部膨大，幼茎白绿色，老茎淡褐色。

叶片 叶交互对生，卵状椭圆形，先端钝尖，基部楔形，三出脉，叶脉间具白色斑块，叶缘上部具疏钝锯齿，下部常全缘。叶柄短，半透明，基部有小托叶。

花朵 聚伞花序腋生，单性同株，淡绿色，不明显。

果实 瘦果。

习性 较耐寒，喜温暖、湿润的气候，怕强光暴晒。对土壤要求不严，能耐弱碱，较耐水湿，不耐旱。

快速识别

地上茎丛生，肉质，半透明，上面有棱，节部膨大，幼茎白绿色，老茎淡褐色。叶交互对生，卵状椭圆形，先端钝尖，基部楔形，三出脉，叶脉间具白色斑块，叶缘上部具疏钝锯齿，下部常全缘。

园林应用

室内盆栽。常见的栽培变种有密生冷水花。

皱叶冷水花 *Pilea mollis*

荨麻科冷水花属　别名/虾蟆草、月面冷水花

● 花期 春夏　● 产地 哥斯达黎加、哥伦比亚

枝茎 株高20～50厘米。

叶片 "十"字形对生，叶脉褐红色，叶面主色为黄绿色，叶面起波皱，美丽动人。

花朵 浅粉白色，伞形花序。

果实 瘦果。

习性 喜半阴、多湿环境，宜明亮的散射光，忌直射光，对温度适应范围广，土壤以富含腐殖质的壤土最好。

快速识别

"十"字形对生，叶脉褐红色，叶面主色为黄绿色，叶面有波皱。

园林应用

适于布置花境或室内盆栽观赏。同属常见栽培种有小叶冷水花、泡叶冷水花、银叶冷水花。

淡竹叶 *Tradescantia fluminensis*

鸭跖草科鸭跖草属

别名/白花紫露草、白花紫鸭跖草

花期 4～6月　产地 巴西中部、乌拉圭和巴拉圭

枝茎 茎匍匐，带紫红色晕，节处膨大，贴地的茎节上生根。

叶片 叶互生，长椭圆形，表面绿色，具白色条纹，有光泽，光线不足时，叶片变为绿色。

花朵 伞形花序。花小，白色。

果实 蒴果。

习性 喜温暖、湿润的环境，耐半阴。以壤土为宜。

快速识别

茎匍匐，带紫红色晕，节处膨大。叶互生，长椭圆形，表面绿色，具白色条纹，有光泽。

园林应用

盆栽观赏，又可作为吊挂廊下的观叶植物。

吊竹梅 *Zebrina pendula*

鸭跖草科吊竹梅属　别名/吊竹草、甲由草

● 花期 夏季　● 产地 南美洲

枝茎 株高30～60厘米。茎蔓生，茎叶稍肉质、多汁，茎多分枝，无毛或被疏毛，节上有根。

叶片 叶互生，无柄，椭圆状卵圆形或长圆形，先端尖锐，基部钝，全缘。表面紫绿色或杂以银白色条纹，中部和边缘有紫色条纹，叶背紫红色。

花朵 花数朵，聚生于小枝顶部的两片叶状苞片内，紫红色。

果实 蒴果。

习性 喜温暖、湿润气候，较耐阴。对土壤要求不严，适应性较强，适于肥沃、疏松的土壤。

快速识别

茎蔓生，茎叶稍肉质、多汁，茎多分枝，无毛或被疏毛，节上有根。叶互生，无柄，椭圆状卵圆形或长圆形，先端尖锐，基部钝，全缘。表面紫绿色或杂以银白色条纹，中部和边缘有紫色条纹，叶背紫红色。

园林应用

适于美化卧室、书房、客厅等处，可放在花架、橱顶，或吊在窗前自然悬垂，观赏效果极佳。也可用于室内外绿化装饰。常见变种有四色吊竹梅、异色吊竹梅。

紫背万年青 *Rhoeo discolor*

鸭跖草科紫背万年青属

别名/紫万年青、蚌兰、紫锦兰

● 花期 8～10月 ● 产地 墨西哥及西印度群岛

枝茎 多年生常绿草本。株高20～40厘米。茎短。

叶片 叶螺旋状着生于茎顶，披针形至剑形，表面暗绿色，背面紫色。

花朵 花多朵集生，花序外具两枚蚌壳状紫色苞片，花小，白色。

果实 蒴果。

习性 喜温暖，不耐寒，喜散射光照，忌强光直射。

快速识别

叶螺旋状着生于茎顶，披针形至剑形，表面暗绿色，背面紫色。花序外具两枚蚌壳状紫色苞片。

园林应用

室内盆栽或吊盆观赏。

紫露草 *Tradescantia rdflexa*

鸭跖草科紫露草属　别名/美洲鸭跖草

● 花期 5～7月　● 产地 北美

枝茎 株高30～60厘米。茎直立，圆柱形，苍绿色，光滑，稍被白粉，多弯曲。

叶片 叶面内折，基部鞘状。

花朵 花深紫色、浅紫色或近白色多朵簇生枝顶，外被2枚长短不等的苞片。

果实 蒴果。

习性 喜阳，耐半阴，耐寒，对土壤要求不严。

快速识别

茎直立，圆柱形，苍绿色，光滑。叶面内折。花深紫色、浅紫色或近白色多朵簇生枝顶。

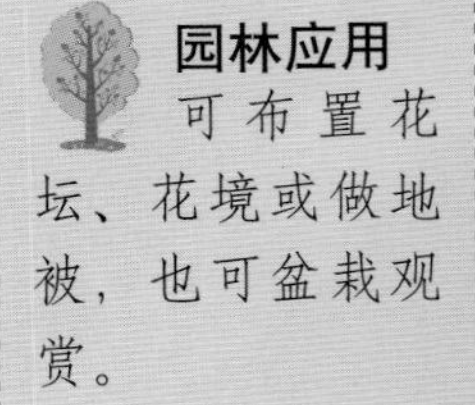

园林应用

可布置花坛、花境或做地被，也可盆栽观赏。

斑纹竹芋 *Calathea zebrina*

竹芋科肖竹芋属

别名/绒叶肖竹芋、天鹅绒竹芋

● 花期 5～6月 ● 产地 巴西

枝茎 株高90厘米。多年生常绿草本。

叶片 叶阔披针形，叶柄长，叶缘具波浪状，叶片多向上坚挺。叶面黄绿色，沿侧脉两侧有斜向绿色大块不等的斑条，叶背灰绿色，随后变为红色。

花朵 头状花序，花冠紫堇色或白色。

果实 蒴果3瓣裂，果瓣与中轴脱离。

习性 喜半阴，高温，湿润，忌阳光直射。

快速识别

多年生常绿草本，叶阔披针形，叶缘具波浪状，叶片多向上坚挺。叶面黄绿色，沿侧脉两侧有斜向绿色大块不等的斑条，叶背灰绿色，随后变为红色。

园林应用

室内观叶盆栽。

豹斑竹芋 *Maranta leuconeura*

竹芋科肖竹芋属

别名/豹纹竹芋、绿脉竹芋、祈祷花

● 花期 11至翌年2月 ● 产地 美洲、非洲和亚洲的热带地区

枝茎 株高10～30厘米，多年生草本，茎直立或匍匐状。节间短，多分枝。

叶片 叶宽矩圆形，基部心形，先端尖凸，叶面淡绿色，有光泽，叶背灰绿色。叶脉间有两列对称呈羽状排列的斑纹，初为灰褐色，后呈深绿色。

花朵 总状花序，苞片少。花萼3枚，披针形。花冠管圆柱形，基部常肿胀，顶端3裂片。

果实 果实倒卵形或矩圆形，坚果状，不开裂。

习性 喜半阴、温暖、湿润的环境。忌烈日暴晒，不耐寒，不耐旱。

快速识别

叶宽矩圆形，基部心形，先端尖凸，叶面淡绿色，有光泽，叶背灰绿色。叶脉间有两列对称呈羽状排列的斑纹，初为灰褐色，后呈深绿色。

园林应用

室内观叶盆栽，也可做插花叶材。常见变种有红脉豹斑竹芋。

箭羽竹芋 *Calathea insignis*

竹芋科肖竹芋属

别名/披针叶竹芋、花叶葛郁金、猫叶竹芋

● 花期 11至翌年2月 ● 产地 巴西

枝茎 株高60～100厘米。多年生宿根花卉，根茎粗大肉质白色，末端纺锤形，具宽三角状鳞片。地上茎细而分枝，丛生。

叶片 叶披针形至椭圆形，直立伸展，叶面灰绿色，沿主脉两侧嵌有大小交替的深绿色斑纹，叶背棕色，具叶柄较长，叶缘波状。

花朵 花序头状或球果状，苞片2至数枚，通常螺旋排列，花被6，外3片为萼片，内3片为花冠，联合呈筒状，多为白色。

果实 蒴果。

习性 喜半阴、高温、湿润的环境，忌阳光直射。

快速识别

叶披针形至椭圆形，直立伸展，叶面灰绿色，沿主脉两侧嵌有大小交替的深绿色斑纹，叶背棕色，具叶柄较长，叶缘波状。花序头状或球果状。

园林应用

室内观叶盆栽。

孔雀竹芋 *Calathea makoyana*

竹芋科肖竹芋属

●花期 冬季 ●产地 巴西

枝茎 株高30～60厘米。

叶片 叶片长椭圆形，叶长可达20厘米，植株密集，主脉两侧有深绿色绒状斑块，形似孔雀羽毛花纹。叶表灰绿色，叶背紫色，与叶表一样带有斑纹，叶柄深紫红色。

花朵 花序头状，花常超过3对，具膜质小苞片。

果实 蒴果3瓣裂，果瓣与中轴脱离。

习性 喜半阴、高温、湿润的环境，忌阳光直射。

快速识别

叶片长椭圆形，植株密集，主脉两侧有深绿色绒状斑块。叶表灰绿色，叶背紫色，与叶表一样带有斑纹，叶柄深紫红色。

园林应用

室内观叶盆栽。

玫瑰竹芋 *Calathea roseopicta*

竹芋科肖竹芋属

别名/彩虹竹芋、红背竹芋

● 花期 11至翌年2月　● 产地 巴西

枝茎 株高30～60厘米。多年生常绿草本，具地下根茎或块茎。

叶片 叶椭圆形或卵圆形，革质，光滑，有光泽，叶面青绿色，叶背具紫红斑块。中脉浅绿色至粉红色，羽状侧脉两侧间隔着斜向上的浅绿色斑条，近叶缘处有一圈玫瑰色或银白色环形斑纹。

花朵 花序头状或球果状，苞片2至数枚，通常螺旋排列，花被6，外3片为萼片，内3片为花冠，联合呈筒状，多为白色。

果实 蒴果开裂。

习性 喜半阴、高温、湿润的环境。忌强光暴晒，不耐热，不耐寒。

快速识别

叶椭圆形或卵圆形，光滑有光泽，叶面青绿色，中脉浅绿色至粉红色，羽状侧脉两侧间隔着斜向上的浅绿色斑条，近叶缘处有一圈玫瑰色或银白色环形斑纹。

园林应用

庭院绿化，室内观叶盆栽，也可做插花叶材。

圆叶竹芋 *Calathea rotundifolia* 'Fasciata'

竹芋科肖竹芋属　别名/苹果竹芋、青苹果竹芋

● 花期 11至翌年2月　● 产地 美洲的热带地区

枝茎 株高40～60厘米。多年生常绿草本观叶植物，具根茎。

叶片 叶柄绿色，叶片大而薄，革质，卵圆形，新叶翠绿色，老叶青绿色，有光泽，沿侧脉有排列整齐的银灰色宽条纹，叶缘波状。

花朵 花序头状或球果状。苞片2至数枚，通常螺旋排列，稀2行排列。花常3对以上，小苞片膜质。萼片3。花冠管与萼片等长或较其为长。

果实 蒴果开裂。

习性 喜半阴、温暖、湿润的环境。不耐寒，不耐旱。

快速识别

叶片大而薄，革质，卵圆形，新叶翠绿色，有光泽，沿侧脉有排列整齐的银灰色宽条纹，叶缘波状。花序头状或球果状，蒴果开裂。

园林应用

可用于庭院绿化、室内观叶盆栽，也可做插花叶材。

栉花竹芋类 *Ctenanthe*

竹芋科栉花芋属

● 产地 巴西、哥斯达黎加等地

枝茎 株高30～60厘米。茎干直立，常有分枝。

叶片 叶片披针形或长椭圆形，革质，坚挺。叶面暗绿色，由中脉沿侧脉有各色条斑构成各色图案。

花朵 花序头状或球果状。苞片2至数枚，通常螺旋排列，稀2行排列。

果实 蒴果开裂。

习性 喜温暖、湿润和半阴的环境。对温度变化敏感，不耐寒。要求肥沃、疏松和排水良好的沙质壤土。

快速识别

叶片披针形或长椭圆形，革质，坚挺。叶面暗绿色，由中脉沿侧脉有各色条斑构成各色图案。

园林应用

盆栽，也可做花境。常见栽培种有银羽斑竹芋、三色栉花竹芋。

朱砂根 *Ardisia crenata*

紫金牛科紫金牛属　别名/大罗伞、富贵籽

● 花期 5～6月　● 果期 10～12月或2～4月　● 产地 中国西藏东南部至台湾及湖北至海南等地区

枝茎 株高1～2米。茎粗壮，无毛，除侧生特殊花枝外，无分枝。

叶片 叶为纸质至革质，椭圆状披针形至倒披针形。

花朵 花为伞形花序，生于侧生或腋生、长约10厘米的花枝上，近顶部有小叶数枚。花白色或淡红色。

果实 果球形，直径6～8毫米，鲜红色，具腺点。

习性 喜温暖、湿润的环境，耐阴。

快速识别

伞形花序，生于侧生或腋生、长约10厘米的花枝上，近顶部有较小的叶数枚。果实鲜红色，宿存。

园林应用

可配置在荫蔽林地和林荫树下，初夏白花繁密，入秋红果满枝，果实宿存期较长，观果期可达半年，可散植、片植于林地下、山石间、坡地等处。也可盆栽观赏。

短穗鱼尾葵 *Caryota mitis*

棕榈科鱼尾葵属

别名/长穗鱼尾葵、单干鱼尾

● 花期 夏季 ● 产地 中国广东、广西及海南等地

枝茎 株高可达20米。茎干单生，灰绿褐色，有环状叶痕。

叶片 二回羽状复叶，集生于干顶部，先端下垂，羽片厚而硬，鱼尾状半菱形，上部有不规则缺刻。

花朵 花序多分枝，悬垂长可达3米。

果实 果近球形，种子1～2。

习性 喜温暖、湿润的半阴环境，较耐寒，不耐旱，耐阴性强。要求疏松、肥沃和排水良好的酸性土壤。

快速识别

茎干单生，灰绿褐色，有环状叶痕。二回羽状复叶，集生于干顶部，先端下垂，羽片厚而硬，鱼尾状半菱形，上部有不规则缺刻。

园林应用

极好的园景观赏树种，也可盆栽观赏。

酒瓶椰子 *Hyophorbe lagenicaulis*

棕榈科酒瓶椰子属

● 产地 马斯加里尼岛

枝茎 株高可达3米。树干短，上部细，基部膨大如酒瓶，基部有明显环纹。

叶片 羽状复叶集生茎端，小叶40～70对，长达45厘米，宽约5厘米，排成两列。

花朵 花小，黄绿色。穗状花序。

果实 果实椭球形，带紫色。

习性 喜高温、湿润、阳光充足的环境，不耐寒，耐盐碱、生长慢。

快速识别

树干短，上部细，基部膨大如酒瓶，基部有明显环纹。羽状复叶集生茎端，排成两列。

园林应用

适合孤植于草坪或庭院，也可盆栽观赏。

美丽针葵 *Phoenix roebelenii*

棕榈科刺葵属（海枣属）
别名/软叶刺葵、软叶针葵

● 花期 4～5月 ● 果期 10～12月 ● 产地 缅甸、老挝等地

枝茎 株高1～3米。茎短粗，通常单生，亦有丛生。

叶片 叶羽状全裂，长1米，常下垂，裂片长条形，柔软，2排，近对生，长20～30厘米，宽1厘米，顶端渐尖而成一长尖头，背面沿叶脉被灰白色鳞秕，下部的叶片退化成细长的刺，叶柄基部具三角形叶痕。

花朵 肉穗花序腋生，长20～50厘米，多分枝，花小，黄白色。雌雄异株。

果实 核果，椭圆形，具尖头，枣红色，果肉薄，有枣味。

习性 喜光，能耐阴。喜湿润、肥沃、排水良好的土壤。

快速识别

通常单生，亦有丛生。叶羽状全裂，长1米，常下垂，裂片长条形，柔软，2排，近对生，顶端渐尖而成一长尖头，背面沿叶脉被灰白色鳞秕，下部的叶片退化成细长的刺，叶柄基部具三角形叶痕。

园林应用

适合用于庭院及道路绿化，花坛、花带丛植、行植或与景石配植，亦可盆栽摆设。

蒲 葵 *Livistona chinensis*

棕榈科蒲葵属　别名/葵树、扇叶葵、葵竹

●花期 3～4月　●果期 9～10月　●产地 中国华南

枝茎 株高15～20米，室内盆栽多1～3米。茎直立，不分枝，有密接环纹。

叶片 叶扇形，着生茎顶，宽1.5～1.8米，长1.2～1.5米，掌状浅裂至全叶的1/4～2/3，下垂，裂片条状披针形，顶端再2裂，叶柄两侧具逆刺，叶鞘褐色，纤维甚多。

花朵 肉穗花序腋生，长1米有余，分枝多而疏散，花小，两性，黄绿色。

果实 核果椭圆形，成熟时紫黑色，具白粉。

习性 喜高温、高湿的热带气候，喜光略耐阴。不耐寒，不耐干旱。

快速识别

茎直立，不分枝，有密接环纹。叶扇形，着生茎顶，掌状浅裂至全叶的1/4～2/3，下垂，裂片条状披针形，顶端再2裂，叶柄两侧具逆刺，叶鞘褐色，纤维甚多。

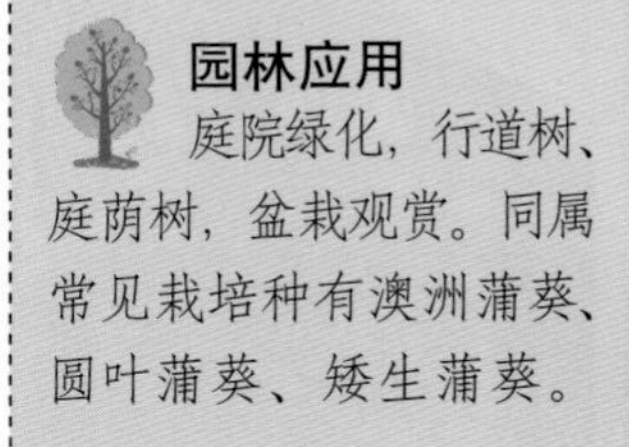

园林应用

庭院绿化，行道树、庭荫树，盆栽观赏。同属常见栽培种有澳洲蒲葵、圆叶蒲葵、矮生蒲葵。

散尾葵 *Chrysalidocarpus lutescens*

棕榈科散尾葵属　别名/黄椰子

● 花期 5月　● 果期 8月　● 产地 非洲马达加斯加岛

枝茎 株高3～8米。茎光滑无毛刺，黄绿色，上有明显叶痕，呈环纹状，基部膨大，多分蘖，呈丛生状生长。

叶片 叶羽状全裂，平展而稍下弯，羽片40～60对，二列，黄绿色，表面有蜡质白粉，披针形，先端长尾状渐尖并具不等长的短两裂，顶端的羽片渐短，长约10厘米。叶柄及叶轴光滑，黄绿色，上面具沟槽，背面凸圆。

花朵 花序生于叶鞘之下，呈圆锥花序，花小，卵球形，金黄色，螺旋状着生于小穗轴上。

果实 果实略为陀螺形或倒卵形，鲜时土黄色，干时紫黑色，外果皮光滑，中果皮具网状纤维。种子略为倒卵形。

习性 喜温暖、湿润、半阴而且通风良好的环境。不耐寒，畏烈日，适宜生长在疏松、排水良好、富含腐殖质的土壤中。

快速识别

茎光滑无毛刺，黄绿色，上有明显叶痕，呈环纹状，基部膨大，多分蘖，呈丛生状生长。叶羽状全裂，平展而稍下弯，羽片40～60对，二列，黄绿色，表面有蜡质白粉，叶柄及叶轴光滑，黄绿色，上面具沟槽，背面凸圆。

园林应用

盆栽观赏，华南地区可做庭院绿化使用。

袖珍椰子 *Chamaedorea elegans*

棕榈科袖珍椰子属

别名/矮棕、玲珑椰子、客室棕

● 花期 春季 ● 产地 墨西哥、危地马拉等中南美洲热带地区

枝茎 株高1～3米。茎直立，深绿色，不分枝，上有不规则的环纹。

叶片 叶细软弯曲下垂，长30～60厘米，有全裂羽片12对以上，叶鞘筒状抱茎。

花朵 肉穗花序腋生，雌雄异株。雄花稍直立，雌花序稍下垂，花黄色呈小球形。

果实 浆果，橙红色或黄色。

习性 喜温暖、多湿和半阴环境，不耐干旱，也不耐寒，怕阳光直射，宜放室内明亮散光处栽培。

快速识别

茎直立，深绿色，不分枝，上有不规则的环纹。叶细软弯曲下垂，长30～60厘米，有全裂羽片12对以上，叶鞘筒状抱茎。

园林应用

室内盆栽观赏。同属常见种有夏威夷椰子等。

棕 竹 *Rhapis excelsa*(Thunb.)Henry ex Rehd.

棕榈科棕竹属　别名/观音竹、筋头竹、棕榈竹

● 花期 6～7月　● 果期 11～12月　● 产地 中国华南与西南各地

枝茎 株高1～3米。茎干直立，不分枝，有节，圆柱形，上部具褐色网状粗纤维质叶鞘。

叶片 叶集生于枝顶，掌状，3～10深裂，裂片条状披针形，光滑，暗绿色，长达30厘米，叶缘与中脉具褐色小锐齿，横脉多而明显。叶柄细长，8～20厘米。

花朵 肉穗花序腋生，多分枝，花小，淡黄色，极多。

果实 浆果球形，种子球形。

习性 喜温暖、阴湿、通风良好的环境。

快速识别

茎干直立，不分枝，有节，圆柱形，上部具褐色网状粗纤维质叶鞘。叶集生于枝顶，掌状，3～10深裂，裂片条状披针形，光滑，暗绿色。

园林应用

室内盆栽或制作盆景，也可作为切叶。常见栽培变种有花叶棕竹；同属常见种类有矮棕竹、细棕竹、粗棕竹。

PART 7

兰科花卉

兜兰属 *Paphiopedilum*

兰科　别名/拖鞋兰

● 花期 一年四季都有开花的种类　● 产地 东南亚的热带和亚热带地区

枝茎 株高20～40厘米 。茎较短，没有明显的假鳞茎。

叶片 叶基生，带状革质，叶深绿或有斑纹，多枚，2列。

花朵 花单生，少数种多花，唇瓣膨大呈兜状，侧萼片合生，隐于唇瓣后方。花色有白、浅绿、黄、粉红、紫红、红褐及不同粗细的黑褐色斑点、条纹等。

果实 蒴果，内含大量细小如粉面状的种子。

习性 喜温暖、湿润、半阴的环境条件，喜疏松、透气、排水良好的栽培基质。

快速识别

茎较短，没有明显的假鳞茎。叶基生，带状革质，叶深绿或有斑纹，多枚，2列。花的唇瓣膨大呈兜状。

园林应用

以盆栽观赏为主。常见栽培品种有白花兜兰、石灰光、里德兜兰、飘带兜兰、巴氏兜兰、褐庞兜兰。

蝴蝶兰属 *Phalaenopsis*

兰科　别名/蝶兰

花期 春季　产地 亚洲热带及新几内亚岛、澳大利亚北部

枝茎 株高10～20厘米。附生兰，无假鳞茎，茎短而肥厚，向上伸展，单轴形。

叶片 叶基生，椭圆形，肥厚扁平，革质，每年每株只生3片叶子。

花朵 花柄从叶丛中抽出，稍弯曲，有分枝。总状花序，蝶形小花数朵至数十朵。花色艳丽，有白花、玫瑰红花、黄花、斑点花和条纹花。

果实 蒴果，内含大量细小如粉面状的种子。

习性 喜高温多湿、半阴、通风的环境条件。

快速识别

茎短而肥厚，单轴形。叶基生，椭圆形，肥厚扁平，革质，总状花序，蝶形花。花期可达1～2个月。

园林应用

盆花，也可做切花。常见栽培品种有‘宝岛玫瑰’‘明和公主’‘连春’‘荷兰黄’。

卡特兰属 *Cattleya*

兰科　别名/嘉德丽亚兰、卡特利亚兰

● 花期 一年四季都有开花的品种　● 产地 中南美洲的热带森林

枝茎 株高20～40厘米。附生兰，地下根茎合轴生长，假鳞茎粗大，呈棒状，长3～40厘米。

叶片 假鳞茎顶端着生1～2枚厚革质叶片，叶片长椭圆形，叶片表面有较厚的角质层。

花朵 花柄从叶基抽生，顶生花，单生或数朵聚生，野生种花小，杂交种花大，花瓣边缘波状或有褶皱。花色艳丽，色彩丰富，唇瓣大而醒目，有些品种的花有甜香味。

果实 蒴果，内含大量细小如粉面状的种子。

习性 喜温暖、湿润、通风、半阴的环境条件，不耐寒，喜明亮的散射光。栽培基质要疏松、透气。

快速识别

假鳞茎粗大，呈棒状，假鳞茎顶端着生1～2枚厚革质叶片，叶片长椭圆形。

园林应用

名贵盆花，也可作为高档切花。常见栽培品种有‘梦特利’‘卡尼扎罗’‘玛丽唇’‘太阳系’‘阿富顿’。

春 兰 *Cymbidium goeringii*

兰科兰属　别名/山兰、草兰、朵朵香

花期 2～3月　产地 中国长江流域

枝茎 株高10～20厘米。假鳞茎直立呈卵形，较小。

叶片 4～6片集生，狭线形，长20～40厘米，宽0.6～1.1厘米，边缘具细锐齿。

花朵 花单生，少有两花者。花葶直立，有鞘4～5片。萼片3枚瓣化，形似花瓣，多为黄绿色，也有近白色或紫色品种。花瓣3枚，较短小。蕊柱1枚。花有香气。

果实 蒴果，内含大量细小的种子。

习性 喜温暖、湿润、半阴的环境，喜腐殖质丰富的微酸性土壤。多野生于湿润山谷的疏林下。

快速识别

叶4～6片集生，狭线形，边缘具细锐齿。花单生，少有两花者。多为黄绿色。

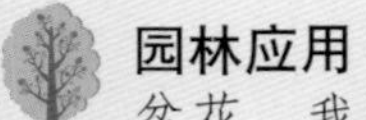

园林应用

盆花，我国温暖地区可露地栽植于庭院。常见栽培品种有'宋梅''逸品''西神梅''龙字''汪字''大富贵'。

大花蕙兰 *Cymbidium canaliculatum*

兰科兰属　别名/西姆比兰、东亚兰、虎头兰

● 花期　12月至翌年3月　● 产地　中国西藏、云南、四川及印度、缅甸等国家的北部低纬度高海拔地区

枝茎　株高30～80厘米。附生兰，假鳞茎球形或卵形，大小因品种而异。

叶片　叶丛生，革质，带状披针形，叶长60～90厘米，宽2～2.5厘米。

花朵　花柄粗壮高大，总状花序每支可着花10～20朵，花大，大花品种花径可达10～13厘米，花型规整，花色鲜艳。

果实　蒴果，内含大量细小如粉面状的种子。

习性　喜凉爽、湿润、通风、昼夜温差大的环境条件，适宜生长温度10～25℃。喜明亮的散射光，喜较高的空气湿度，栽培基质要透水、透气性好。

快速识别

假鳞茎球形或卵形，叶丛生，革质，带状披针形。花柄粗壮高大，总状花序。

园林应用

名贵盆花，也可作高档切花。目前栽培品种很多，有盆花品种和切花品种。常见栽培的盆花品种有‘绿珍珠’‘娃卡萨’‘绿色蜜酒’‘明月’‘罗密欧’‘钢琴家’‘海牡’‘幸运彩虹’。

蕙 兰 *Cymbidium faberi*

兰科兰属　别名/夏兰、九节兰、九子兰

● 花期 4～5月　● 产地 陕西南部、甘肃南部、河南南部及华东、华南和西南地区及西藏东南部

枝茎 株高30～80厘米。假鳞茎极小或不明显。

叶片 5～8枚，带形，长25～80厘米，宽0.7～1.2厘米，基部对褶，横切面呈V形，叶边缘有较粗的锯齿。

花朵 花葶侧生，近直立，高30～80厘米，总状花序具5～12朵花，花淡黄绿色，香气比春兰稍淡。花瓣较萼片小，唇瓣绿白色，具紫红斑点。

果实 蒴果，内含大量细小的种子。

习性 喜温暖、湿润、半阴的环境，喜腐殖质丰富的微酸性土壤。

快速识别

叶5～8枚，带形，基部对褶，横切面呈V形，叶边缘有较粗的锯齿。花葶侧生，近直立，总状花序具5～12朵花，花淡黄绿色。

园林应用

盆栽观赏，也可露地栽植于庭院。常见栽培品种有‘大一品’等。

建兰 *Cymbidium ensifolium*

兰科兰属　别名/秋兰、秋蕙、四季兰

花期 7～9月　产地 中国福建、广东、四川、云南等地

枝茎 株高25～35厘米。假鳞茎卵形至近球形，较小，不明显。

叶片 叶2～6枚丛生，带形，长30～60厘米，宽1～1.5厘米。

花朵 花葶侧生，直立，长20～30厘米。总状花序具3～9朵花，花香气。花黄绿色，有紫色条纹，唇瓣具紫色斑块。

果实 蒴果，内含大量细小的种子。

习性 喜温暖、湿润、半阴的环境，喜腐殖质丰富的微酸性土壤。

快速识别

叶2～6枚丛生，带形。花葶侧生，直立，总状花序具3～9朵花，花香气。花黄绿色有紫色条纹，唇瓣具紫色斑块。

园林应用

盆栽观赏，也可露地栽植于庭院。常见栽培品种有‘龙岩素心建兰’‘金丝马尾’‘银边大贡’‘大凤尾素’。

墨 兰 *Cymbidium sinense*

兰科兰属　别名/报岁兰、丰岁兰

● 花期 11月至翌年3月　● 产地 中国福建、台湾、海南、广东、广西、云南等地

枝茎 株高约60厘米。假鳞茎较大，卵形。

叶片 叶剑形，暗绿色，薄革质，4～5枚丛生。叶长45～80厘米，宽2～3厘米。

花朵 花葶侧生，直立，长40～90厘米，总状花序疏生5～15朵花，花有香气，花多为暗紫色或紫褐色。

果实 蒴果，内含大量细小的种子。

习性 野生于林下或灌丛中荫蔽、湿润的溪流沟谷旁。喜温暖、湿润、荫蔽的环境条件，喜土层深厚肥沃、疏松透气、富含腐殖质的微酸性土壤。

快速识别

叶剑形，暗绿色，薄革质，4～5枚丛生。花葶侧生，直立，总状花序疏生5～15朵花，花有香气，花多为暗紫色或紫褐色。

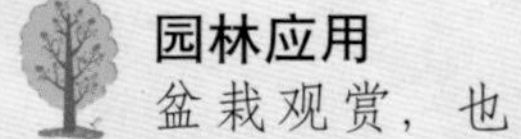

园林应用

盆栽观赏，也可露地栽植于庭院。常见栽培品种有‘凤尾报岁兰’‘立叶报岁’‘大明报岁兰’。

石斛兰属 *Dendronbium*

兰科

● 花期 可人工调控花期，周年开花 ● 产地 亚洲热带地区

枝茎 株高50～80厘米。假鳞茎丛生，圆柱形、多节，储存有丰富的水分和养分，耐旱。

叶片 叶披针形，互生。秋石斛的叶常绿，冬石斛的叶到冬季脱落。

花朵 栽培石斛有两大品种群：春石斛和秋石斛。秋石斛的花葶自假鳞茎顶端抽出，总状花序，疏生10余朵花，花形似蝴蝶，又称蝴蝶石斛。春石斛的花着生在假鳞茎的中上部，着花数十朵。

果实 蒴果，内含大量细小如粉面状的种子。

习性 喜温暖、湿润、半阴的环境条件，喜明亮的散射光，栽培基质要疏松、透气。

快速识别

假鳞茎丛生，圆柱形、多节，叶披针形，互生。

园林应用

春石斛主要做盆花，秋石斛主要做切花。秋石斛主要品种有‘蓬皮杜夫人’‘沙敏’‘熊猫1号’‘仙娣’等。春石斛主要品种有‘富士子’‘公主’‘莎奴库’‘幻想’‘雪之王’‘甜果’‘阿波罗’‘米老鼠’等。

万代兰属 *Vanda*

兰科

别名/胡姬花、万代兰、梵兰

花期 10～11月，单朵花可开放20～30天　产地 亚州热带及亚热带地区

枝茎 株高10～30厘米 。茎粗壮、直立。

叶片 叶着生在茎的两侧排成2列，叶厚革质，带状，长17～18厘米，棒叶万带兰的叶呈圆柱状。

花朵 总状花序1～3个，腋生，近直立，花茎长30～40厘米，每个花序着花10～20朵，花大，质地薄，花色鲜艳。花瓣上常有方格斑。

果实 蒴果，内含大量细小如粉面状的种子。

习性 喜高温高湿的环境，喜明亮的散射光，栽培基质要疏松、透气、排水良好。

快速识别

叶着生在茎的两侧排成2列，叶厚革质，带状。总状花序1～3个，腋生，近直立。

园林应用

以盆栽观赏为主，也可做切花栽培。常见栽培品种有‘哥登狄龙’‘金可达娜’等。

文心兰属 *Oncidium*

兰科　别名/文心兰、跳舞兰

花期 有些种花期在春季，有些种可全年开花　产地 美洲热带和亚热带地区

枝茎 株高40～100厘米 。假鳞茎扁卵圆形，较肥大，有一些种没有假鳞茎。

叶片 叶片1～3枚，顶生，叶条状披针形，叶通常分为薄叶种、厚叶种、剑叶种三种，薄叶种叶较薄，稍革质。

花朵 每个假鳞茎上一般只抽生一枝花茎，花茎有分枝，一般着花数十朵，花瓣边缘波状，侧萼片向上弯曲，唇瓣通常三裂，呈提琴状，在中裂片上有鸡冠状的瘤状突起。花色以黄色和褐色为主，另外还有绿色、白色、红色。

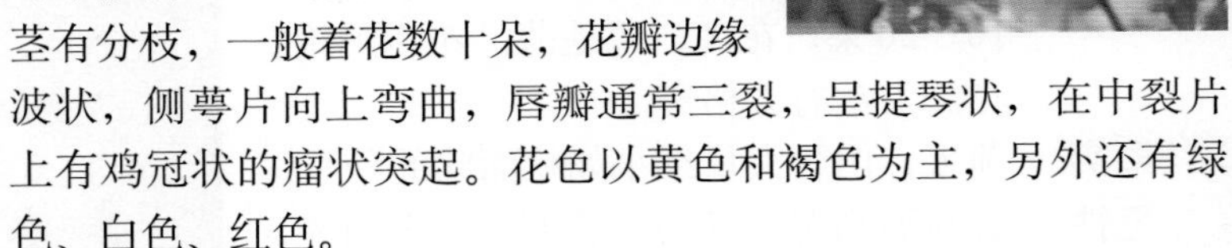

果实 蒴果，内含大量细小如粉面状的种子。

习性 喜温暖、湿润、半阴、通风的环境条件，栽培基质宜疏松、透气。

快速识别

假鳞茎扁卵圆形，较肥大，有一些种没有假鳞茎。叶片1～3枚，顶生，叶条状披针形。花瓣边缘波状，侧萼片向上弯曲，唇瓣通常三裂，呈提琴状。

园林应用

主要作为切花栽培，也可盆栽观赏。常见栽培品种有‘易瓦那格’‘甜点’‘莎利宝贝’‘汉苏利’。

PART 8

多浆花卉

翠花掌 *Aloe variegata*

百合科芦荟属　别名/蛇皮掌

● 产地　非洲

枝茎　株高20～30厘米。茎短。

叶片　叶基生，肉质，呈三出覆瓦形排列，叶片三角形，表面下凹呈V形，叶缘密生白色肉质刺，叶色深绿，有横向排列不规则的银白色或灰白色斑纹。

花朵　总状花序，花朵筒状，橙红或橙黄色。

果实　蒴果，具多数种子。

习性　喜温暖，不耐寒，耐干旱，不耐阴。

快速识别

叶基生，肉质，呈三出覆瓦形排列，叶片三角形，表面下凹呈V形，叶缘密生白色肉质刺，叶色深绿，有横向排列不规则的银白色或灰白色斑纹。

园林应用

常小型盆栽观赏。

芦 荟 *Aloe arborescens* var. *netalensis*

百合科百合属

● 花期 12月 ● 产地 南非

枝茎 株高30～80厘米。

叶片 幼苗期叶片为2列状排列，植株长大后叶片呈莲座状着生。叶为披针形，肥厚而多汁，两面有长矩圆形的白色斑纹，边缘疏生三角形齿状刺。

花朵 圆锥花序，小花筒状，橙红色，瓣端带绿色。

果实 蒴果三角形。

习性 性强健，耐旱，喜阳，较耐寒。

快速识别

叶披针形，肥厚多汁，两面有长矩圆形的白色斑纹，边缘疏生三角形齿状刺。

园林应用

盆栽观赏。

鲨鱼掌 *Gasteria verrucosa*

百合科鲨鱼掌属

● 花期 12月至翌年2月 ● 产地 南非

枝茎 株高10～30厘米。

叶片 叶基生，趋于两列着生，稍向内抱合，暗绿色，上面有珍珠状突起。

花朵 总状花序，小花开放时下垂，上部绿色，下部深红色，花筒自中央弯曲。

果实 果稀见。

习性 喜温暖，耐干旱，不耐寒，喜光，也耐半阴，要求干燥、排水好的土壤。

快速识别

叶基生，趋于两列着生，稍向内抱合，暗绿色，上面有珍珠状突起。总状花序，小花开放时下垂。

园林应用

常作为小型盆栽观赏。

条纹十二卷 *Haworthia fasciata*

百合科十二卷属 别名/十二卷、蛇尾兰

●产地 南非

枝茎 株高5～15厘米。多年生肉质草本，无茎，基部抽芽，群生。

叶片 根生叶簇生，多数，三角状披针形，先端细尖呈剑形，叶面平滑，深绿色。叶背横生整齐的白色瘤状凸起。

花朵 花葶长，总状花序，小花绿白色。

果实 果稀见。

习性 喜半阴，温暖，干燥，稍耐寒。

快速识别

多年生肉质草本，无茎，基部抽芽，群生。根生叶簇生，多数，三角状披针形，先端细尖呈剑形，叶面平滑，深绿色。叶背横生整齐的白色瘤状凸起。

园林应用

小型盆栽观叶。

光棍树 *Euphorbia tirucalli*

大戟科大戟属　别名/ 绿玉树、青珊瑚

●花期 7～10月　●果期 7～10月　●产地 非洲东南部及印度东部干旱热带地区

枝茎 株高可达2.5米。茎直立，叉状分枝，肉质，圆柱状，绿色，簇生或散生。

叶片 叶小或无，或仅有几枚散生茎上，线状矩圆形。

花朵 花序密集于枝顶，基部具柄，总苞陀螺状。

果实 蒴果棱状三角形。

习性 喜光照充足、温暖、半阴的环境，喜疏松、排水良好的土壤。

快速识别

茎直立，叉状分枝，肉质，圆柱状，绿色，簇生或散生。叶无，或仅有几枚散生茎上，线状矩圆形。

园林应用

常用作盆栽花卉栽培。白色乳汁有剧毒，需特别谨慎。

虎刺梅 *Euphorbia milii*

大戟科大戟属　别名/铁海棠、麒麟刺

●花期 6～7月　●产地 马达加斯加

枝茎 株高1米。攀缘性小灌木，茎直立，多分枝。茎枝具纵棱，上生锥形硬刺。

叶片 叶仅生于新枝。单叶互生，倒卵形，先端圆而具小凸尖，基部狭楔形。叶面鲜绿，光滑。

花朵 2～4个聚伞花序生于枝顶。花绿色，具长柄。总苞2枚，肾形，鲜红色，长期不落。

果实 蒴果扁球形。

习性 喜强光、高温、湿润的环境。不耐寒，不耐旱及水涝。

快速识别

攀缘性小灌木，茎直立，多分枝。茎枝具纵棱，上生锥形硬刺。叶仅生于新枝，单叶互生，倒卵形，先端圆而具小凸尖，基部狭楔形。叶面鲜绿，光滑。总苞2枚，肾形，鲜红色。

园林应用

中型盆栽观茎，观花。

龙 骨 *Euphorbia trigona*

大戟科大戟属 别名/彩云阁、三角霸王鞭

● 产地 纳米比亚

枝茎 株高可达2～3米。茎直立，3～4棱，具有美丽的斑纹。有刺，有若干分枝。

叶片 叶倒卵形，长2～4厘米。

花朵 杯状聚伞花序。

果实 果稀见。

习性 喜阳，耐旱，忌涝，对土壤要求不严，但以排水良好的沙壤土为宜。

快速识别

茎直立,3～4棱，具有斑纹，有刺。叶倒卵形。

园林应用

常盆栽观赏或用于专类园。

麒麟掌 *Eephorbia neriifolia* var. *cristata*

大戟科大戟属　别名/玉麒麟、麒麟角

● 产地　印度

枝茎　株高40～70厘米。常绿灌木，茎肉质，粗壮，具棱，变态叶呈鸡冠状或扁平扇形。分枝螺旋状轮生，浅绿色，后变灰，具黑刺。含白色乳汁，有毒。

叶片　叶片革质，倒卵形，基部渐狭，浅绿色。含白色乳汁，有毒。

花朵　花小，黄色，喇叭状。

果实　蒴果。

习性　喜半阴、温暖、干燥的环境。不耐寒。

快速识别

茎肉质，粗壮，具棱，变态叶呈鸡冠状或扁平扇形。分枝螺旋状轮生，浅绿色，后变灰，具黑刺。

园林应用

中型盆栽观茎。

佛手掌 *Glottiphyllum uncatum*

番杏科舌叶花属

● 花期 4～6月 ● 产地 非洲南部

枝茎 株高10厘米。多年生常绿草本，茎肉质，斜卧。

叶片 叶紧密轮生在短茎上，基部抱合，形似佛手。叶肉质肥厚，舌状，长6厘米，先端微卷曲。叶面鲜绿，光滑透明。

花朵 花自叶丛中抽出，金黄色，花瓣向外反卷，形似菊花。花柄较短。

果实 果稀见。

习性 喜光、温暖、干燥的环境，耐半阴。

快速识别

茎肉质，斜卧。叶紧密轮生在短茎上，基部抱合，形似佛手。

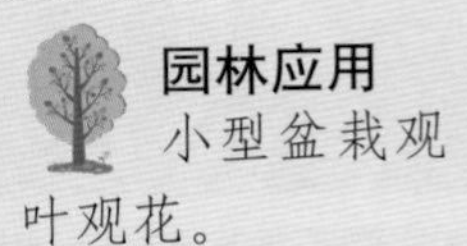

园林应用

小型盆栽观叶观花。

鹿角海棠 *Astridia velutina*

番杏科鹿角海棠属　别名/熏波菊

●花期 冬春　●产地 南非西南部地区

枝茎 株高25～40厘米。多年生肉质灌木，老枝灰褐色，木质化，嫩枝淡绿色，分枝处有节间。

叶片 叶交互对生，2片叶位于基部合生。叶半月形，三棱状，粉绿色至灰绿色。叶端狭窄，先端尖锐，叶尖微粉红色，叶背有龙骨状突起，侧芽至叶腋伸出。全株密被极细短茸毛。

花朵 花大，顶生，具短柄，单生或数朵间生，花茎3.5～4.5厘米。花瓣白色，花蕊黄色。

果实 蒴果肉质，种子多数。

习性 喜温暖、干燥和阳光充足环境，不耐寒，耐干旱，怕高温，夏季注意遮阴，否则表面易起皱。冬季温度最好不低于15℃。适宜在排水良好、疏松、透气性强的沙壤土中生长。

快速识别

鹿角海棠地栽时植株常呈匍匐丛生状，垂吊栽培呈悬垂状，叶片肥厚，交互对生，较为粗壮。

园林应用

可做吊篮栽培，或用作多肉植物主题园。

肉锥花属 *Conophytum*

番杏科肉锥花属

● 花期 秋冬 ● 产地 南非

枝茎 小型高度肉质化植物，生长较慢，无茎，根上面直接长有高度肉质化的变态叶作为储水结构。

叶片 叶片肉质肥厚，倒圆锥或球形，2枚融为1枚，裂缝深浅不同。肉质根较长，休眠期老叶化为皮膜，内部生出新株。

花朵 花从中间叶缝中抽出，无柄，状似小菊花，花径3～5厘米，午后开放。

果实 果稀见。

习性 喜光、温暖、干燥的环境。不耐寒。夏怕湿热、冬怕寒冷。夏季休眠，沾水易腐烂，应减少浇水量。

快速识别

单叶对生，叶片肉质肥厚，倒圆锥或球形，2枚融为1枚，裂缝深浅不同。肉质根较长，休眠期老叶化为皮膜，内部生出新株。

园林应用

微型盆栽观叶，观花及组合盆栽。

生石花属 *Lithops*

番杏科生石花属　别名/石头花、元宝

● 花期 4～6月　● 产地 南非

枝茎 株高不足10厘米。多年生肉质草本，无茎。

叶片 单叶对生，肥厚，密接。幼时中央仅有1孔，成熟后中间呈缝状。叶为顶部扁平的倒圆锥形或筒形球体，似卵石，灰绿色或灰褐色，顶部色彩及花纹变化丰富。新叶与老叶交互对生，并代替老叶。品种繁多，品种不同，叶色不同。

花朵 花从中间叶缝中抽出，无柄，状似小菊花，花径3～5厘米，午后开放。

果实 果稀见。

习性 喜光、温暖、干燥的环境。不耐寒。

快速识别

单叶对生，肥厚，密接。幼时中央仅有1孔，成熟后中间呈缝状。叶为顶部扁平的倒圆锥形或筒形球体，似卵石。

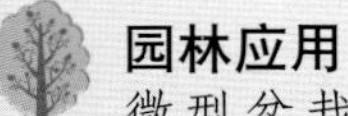

园林应用

微型盆栽观叶，观花及组合盆栽。

松叶菊 *Lampranthus tenuifolius*

番杏科日中花属　别名/松叶牡丹、龙须海棠

● 花期 4～5月　● 产地 非洲南部

枝茎 株高约30厘米。常绿肉质亚灌木。茎细，红褐色，匍匐状，分枝多而向上伸展。

叶片 叶对生，基部抱茎，肉质，切面呈三棱状。

花朵 花单生，具长花柄，腋生，形似菊花，花色丰富鲜艳。

果实 蒴果。

习性 喜温暖、干燥、光照充足的环境，不耐炎热。

快速识别

茎细，红褐色，匍匐状。叶对生，基部抱茎，肉质，切面呈三棱状。花单生，具长花柄，腋生，形似菊花。

园林应用

适用于盆栽及花坛美化。

翡翠景天 *Sedum morganianum*

景天科景天属　别名/松鼠尾

●花期 春季　●产地 美洲、亚洲及非洲热带

枝茎 株高30～60厘米。多年生常绿多浆植物，茎肉质，匍匐状。

叶片 单叶互生，纺锤形，长1～2厘米，宽0.2厘米。肉质多汁，易脱落。叶面蓝绿色，表面附白粉，有光泽。叶排列紧密，状似松鼠尾。

花朵 伞房花序顶生，小花10多朵，深紫色。

果实 蓇葖果。

习性 喜光，温暖，干燥。耐半阴，不耐寒。

快速识别

茎肉质，匍匐状。单叶互生，纺锤形，肉质。叶面蓝绿色，表面附白粉，有光泽。叶排列紧密，状似松鼠尾。

园林应用

中小型吊盆观叶。

观音莲 *Sempervivum tectorum*

景天科长生草属

● 花期 夏季 ● 产地 西班牙、意大利、法国等欧洲国家的山区

枝茎 在原产地可长到3～4米，栽培种多15～20厘米。茎短且壮，幼株叶子较少。

叶片 叶片表面光滑或有细微的软毛，通常呈灰绿色，光照充足时叶尖呈暗红色至紫红色。叶片呈披针形至倒卵形。

花朵 花葶粗壮，聚伞圆锥花序，花朵茂密，一次可开40～100朵花。小花星状，白色或紫色，带有红色纹路。

果实 蓇荚果。

习性 喜阳光充足、温暖、干燥的环境，在凉爽季节生长较快。

快速识别

株形端庄，犹如一朵盛开的莲花。叶片灰绿色，较薄，光照充足时叶尖呈暗红色至紫红色。

园林应用

常做中小型盆栽，布置客厅、书房及阳台、窗台等处。

黑法师（紫叶莲花掌） *Aeonium arboreum* 'Zwartkop'

景天科莲花掌属

● 花期 3～4月，通常花后会枯死 ● 产地 摩洛哥加那利群岛和美国加州地区

枝茎 株高1米左右。植株呈灌木状，直立生长，多分枝。

叶片 叶色黑紫，冬季为绿紫色，在枝头集成20厘米的菊花形莲座叶盘。叶片倒长卵形或倒披针形，稍薄，长5～7厘米，叶缘有白色睫毛状细齿。

花朵 总状花序，长约10厘米，小花黄色。

果实 蓇葖果。

习性 喜温暖、干燥和阳光充足的环境，耐干旱，不耐寒，耐半阴，日照过少时叶片会变为绿色。

快速识别

植株呈灌木状，叶片黑紫色，在枝顶形成莲座叶盘。

园林应用

常用于盆栽观赏，也可用于岩石园。

胧月风车草 *Graptopetalum paraguayense*

景天科风车草属　别名/宝石花、石莲花、风车草

●花期 4～5月　●产地 墨西哥

枝茎 株高20厘米左右。多年生常绿亚灌木。茎匍匐或下垂，肉质，通常从基部分枝，呈莲座状松散。

叶片 叶基生，无柄，肥厚，灰蓝色或灰绿色，阳光充足时呈淡粉红色或淡紫色。

花朵 花呈星形，乳白色，花冠5裂，有紫红色斑点，雄蕊10，花药鲜红色。

果实 蓇荚果。

习性 喜光、干燥的环境。忌积水，耐旱，耐热。

快速识别

匍匐或下垂，肉质，呈莲座状松散。叶基生，无柄，肥厚，灰蓝色或灰绿色，阳光充足时呈淡粉红色或淡紫色。花呈星形，乳白色，有紫红色斑点。

园林应用

室内盆栽，也可垂吊栽培。

落地生根 *Kalanchoe pinnatum*

景天科落地生根属　别名/灯笼花

●花期 秋冬　●产地 印度至中国南部

枝茎 株高40～150厘米。全株蓝绿色，茎直立，圆柱状。

叶片 羽状复叶，对生，肉质，小叶矩圆形，具锯齿，在缺刻处生小植株。

花朵 圆锥花序，花冠钟形，稍向下卷，粉红色，下垂。

果实 蓇荚果。

习性 喜温暖，不耐寒，喜光，耐半阴，喜通风良好，宜疏松肥沃排水好的土壤。

快速识别

全株蓝绿色，茎直立，圆柱状。羽状复叶，对生，肉质，小叶矩圆形，具锯齿。

园林应用

盆栽观赏。

钱串子 *Crassula perforata* ssp. *kougaensis*

景天科青锁龙属　别名/串钱景天、钱串景天

● 花期 4～5月　● 产地 南非

枝茎 多年生肉质草本，植株丛生，茎肉质，易分枝，茎干较细且易木质化。

叶片 叶肉质，灰绿至浅绿色，叶缘稍具红色，交互对生，卵圆状三角形，无叶柄，基部连在一起。以观叶为主。

花朵 花白色。

果实 蓇葖果。

习性 喜阳光充足环境，忌涝，耐半阴。要求排水良好的土壤。

快速识别

叶交互对生，卵圆状三角形，无叶柄，基部连在一起。叶肉质，灰绿至浅绿色，叶缘稍具红色。

园林应用

盆栽或与其他多肉植物组合成微景观。

茜之塔 *Crassula corymbulosa*

景天科青锁龙属　别名/绿塔

●花期 9～10月　●果期 9～10月　●产地 南非

枝茎 株高5～9厘米。多年生肉质草本，茎直立，多年生丛生状，紫红色或绿色。

叶片 叶无柄，对生，密集排成4列，且两两对称，叶为长三角形，边缘有白色角质层，叶多为绿色、紫红色或红褐色。叶片上下排列紧密整齐，由上到下，叶片逐渐增大，形如“宝塔”。

花朵 聚伞花序，花小，白色。

果实 蓇荚果。

习性 喜光、温暖、干燥的环境。不耐寒，耐干旱和半阴。

快速识别

茎直立，多年生丛生状。叶长三角形，密集排成4列，由上到下逐渐增大，排列整齐，形如“宝塔”。

园林应用

小型盆栽观叶。

山地玫瑰 *Aeonium aureum*

景天科莲花掌属

● 花期 暮春至初夏　● 产地 加那利群岛以及附近岛屿

枝茎 株高2～40厘米。茎直立，多分枝。

叶片 叶片肉质互生，呈莲座状排列，叶色有灰绿、蓝绿、翠绿等颜色。

花朵 总状花序，花朵黄色，花后随着种子的成熟，母株会逐渐枯萎，但其基部会有小芽长出。

果实 蓇葖果。

习性 喜凉爽和阳光充足的环境，耐干旱和半阴，怕积水和闷热潮湿，高温季节会休眠，在冷凉季节生长。

快速识别

在休眠期，叶片紧紧包裹在一起，酷似一朵含苞欲放的"玫瑰花"。到了生长期叶子展开，又像一朵盛开的荷花，而中央部分的叶子依旧层层叠叠，与玫瑰花很相似。

园林应用

盆栽观赏或用于岩石园花卉布置。

神 刀 *Crassula falcata*

景天科青锁龙属　别名/尖刀

●花期 7～9月　●产地 南非

枝茎 株高10～40厘米。常绿多浆小灌木。茎短。

叶片 叶互生，肥厚多汁，基部似镰刀，灰绿色。

花朵 花序顶生，深红或橙黄色。

果实 蓇荚果。

习性 喜温暖、阳光充足的环境，不耐寒，要求干燥、通风良好的土壤。

快速识别

叶互生，肥厚多汁，基部似镰刀，灰绿色。

园林应用

盆栽观赏。

石莲 *Sinocrassula indica*

景天科石莲属　别名/莲花还阳

● 花期 7～10月　● 产地 中国

枝茎 株高15～30厘米。二年生草本，茎直立或弯曲，被微乳头状凸起。

叶片 茎基部叶莲座状，长圆形匙状，先端短渐尖。茎生叶互生，宽线形至椭圆形，宽1厘米，先端渐尖，基部渐狭。

花朵 圆锥花序或近伞房花序，总柄长5～6厘米。萼片5，宽三角形。花瓣5，披针形至卵形，粉红色。

果实 蓇葖果。

习性 喜光，温暖，干燥，不耐寒。

快速识别

茎基部叶莲座状，长圆形匙状，先端短渐尖。茎生叶互生，宽线形至椭圆形，先端渐尖，基部渐狭。

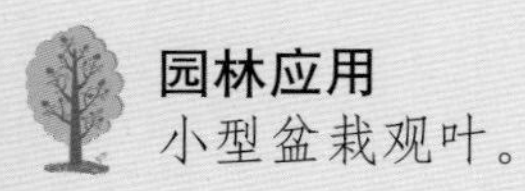

园林应用

小型盆栽观叶。

熊童子 *Cotyledon tomentosa*

景天科银波锦属

● 花期 夏末至秋季 ● 产地 南非

枝茎 栽培种株高多15厘米左右，可长至30～70厘米。茎直立，纤细，多分枝，老茎深褐色，幼茎灰色。

叶片 叶片交互对生，肉质，卵形，嫩绿色，密被白色茸毛，下部全缘，叶端具3～10不等的褐色缺刻，像熊的脚掌。

花朵 总状花序，小花钟形，淡黄色。

果实 蓇荚果。

习性 喜阳光充足、温暖、干燥的环境，要求土壤排水良好。

快速识别

叶片肉质，密被白色茸毛，先端具褐色缺刻，像熊的脚掌。

园林应用

常用作小型盆栽，点缀书桌、窗台等处，奇特而有趣。

燕子掌 *Crassula portulaca*

景天科青锁龙属　别名/玉树

●花期 12月至翌年1月　●产地 非洲南部

枝茎 株高80～100厘米。常绿多浆小灌木。茎粗壮。

叶片 叶椭圆形，先端圆，肥厚肉质。

花朵 花粉红色。

果实 蓇葖果。

习性 喜温暖、阳光充足的环境，不耐寒，要求干燥、通风良好的土壤。

快速识别

茎粗壮。叶椭圆形，先端圆，肥厚肉质。

园林应用

盆栽观赏。

乙女心 *Sedum pachyphyllum*

景天科景天属

● 花期 春季　● 产地 墨西哥

枝茎 株高20～30厘米。植株呈小灌木状，直立，多分枝。

叶片 叶片松散地簇生于分枝顶部，肉质，圆柱形，表面平整稍向上内弯，顶端圆钝，叶长3～4厘米，粗约0.6厘米。叶色灰绿或浅蓝绿色被有白粉，在阳光充足的条件下叶先端呈红色。

花朵 花黄色。

果实 蓇葖果。

习性 喜温暖、干燥和阳光充足的环境。不耐寒，怕水湿，耐半阴。

快速识别

叶片肉质圆柱形，灰绿或浅蓝色被白粉，光线充足的情况下叶片先端红色。

园林应用

可做小型盆栽陈设于几案、书桌、窗台等处，清雅别致，惹人喜爱。

玉米石 *Sedum album*

景天科景天属　别名/耳坠花

● 产地　墨西哥

枝茎　株高10～20厘米。多年生多浆植物，植株低矮丛生，茎铺散或下垂，稍带红色。

叶片　单叶互生，叶片膨大为卵形或圆筒形，肉质，端钝圆。叶面亮绿色，光滑，湿度稍低时呈紫红色。

花朵　伞形花序，下垂，白色。

果实　蓇荚果。

习性　喜光、温暖、干燥的环境。不耐寒，忌水涝。

快速识别

单叶互生，叶片膨大为卵形或圆筒形，肉质，端钝圆。叶面亮绿色，光滑，有时顶端呈紫红色。

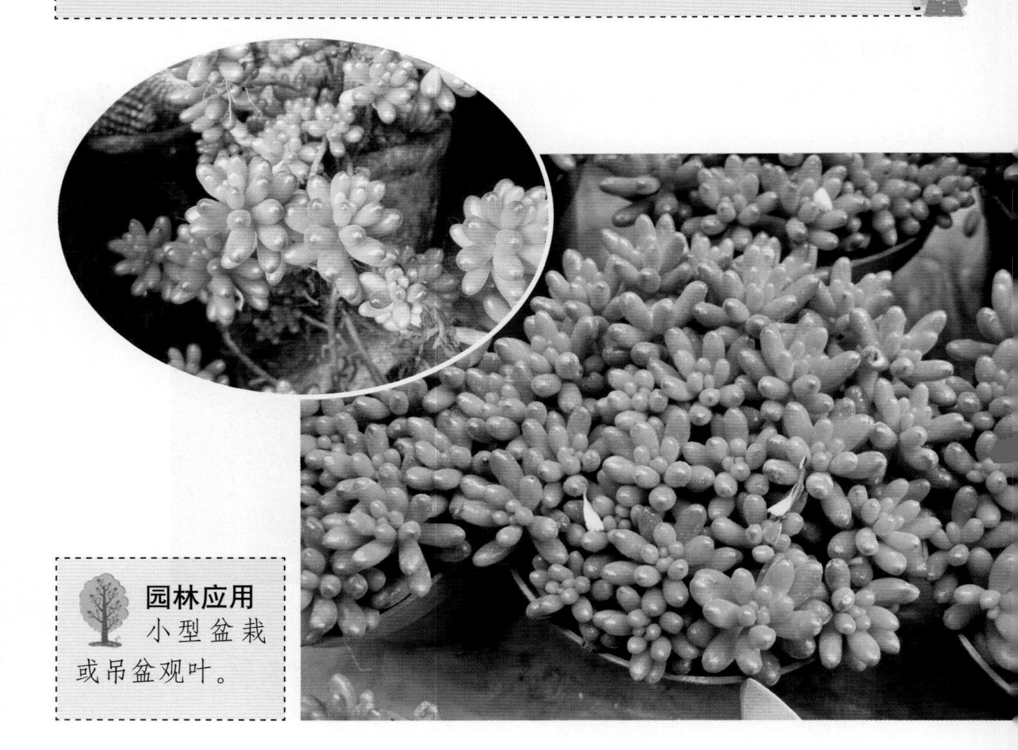

园林应用

小型盆栽或吊盆观叶。

子持莲华 *Orostachys boehmeri*

景天科瓦松属　别名/子持莲花、白蔓莲

● 花期 9～11月　● 产地 日本北海道西部及俄罗斯

枝茎 株高5～6厘米。多年生肉质草本，莲座球状。匍匐茎从叶腋处生出，淡绿色，光滑无毛，新植株从茎节点处萌发生长。

叶片 叶呈莲座状，肉质肥厚，紫灰色，倒卵形或椭圆形，叶全缘，无毛，具白粉。

花朵 聚伞圆锥花序顶生，花5基数，小花淡黄色或白色，花萼三角形，花冠椭圆形。

果实 蓇葖果。

习性 喜光照充足、温暖、半阴的环境。

快速识别

匍匐茎从叶腋处生出，淡绿色。叶呈莲座状，肉质肥厚，紫灰色，倒卵形或椭圆形，叶全缘具白粉。

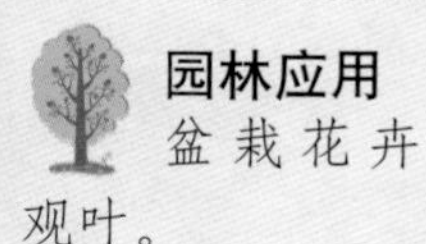

园林应用

盆栽花卉观叶。

翡翠珠 *Senecio rowleyanus*

菊科千里光属　别名/绿铃、一串珠、绿串珠

● 花期 12月至翌年1月　● 产地 南美洲

枝茎 茎蔓可达1米。多年生蔓性多浆植物，茎纤细，下垂，被白粉。

叶片 单叶互生，圆球形，全缘，先端急尖。叶肉质，深绿色，具淡绿色斑纹，且具一条透明的纵纹。叶整齐地排列于茎蔓上，呈串珠状。

花朵 头状花序，顶生，长3～4厘米，呈弯钩形，白色。

果实 瘦果。

习性 喜光、温暖、湿润的环境。耐干旱，不耐寒。

快速识别

茎纤细，下垂，被白粉。单叶互生，圆球形，全缘，先端急尖。叶肉质，深绿色，具淡绿色斑纹。叶整齐地排列于茎蔓上，呈串珠状。头状花序顶生。

园林应用

小型吊盆观叶。

弦 月 *Senecio radicans*

菊科千里光属

● 花期 9～10月 ● 产地 热带地区

枝茎 茎蔓可达1米。多年生肉质草本，茎细长，下垂，常绿。

叶片 叶互生，椭圆形球状，叶前端尖，后端缩小连于叶柄，深绿色。叶上具有多条半透明线条。

花朵 头状花序，黄白色。

果实 瘦果。

习性 喜温暖、湿润的环境。喜排水良好的土壤，耐旱力强。

快速识别

叶互生，椭圆形球状，叶前端尖，后端缩小连于叶柄，深绿色。叶上具有多条半透明线条。

园林应用

常用于吊盆栽植观赏。

紫龙刀 *Senecio crassissmus*

菊科千里光属　别名/紫蛮刀、紫金章、紫龙

● 花期 4～7月　● 产地 马达加斯加

枝茎 株高50～80厘米。茎枝均为绿色，略带紫晕。老茎则呈现紫色，表面粗糙，残留有老叶脱落的鳞状物。

叶片 叶片倒卵形，叶交错生于主干上，叶尖锐尖，青绿色，稍有白粉，叶缘及叶片基部均呈紫色。枝叶挺拔，叶像刀片一样。

花朵 头状花序，小花黄色或朱红色。

果实 瘦果。

习性 宜温暖、干燥和阳光充足的环境，耐干旱和半阴，不耐寒。

快速识别

茎枝均为绿色，略带紫晕。叶片倒卵形，叶交错生于主干上，叶尖锐尖，青绿色，稍有白粉，叶缘及叶片基部均呈紫色。枝叶挺拔，叶像刀片一样。

园林应用

室内观叶盆栽。

斑叶马齿苋树（雅乐之舞） *Portulacaria afra* var. *foliis-variegatis*

马齿苋科马齿苋属

● 花期 5～7月 ● 产地 世界温带和热带地区

枝茎 在原产地可长到3～4米，栽培种多30～40厘米。植株呈小灌木状，新茎肉质茎红褐色，老茎灰白色，直立纤细。

叶片 肉质叶交互对生，新叶的边缘有粉红色晕，叶片大部分为黄白色,只有中央的一小部分为淡绿色。

花朵 小花淡粉色

果实 果稀见。

习性 喜阳光充足和温暖、干燥的环境，耐干旱，忌阴湿和寒冷，虽然在半阴和散射光的条件下也能正常生长，但叶片上的斑锦色彩会减退，茎节之间的距离拉长，使植株松散，影响观赏。

快速识别

小灌木状，新叶边缘有粉红色晕，老叶黄白色间部分绿色。

园林应用

常做中小型盆栽或吊盆栽种，布置客厅、书房及阳台、窗台等处。此外，还可制成古朴典雅的树桩盆景。

假昙花 *Rhipsalidopsis gaertneri*

仙人掌科假昙花属　别名/垂花掌

● 花期 4～5月　● 果期 5～6月　● 产地 南美热带地区

枝茎 株高30～50厘米。附生肉质小灌木，多分枝，枝丛下垂。主茎圆形，易木质化，枝扁平，肉质，多节，每节椭圆形，绿色，新出枝节边缘为紫红色。刺座在节间，有刚毛。

叶片 叶退化。

花朵 花单生枝顶，筒状，红色。

果实 浆果。

习性 喜半阴、温暖、湿润的环境。不耐寒。

快速识别

多分枝，枝丛下垂；主茎圆形，易木质化。枝扁平，肉质，多节，每节椭圆形，绿色，新出枝节边缘为紫红色。刺座在节间，有刚毛。

园林应用

小型盆栽观枝、观花，也可吊盆观赏。

金琥 *Echinocactus grusonii*

仙人掌科金琥属　别名/象牙球

●花期 6～10月　●产地 墨西哥

枝茎 株高50厘米（盆栽）。多年生多浆植物，茎圆球形，单生或丛生。具21～37棱，沟宽而深。球顶密被黄色绵毛，刺座大，具8～10枚硬刺，金黄色，辐射状。

叶片 叶退化。

花朵 花生于球体顶部绵毛丛中，钟形，4～6厘米，外瓣内带褐色，内瓣亮黄色，花筒被尖鳞片。

果实 浆果。

习性 喜光、温暖、干燥的环境，沙质土。不耐寒。

快速识别

多浆植物，茎圆球形，单生或丛生。具21～37棱，沟宽而深。球顶密被黄色绵毛，刺座大，具8～10枚硬刺，金黄色，辐射状。

园林应用

中小型盆栽观茎，观刺。

令箭荷花 *Nopalxochia ackermannii*

仙人掌科令箭荷花属　别名/荷花令箭

●花期 4～5月　●产地 墨西哥及玻利维亚

枝茎 株高0.5～1米。附生肉质草本，茎多分枝，灌木状。叶状枝扁平披针形，形似令箭，基部圆形呈柄状，边缘具波状粗齿，齿凹处具刺。鲜绿色，幼枝边缘略带红色。

叶片 叶退化。

花朵 花着生于刺丛，玫红色，漏斗形，花被开张，反卷，花丝及花柱均弯曲。

果实 浆果。

习性 喜光、温暖、湿润的环境，微酸性土。不耐寒。

快速识别

茎多分枝，灌木状。叶状枝扁平披针形，形似令箭，基部圆形呈柄状，边缘具波状粗齿，齿凹处具刺。

园林应用

中型盆栽观枝、观花。

昙花 *Epiphyllum oxypetalum*

仙人掌科昙花属　别名/琼花

● 花期 夏秋　● 产地 墨西哥至巴西热带雨林

枝茎 株高2～6米。附生肉质灌木，老茎圆柱状，木质化。分枝多，叶状侧扁，长椭圆形，边缘波状或具圆齿。中肋粗大，宽2～6毫米，两面突起。老株具气根。

叶片 叶退化。

花朵 花生于叶状枝边缘，大型，漏斗状，无柄，夜间开放，具香气。花萼筒形，白绿色，或具红晕。花重瓣，花被片披针形，纯白色。雄蕊多数，排成2列，花丝白色，花药淡黄色。花柱白色，柱头开展，黄白色。

果实 浆果长球形，具纵棱脊，紫红色。

习性 喜半阴、温暖、湿润的环境，微酸性沙质土。不耐寒。

快速识别

老茎圆柱状，木质化。分枝多，叶状侧扁，长椭圆形，边缘波状或具圆齿。中肋粗大，两面突起。

园林应用

大型盆栽观枝、观花。

仙人掌 *Opuntia dillenii*

仙人掌科仙人掌属　别名/霸王树

● 花期 6～10月　● 产地 美洲热带

枝茎 地栽植株株高1.5～3米，盆栽植株0.4～0.8米。丛生肉质灌木，茎下部木质，圆柱形。上部分枝椭圆形，扁平，肥厚多肉，刺座内密生黄刺。幼枝鲜绿色，老枝灰绿色。

叶片 叶钻形，长4～6毫米，绿色，早落。

花朵 花单生茎节上部，短漏斗形，鲜黄色。

果实 浆果倒卵形，紫红色。

习性 喜光、温暖、干燥的环境。耐寒。

快速识别

茎下部木质，圆柱形；上部分枝椭圆形，扁平，肥厚多肉，刺座内密生黄刺。幼枝鲜绿色，老枝灰绿色。

园林应用

中型盆栽观枝。

仙人指 *Schlumbergera bridgesii*

仙人掌科仙人指属　别名/仙人枝

●花期 3～4月　●产地 巴西

枝茎 株高30～50厘米。附生常绿小灌木；多分枝，枝丛下垂。枝扁平，肉质，多节，每节椭圆形，叶状，每侧有1～2钝齿，顶部平截。枝节绿色，具紫晕。

叶片 叶退化。

花朵 花单生枝顶，花冠整齐，筒状，红色或紫红色。

果实 浆果。

习性 喜半阴、温暖、湿润的环境，不耐寒。

快速识别

多分枝，枝丛下垂。枝扁平，肉质，多节，每节椭圆形，叶状，每侧有1～2钝齿，顶部平截。枝节绿色，具紫晕。

园林应用

小型盆栽观枝、观花，也可吊盆观赏。

蟹爪兰 *Zygocactus truncactus*

仙人掌科蟹爪属 别名/蟹爪、蟹爪莲

● 花期 11～12月 ● 产地 巴西

枝茎 株高30～50厘米。附生常绿小灌木，多分枝，枝丛下垂。枝扁平，肉质，多节，每节椭圆形，叶状，顶部平截，每侧有2～4尖锯齿，如蟹钳。枝节绿色。

叶片 叶退化。

花朵 花单生枝顶，花冠漏斗形，紫红色，花瓣数轮，越向内侧，管部越长，上部反卷。

果实 浆果。

习性 喜半阴、温暖、湿润的环境。不耐寒。

快速识别

多分枝，枝丛下垂。枝扁平，肉质，多节，每节椭圆形，叶状，顶部平截，每侧有2～4尖锯齿，如蟹钳。枝节绿色。

园林应用

小型盆栽观枝、观花，也可吊盆观赏。

PART 9

食虫植物和蕨类植物

捕蝇草 *Dionaea muscipula*

茅膏菜科捕蝇草属　别名/食虫草

● 花期 夏季　● 产地 美国东部

枝茎 株高10厘米。多年生草本，根状茎匍匐，较短，不分枝。

叶片 单叶互生，排列密集，幼叶常卷曲。成熟叶由两部分组成，下部靠近茎的叶片楔形，绿色；上部长有1对蚌形叶片，边缘具18条刺毛，中肋处有3条感觉毛，叶缘长有蜜腺，以诱引昆虫，内壁生有许多紫红色小腺体，可分泌消化液，将捕得的昆虫分解吸收。

花朵 聚伞花序顶生或腋生，花小，白色。

果实 蒴果。

习性 喜光、温暖、湿润的环境。

快速识别

单叶互生，排列密集，幼叶常蜷曲。成熟叶由两部分组成，下部靠近茎的叶片楔形，绿色；上部长有1对蚌形叶片，边缘具刺毛，叶缘长有蜜腺。

园林应用 小型盆栽观叶。

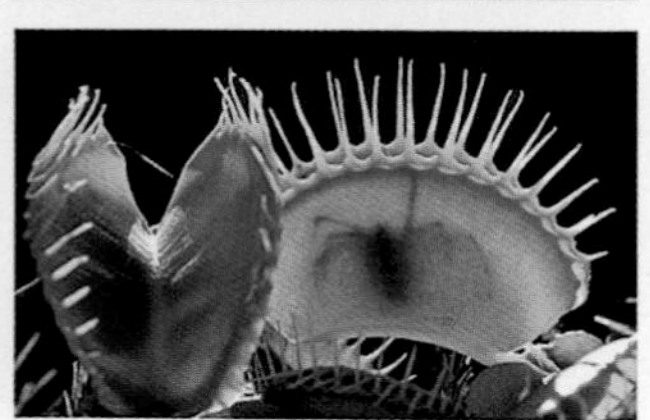

瓶子草 *Sarracenia purpurea*

瓶子草科瓶子草属

●花期 4～5月 ●产地 美洲

枝茎 株高20～30厘米。多年生常绿草本，无茎。

叶片 叶基生，莲座状，长8～30厘米，圆筒状，基部细长，上部膨胀，喉部缢缩，内具倒向毛，使昆虫能进不能出。绿色，具紫色条纹。顶端具盖状体，肾形，直立，内侧具毛。

花朵 花葶直立，花单生，下垂，紫或绿紫色。

果实 果稀见。

习性 喜半阴、温暖、湿润的气候。

快速识别

叶基生，莲座状，圆筒状，基部细长，上部膨胀，喉部缢缩，内具倒向毛。叶呈绿色，具紫色条纹。顶端具盖状体，肾形，直立。

园林应用

小型盆栽观叶。

猪笼草 *Nepenthes mirabilis*

猪笼草科猪笼草属　别名/猪仔笼

● 花期 4～11月　● 果期 8～12月　● 产地 东南亚和澳大利亚的热带地区

枝茎 株高50厘米（盆栽）。多年生常绿草本，茎直立，或攀缘，或匍匐。

叶片 单叶互生，叶片长圆形或披针形，长9～12厘米，全缘。侧脉基出约6对，近平行，中脉延伸，卷曲，长2～12厘米，端部为囊状体。囊体近圆筒形，长6～12厘米，直径约2.5厘米，淡绿色，具褐色或红色斑纹，内壁光滑，底部能分泌消化液，有气味，诱引昆虫。囊盖卵形或长圆形，锈红色。

花朵 总状花序与叶对生或顶生，长30厘米，无花瓣，萼片红褐色。

果实 蒴果，栗色。

习性 喜半阴、高温高湿的环境。不耐寒。

快速识别

单叶互生；叶片长圆形或披针形，全缘。侧脉基出约6对，近平行。中脉延伸，卷曲，端部为囊状体。囊体近圆筒形，淡绿色，具褐色或红色斑纹，内壁光滑，底部能分泌消化液，有气味，诱引昆虫。囊盖卵形或长圆形，锈红色。

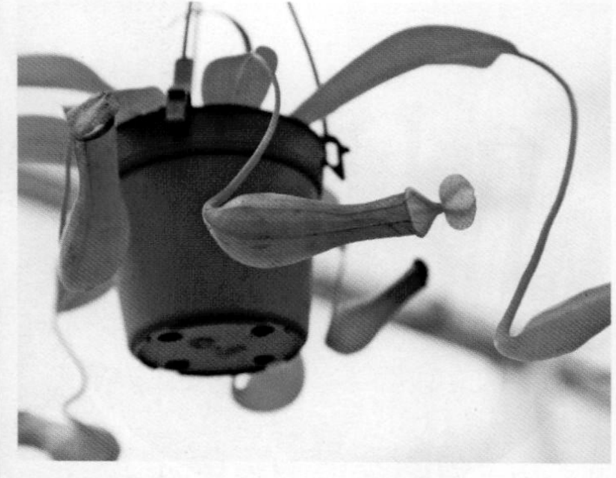

园林应用

中型盆栽观叶。

狼尾蕨 *Davallia bullata*

骨碎补科骨碎补属　别名/龙爪蕨、兔脚蕨

● 产地　新西兰、日本

枝茎　株高20厘米。多年生小型附生植物，根茎裸露在外，肉质，表面贴伏着褐色鳞片与毛，状若狼尾。

叶片　三至四回羽状复叶，叶片阔卵状三角形，长10～30厘米，叶柄长9厘米。小叶细致为椭圆或羽状裂叶，革质，叶面平滑浓绿，有光泽。孢子囊群生于近叶缘小脉顶端，孢子囊群盖近圆形。

习性　喜半阴、温暖、湿润的环境。

快速识别

小型附生植物，根茎裸露在外，肉质，表面贴伏着褐色鳞片与毛，状若狼尾。

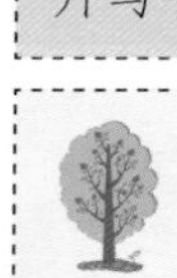

园林应用

小型盆栽观叶观茎。

肾蕨 *Nephrolepis cordifolia*

骨碎补科肾蕨属　别名/蜈蚣草、排草

● 产地　热带、亚热带地区

枝茎　株高30～40厘米。多年生草本，根状茎具主轴，且有匍匐茎。根状茎和主轴上密生鳞片。

叶片　叶密集簇生，直立，具短柄，基部和叶轴被鳞片。叶披针形，一回羽状全裂，羽片基部不对称，一侧为耳状凸起，一侧楔形，浅绿色，近革质，具疏浅钝齿。孢子囊群生于侧脉上方的小脉顶端，孢子囊群盖为肾形。

习性　喜半阴、温暖、湿润的环境。

快速识别

根状茎具主轴，且有匍匐茎。根状茎和主轴上密生鳞片。叶密集簇生，直立，具短柄，基部和叶轴被鳞片。叶披针形，一回羽状全裂，羽片基部不对称，一侧为耳状凸起，一侧楔形，浅绿色，近革质，具疏浅钝齿。

园林应用

中小型盆栽观叶，重要切叶。常见栽培变种有波士顿蕨。

翠云草 *Selaginella uncinata*

卷柏科卷柏属　别名/蓝地柏、绿绒草

● 产地　中国

枝茎　株高10～20厘米。多年生蔓性草本，主茎细软，具棱，伏地蔓生。侧枝多回分叉，分枝处常生不定根。

叶片　营养叶二型，背腹各2列，腹叶长卵形，背叶矩圆形，全缘，向两侧平展。孢子叶卵状三角形，4列覆瓦状排列，孢子囊四棱形。

习性　喜半阴、温暖、湿润的环境。忌强光。

快速识别

蔓性草本，主茎细软，具棱，伏地蔓生。侧枝多回分叉，分枝处常生不定根。营养叶二型，腹叶长卵形，背叶矩圆形，全缘，向两侧平展。

园林应用

小型盆栽或吊盆观叶，也可用于疏林地被。

卷 柏 *Selaginella tamariscina*

卷柏科卷柏属　别名/还魂草、万年青

● 产地　中国

枝茎　株高5～20厘米。主茎单一，短粗，直立。小枝丛生茎顶，扇形分叉，辐射开展呈莲座状。

叶片　营养叶二型，叶小，覆瓦状密生小枝上，腹叶卵状披针形，具长芒，背叶钻状披针形，具长芒，边缘膜质。孢子叶三角形，孢子囊生于小枝顶端，四棱形。

习性　喜半阴、温暖、湿润的环境。极耐寒、耐旱。

快速识别

主茎单一，短粗，直立。小枝丛生茎顶，扇形分叉，辐射开展呈莲座状。

园林应用

小型盆栽观叶，也可疏林地被。常见栽培变种有银端卷柏。

粗茎鳞毛蕨 *Dryopteris crassirhizoma*

鳞毛蕨科鳞毛蕨属　别名/绵马羊齿、野鸡膀子

●产地　中国东北、华北

枝茎　株高50～100厘米。多年生草本，根茎粗大，斜生，密生棕褐色长披针形大鳞片。

叶片　叶簇生根茎顶端，叶柄自基部直达叶轴密生棕色鳞片。叶倒披针形，长60～100厘米，二回羽状分裂，裂片密接，长圆形，近全缘或先端有钝锯齿，侧脉羽状分叉。孢子囊群分布于叶中部以上的羽片上，生于叶背小脉中部以下，每裂片2～4对，孢子囊群盖圆肾形，棕色。

习性　喜半阴、凉爽、湿润的环境。较耐旱。

快速识别

根茎粗大，斜生，密生棕褐色长披针形大鳞片。叶簇生根茎顶端，叶柄自基部直达叶轴密生棕色鳞片。叶倒披针形，二回羽状分裂，裂片密接，长圆形，近全缘或先端有钝锯齿，侧脉羽状分叉。

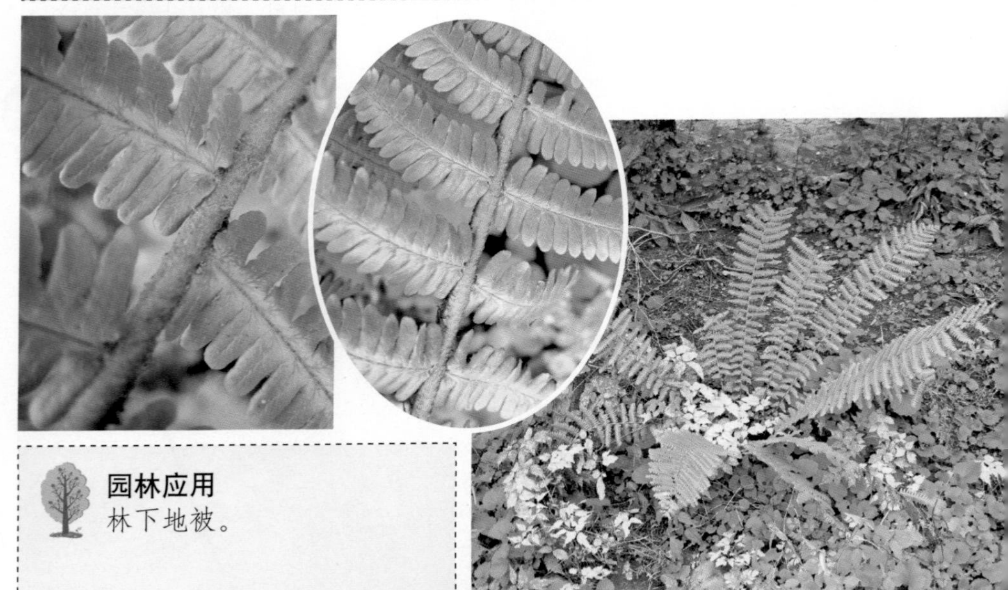

园林应用

林下地被。

荚果蕨 *Matteuccia struthiopteris*

球子蕨科荚果蕨属 别名/黄瓜香

● 产地 中国北方

枝茎 株高约1米。多年生草本，根状茎直立，密被披针形鳞片。

叶片 叶簇生，具柄，二型。不育叶矩圆倒披针形，二回深羽裂。能育叶短，挺立，二回羽状，纸质，向下反卷包被孢子囊群。孢子囊群圆形。

习性 喜半阴、凉爽、湿润的环境。

快速识别

根状茎直立，密被披针形鳞片。叶簇生，具柄，二型。不育叶矩圆倒披针形，二回深羽裂。能育叶短，挺立，一回羽状，纸质，向下反卷包被孢子囊群。孢子囊群圆形。

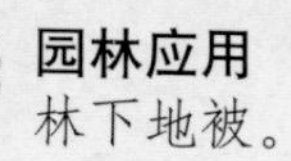

园林应用

林下地被。

二叉鹿角蕨 *Platycerium bifurcatum*

水龙骨科鹿角蕨属　别名/蝙蝠蕨

●产地 澳大利亚

枝茎 株高40～80厘米。多年生大型附生植物。

叶片 叶二型。不育叶又称“裸叶”，圆形，纸质，叶缘波状，紧贴于根茎，新叶白绿色，老叶棕色。可育叶又称“实叶”，丛生，下垂，幼叶灰绿色，成熟叶深绿色，基部直立楔形，端部具二至三回叉状分歧，形似鹿角。孢子囊生于叶背，在叶端凸出开始向上延至裂片顶端。

习性 喜半阴、温暖、湿润的环境。

快速识别

叶二型。不育叶圆形，纸质，叶缘波状，紧贴于根茎，新叶白绿色，老叶棕色。可育叶丛生，下垂，幼叶灰绿色，成熟叶深绿色，基部直立楔形，端部具二至三回叉状分歧，形似鹿角。

园林应用

中型盆栽或吊盆观叶。

巢蕨 *Neottopteris nidus*

铁角蕨科巢蕨属　别名/鸟巢蕨、山苏花

● 产地 热带、亚热带地区

枝茎 株高1～1.2米。多年生常绿大型附生植物，根状茎短，密生鳞片。

叶片 单叶丛生于根状茎顶部外缘，向四周辐射状排列，形似鸟巢。叶片阔披针形，革质，两面光滑。叶脉两面凸起，叶柄短，圆柱形。孢子囊群生于侧脉上侧，向叶边延伸至1/2。

习性 喜半阴、温暖、湿润的环境。不耐寒。

快速识别

根状茎短，密生鳞片。单叶丛生于根状茎顶部外缘，向四周辐射状排列，形似鸟巢。叶片阔披针形，革质，两面光滑。叶脉两面凸起。叶柄短，圆柱形。

园林应用

大型盆栽观叶，重要切叶。常见栽培变种有皱叶巢蕨，叶阔披针形，叶缘皱波状。

铁线蕨 *Adiantum capillus-veneris*

铁线蕨科铁线蕨属　别名/铁丝草

● 产地　美洲热带及欧洲温暖地区

枝茎　株高15～40厘米。多年生常绿草本，根状茎横走，密被条形或披针形淡褐色鳞片。

叶片　二至三回羽状复叶簇生，直立开展。小羽片互生，斜扇形，基部阔楔形，叶缘浅裂至深裂。叶脉扇状分叉，叶柄纤细而坚硬，紫黑色，具光泽，似铁线。孢子囊群生于叶背外缘。

习性　喜半阴、温暖、湿润的环境，石灰质土。

快速识别

叶二至三回羽状复叶簇生，直立开展。小羽片互生，斜扇形，基部阔楔形，叶缘浅裂至深裂。叶脉扇状分叉，叶柄纤细而坚硬，紫黑色，具光泽，似铁线。

园林应用

小型盆栽观叶，装饰盆景。常见变种有荷叶铁线蕨。

索引

E

F

G

H